動手玩 Arduino ATtiny85 互動設計超簡單

序

使用 Arduino 開發板開發專案最大的優點是開源（open-source），軟體源碼及硬體電路都是開放的。除了官網 arduino.cc 內建的 Arduino 函式（function）之外，網路上也有大量的函式庫支援不同的硬體模組，以簡化周邊元件底層控制程序。讓沒有電子、資訊相關科系背景者或是創客（Maker），不會受到電子、資訊專業技術的限制，而能實現自己的創意、輕鬆設計互動作品。

常用 Arduino Uno 開發板尺寸為 70mm 長×54mm 寬，對於小型專案開發而言，尺寸顯得太大，如果使用 Arduino nano 開發板，雖然尺寸只有 45mm 長×18mm 寬，價格還是太高。本書使用 DigiStump 公司生產的 Digispark 開發板（簡稱 ATtiny85 開發板），內建 ATtiny85 微控制器，使用 Type-A USB 介面，市面上也有 Micro-A USB 介面的 ATtiny85 相容板。ATtiny85 開發板尺寸 23mm 長×17.5mm 寬，約為 Arduino Uno 開發板的四分之一，而且價格相較 Arduino nano 開發板便宜。ATtiny85 開發板提供 8KB 的 Flash 記憶體儲存程式碼、512Bytes 的 SRAM 及 EEPROM、6 支數位腳、4 支類比輸入腳、3 支 PWM 輸出腳、1 組 UART、SPI、I2C 串列介面，很適合小型的專案開發。

本書僅 200 餘頁，極適用於 108 新課綱之部定一般科目各領域跨科實作型課程、部定專業科目技能領域課程、校訂多元選修（跨校/群/科/班）、專題實作、彈性學習時間等課程。本書是以一個從未學習過電子、資訊相關知識的初學者角度，來設計多元化的實習單元並且詳細解說，擬真繪製的電路圖，讓初學者容易上手，按圖施工、保證成功。全書互動設計實作內容包含發光二極體、開關元件、矩陣型 LED、七段顯示器、液晶顯示器、OLED 顯示器、發聲元件及感測器等常用元件或模組，精心設計近 100 個實用範例及練習，且各章均有統整型的專題實作，來提升學習成效及興趣，內容包含廣告燈、電子輪盤、字幕機、電子碼表、60 秒計時器、自動抽號機、觸控調光燈、音樂盒、數位電壓表、小夜燈、電子測距計、電子溫溼度計、電子額溫槍、智能檯燈、數位電子時鐘等。絕對是一本最佳實用 ATtiny85 入門書。

全書實作練習中的所有範例及練習解答草稿碼、外掛函式庫、驅動程式等請於 http://books.gotop.com.tw/download/AEH004600 下載，使用 Arduino IDE 開啟，並且將檔案上傳（upload）至 ATtiny85 開發板的微控制器中，即可執行其功能。

楊明豐

本書特色

學習最容易：使用 Arduino 公司所提供的免費 Arduino IDE 軟體，操作簡單、輕鬆上手。本書強調在玩創意，而不是在設計 ATtiny85 程式，全彩實圖繪製，實作範例皆有詳細說明，生動有趣、易學易用，是一本最佳的 ATtiny85 入門書。

學習花費少：本書所使用的 ATtiny85 開發板價格不到 100 元，軟體皆可在網路免費下載，全書所須周邊元件及模組價格便宜無負擔。

學習資源多：Arduino 採開放源碼（open-source）理念，不但在官網上可以找到技術支援資料，網路上也提供相當豐富的共享資源。

學習模組化：全書程式模組化且前後連貫一致，讀者發揮巧思創意結合部分範例程式，即能輕鬆設計完成實用的互動作品。

內容多樣化：使用常用元件及模組，包含發光二極體、按鍵開關、觸摸開關、矩陣型 LED 模組、七段顯示模組、液晶顯示模組、OLED 顯示器、光敏電阻模組、超音波感測模組、LM35 溫度感測模組、DHT11/22 溫溼度感測模組、GY-906 非接觸式紅外線溫度感測模組、紅外線反射型感測模組、DS3231 即時時鐘模組等，精心設計近 100 個多樣化的實用範例。

應用生活化：生活化的單元教學設計引導，提高學生學習興趣、培養學生創意思考及解決問題等素養能力。實作專題內容包含霹靂燈、全彩呼吸燈、全彩廣告燈、調光燈、觸控燈、電子輪盤、字幕機、電子碼表、60 秒計時器、自動抽號機、觸控調光燈、音樂盒、數位電壓表、小夜燈、電子測距計、電子溫度計、電子溫溼度計、智能檯燈、數位電子時鐘等。

教材多元化：初學者如對 Arduino 程式設計有興趣，可參考作者相關 Arduino 教材「Arduino 最佳入門與應用」「Arduino 自走車最佳入門與應用」及「Arduino 物聯網最佳入門與應用」。

商標聲明

- Arduino 是 Arduino 公司的註冊商標
- ATmega 是 ATMEL 公司的註冊商標
- ATtiny 是 ATMEL 公司的註冊商標
- Digispark 是 DigiStump 公司的註冊商標
- TinkerCAD Circuits 是 AUTODESK 公司的註冊商標

除了上述所列商標及名稱外，其他本書所提及均為該公司的註冊商標。

目錄

5 矩陣型 LED 互動設計

6 七段顯示器互動設計

7 液晶顯示器互動設計

8 OLED 顯示器互動設計

9 聲音元件互動設計

10 感測器互動設計

1 認識 Arduino

1-1 Arduino 簡介

Arduino 是由義大利米蘭互動設計學院 Massimo Banzi，David Cuartielles，Tom Igoe、Gianluca Martino、David Mellis 及 Nicholas Zambetti 等核心開發團隊成員所創造出來。Arduino 開發板是一塊**開放源碼**（open-source）的微控制器電路板，軟體源碼與硬體電路都是開放的。除了可以在 Arduino 官方網站上購買 Arduino 開發板，也可在其他網站買到 Arduino 開發板或相容板。如圖 1-1 所示 Arduino 註冊商標，使用一個無限大的符號來表示「**實現無限可能的創意**」。Arduino 原始設計目的是希望設計師及藝術師不用學習複雜的單晶片結構及指令，就能夠快速、簡單的設計出與真實世界互動的實用產品。

圖 1-1　Arduino 註冊商標（圖片來源：arduino.cc）

1-2 Arduino 硬體介紹

Arduino 開發板使用 Microchip/Atmel 公司研發的低價格 ATmega AVR 系列微控制器，從第一代 ATmega8、ATmega168 到現在的 ATmega328 等皆為 DIP-28 包裝、ATmega1280、ATmega2560 則為 TQFP-100 包裝。現今的 PC 電腦大多已沒有 COM 串列埠的實體設計，因此 Arduino 開發板採用較通用的 USB 做為通信介面。Arduino 開發板種類很多，最主要的差異在於所**使用的微控制器及連接 USB 介面 IC 不同**，但是程式語法與硬體連接方式大致相同。如表 1-1 所示 ATmega 系列微控制器的內部記憶體容量比較，以常用的 Arduino Uno 開發板為例，使用 ATmega328 晶片，具有 32KB 的 Flash ROM 記憶體、2KB 的 SRAM 記憶體及 1KB 的 EEPROM 記憶體。

表 1-1　ATmega 系列微控制器的內部記憶體容量比較

記憶體容量	ATmega8	ATmega168	ATmega328	ATmega1280	ATmega2560
Flash	8 KB	16 KB	32 KB	128 KB	256 KB
SRAM	1 KB	1 KB	2 KB	8 KB	8 KB
EEPROM	512 Bytes	512 Bytes	1 KB	4 KB	4 KB

1-2-1 Uno 板

如圖 1-2 所示為 Arduino Uno 板，是整個 Arduino 家族中使用最廣泛的開發板。「Uno」**的義大利文是「一」的意思**，用來紀念 Arduino 1.0 的發布，使用 ATmega328 微控制器及 16 MHz 石英晶體振盪器。

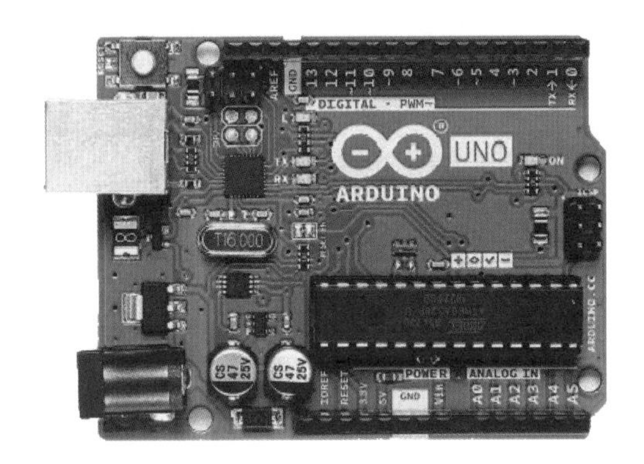

圖 1-2　Arduino Uno 板（圖片來源：arduino.cc）

目前版本 Arduino Uno Rev3 使用 ATmega328P，P 代表 Pico power **低功耗**之意。在 Uno 板上有第二顆微控制器 ATmega16U2，取代 FTDI 公司的 USB 介面晶片，用來處理 USB 傳輸通信。Uno 板內含 32KB 快閃（Flash）記憶體（其中 0.5KB 用來儲存 Bootloader 啟動程式），2KB 靜態隨機存取記憶體（Static Random Access Memory，簡記 SRAM）及 1KB 電子抹除式可覆寫唯讀記憶體（Electrically-Erasable Programmable Read-Only Memory，簡記 EEPROM）。Uno 板的輸入直流電壓範圍 6~20V，小於 7V 時電壓變得不穩定，大於 12V 時穩壓 IC 過熱將導致損壞，**一般建議在** 7~12V。**每支數位** I/O **腳有** 20mA **的驅動能力**，3.3V **電源最大輸出電流** 50mA。

如圖 1-3 所示 Arduino Uno 開發板硬體外觀，有 14 支數位輸入 / 輸出（input/output，簡記 I/O）腳 0~13，其中 3、5、6、9、10、11 等 6 支數位腳可輸出脈寬調變（pulse width modulation，簡記 PWM）信號，在腳位上特別標示**正弦波符號～**，以方便識別。Arduino Uno 開發板有 6 支具有 10 位元解析度的類比輸入腳 A0~A5，當這些類比腳不使用時，也可以當成一般數位 I/O 腳 14~19 使用。另外，Arduino Uno 開發板的數位腳 0、1 用來與 PC 電腦進行串列數據傳輸，因此最多有 18 支數位 I/O 腳可供使用。

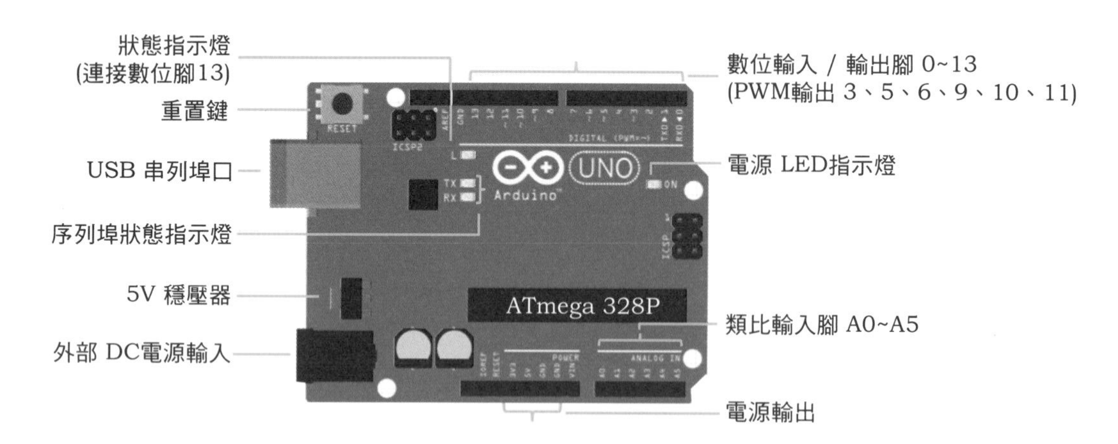

圖 1-3　Arduino Uno 開發板硬體外觀

Arduino Uno 開發板有一組 UART 串列埠(0:RX，1:TX)、兩個外部中斷(2:INT0、3:INT1)、一組 TWI(Two Wire Interface)介面(A4:SDA，A5:SCL)及一組 SPI(Serial Peripheral Interface)介面(10:SS，11:MOSI，12:MISO，13:SCK)。在 PC 端撰寫編譯完成的 Arduino **草稿碼**(sketch)，會經由串列埠上傳至 ATmega328 微控制器中，並且以串列埠狀態指示燈 TX、RX 來指示通信狀態。

Arduino 擴充模組常使用 UART、TWI、SPI 與 Arduino Uno 板進行雙向資料傳輸。TWI **相容於** I2C(Inter-Integrated Circuit Bus)，I2C 發音是「I-square-C」，I2C 是積體電路間介面匯流排的縮寫，在 1982 年由荷蘭飛利浦半導體公司(Philips Semiconductor)所開發，主要目的是為了讓微控制器或 CPU 以較少的接腳數連接眾多的低速周邊裝置。Atmel 公司為了規避 I2C Bus 專利，就將其產品改名為 TWI。

在供電部分，Arduino Uno 板可以直接由 USB 供電，也可以外接 9V 電源到外部 DC 電源輸入插座，再經 Uno 板上的穩壓器轉換輸出 5V 供電。Uno 板上另外提供 5V、3.3V、GND 供應外部模組使用。在圖 1-3 所示 Arduino Uno 板的右邊有一組如圖 1-4 所示 ICSP(In-Circuit Serial Programming)接腳，功用與 SPI 介面相同，用來**將** Bootloader **啟動程式燒錄至** ATmega328P **微控制器**，Bootloader 程式讓我們可以經由 USB 介面，直接將 PC 端 Arduino 草稿碼上傳到 ATmega328P 微控制器。

1 - MISO　2 - +Vcc
3 - SCK　4 - MOSI
5 - Reset　6 - Gnd

圖 1-4　ICSP 接腳

1-2-2 Leonardo 板

如圖 1-5 所示 Arduino Leonardo 板，是將 ATmega328 與 ATmega8U2 兩個微控制器的功能整合在 ATmega32U4 單一顆微控制器中，**USB 通信以軟體方式來完成**。Arduino Leonardo 板使用 16 MHz 晶體振盪器，有 20 支數位輸入 / 輸出腳（其中 7 支可當 PWM 輸出腳）及 12 支類比輸入腳，每支類比輸入腳提供 10 位元的解析度。Leonardo 板內含 32KB 的 Flash 記憶體(其中 4KB 當作 Bootloader)，2.5KB 的 SRAM 記憶體及 1KB 的 EEPROM 記憶體。

圖 1-5　Arduino Leonardo 板（圖片來源：arduino.cc）

Leonardo 板每支數位 I/O 腳有 40mA 的驅動能力，3.3V 電源最大輸出電流 50mA。Leonardo 板有 14 支數位 I/O 腳 0~13（其中 3、5、6、9、10、11、13 等 7 支數位腳可當作 PWM 輸出）及 12 支具有 10 位元解析度的類比輸入腳 A0~A5 及 A6-A11（使用數位腳 4、6、8、9、10、12），當類比腳不用時，也可以當成數位 I/O 腳 14~19 使用。Leonardo 板有一組 UART 串列埠（0:RX，1:TX）、五個外部中斷（3:INT0、2:INT1、0:INT2、1:INT3、7:INT4），支援一組 TWI 串列通信（2:SDA，3:SCL）及一組 SPI 串列通信。

1-2-3 Mega 2560 板

如圖 1-6 所示 Arduino Mega 2560 板，使用 Atmega2560 微控制器及 16 MHz 石英晶體振盪器。在 Mega2560 微控制器中**內建 USB 通信功能**，不需再使用專用的 USB 介面晶片。Mega2560 板內含 256KB 的 Flash 記憶體（8KB 當作 Bootloader），8KB 的 SRAM 記憶體及 4KB 的 EEPROM 記憶體。Mega2560 板每支數位 I/O 腳有 20mA 的驅動能力，3.3V 電源最大輸出電有 50mA 輸出。Mega 2560 板適合大型專題。

圖 1-6　Arduino Mega 2560 板（圖片來源：arduino.cc）

1-2-4　Micro 板

如圖 1-7 所示 Arduino Micro 板，**與郵票大小相同，可以直接插入麵包板中**，使用 ATmega32U4 微控制器及 16 MHz 石英晶體振盪器。在 ATmega32U4 微控制器中內建 USB 通信功能，不需再使用專用的 USB 介面晶片。Micro 板內含 32KB 的 Flash 記憶體（4KB 當作 Bootloader），2.5KB 的 SRAM 記憶體及 1KB 的 EEPROM 記憶體。Micro **板沒有直流電源插孔**（DC Jack），工作電壓 5V，每支數位 I/O 腳有 20mA 的驅動能力，3.3V 電源最大輸出電流 50mA。

圖 1-7　Arduino Micro 板（圖片來源：arduino.cc）

1-2-5　Nano 板

如圖 1-8 所示 Arduino Nano 板，與郵票大小相同，使用 ATmega328 微控制器及 16 MHz 石英晶體振盪器。Nano 板使用 FTDI 公司的 USB 介面晶片來處理 USB 傳輸通信，**必須安裝** FIDI **介面晶片的驅動程式**。Nano 板內含 32KB 的 Flash 記憶體（其中 2KB 當作 Bootloader），2KB 的 SRAM 記憶體及 1KB 的 EEPROM 記憶體。Nano 板沒有直流電源插孔，工作電壓為 5V，每支數位 I/O 腳有 40mA 的驅動能力，3.3V 電源最大輸出電流 50mA。Arduino Nano 板與 Arduino Uno 板特性相似，但體積較小，因此也經常被使用在小型專案應用。

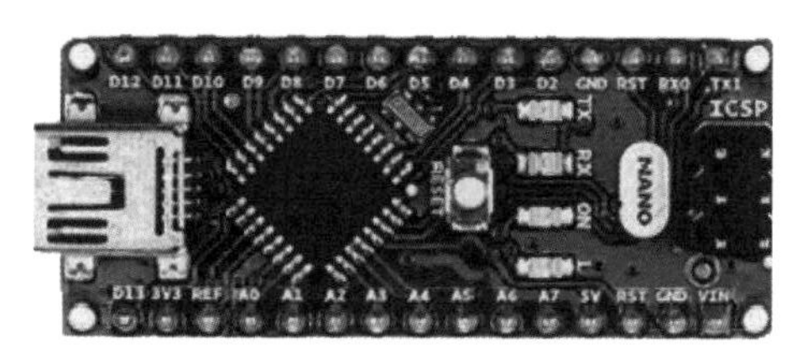

圖 1-8　Arduino Nano 板（圖片來源：arduino.cc）

Nano 板有 14 支數位輸入 / 輸出腳 0~13（其中 3、5、6、9、10、11 等 6 支數位腳可當作 PWM 輸出）及 8 支具有 10 位元解析度的類比輸入腳 A0~A7。Nano 板有兩個外部中斷，一組 UART 串列埠，支援一組 TWI 通信及一組 SPI 通信。

如表 1-2 所示 Arduino 家族最受歡迎開發板的特性比較，包含 Uno 板、Leonardo 板、Mega 2560 板、Micro 板及 Nano 板等。

表 1-2　Arduino 家族最受歡迎開發板的特性比較

主要特性	Uno	Leonardo	Mega 2560	Micro	Nano
微控制器	ATmega328	ATmega32U4	ATmega2560	ATmega32U4	ATmega328
USB 介面 IC	ATmega16U2	內建	內建	內建	FTDI
數位 I/O 腳	14	14	54	20	14
類比輸入腳	6	12	16	12	8
PWM 輸出腳	6	7	15	7	6
Flash 記憶體	32KB	32KB	256KB	32KB	32KB
Bootloader	0.5KB	4KB	8KB	4KB	2KB
SRAM	2KB	2.5KB	8KB	2.5KB	2KB
EEPROM	1KB	1KB	4KB	1KB	1KB
UART	1	1	4	1	1
SPI	1	1	1	1	1
TWI(相容 I2C)	1	1	1	1	1
外部中斷腳	2	5	6	5	2
時脈速度	16MHz	16MHz	16MHz	16MHz	16MHz
I/O 電流	20mA	40mA	20mA	20mA	40mA
3.3V 電流	50mA	50mA	50mA	50mA	50mA

1-3 Arduino 軟體介紹

Arduino 開發板所使用的 ATmega AVR 微控制器，**支援線上燒錄**（In-System Programming，**簡記** ISP）**功能**，利用 ISP 功能預先將燒錄程式（Bootloader）儲存在微控制器中。只需將 Arduino 板經由 USB 介面與電腦連接，不需使用任何燒錄器，即可進行燒錄動作，將程式上傳（upload）至 ATmega AVR 微控制器中執行。

1-4 Arduino 整合開發環境

Arduino 整合開發環境（Integrated Development Environment，簡記 IDE）結合編輯、驗證、編譯及燒錄等功能來發展應用程式，只要連上 Arduino 官方網站 arduino.cc，即可下載最新版的 IDE 軟體。Arduino 使用類似 C/C++高階語言來編寫原始程式檔，**原始程式檔案的副檔名為**.ino。在 Windows 系統上，只要將 Arduino IDE 解壓縮後即可使用，完全不需要安裝。

1-4-1 下載 Arduino 開發環境

Arduino IDE 軟體支援 Windows、Mac OS、Linux 等作業系統而且完全免費。在本節中將介紹如何下載 Arduino IDE 及其使用方法，所使用的 Arduino IDE 軟體，也可以隨時到官方網站 arduino.cc 下載更新。

STEP 1

1. 輸入官網網址 arduino.cc。
2. 點選 SOFTWARE 選項，開啟下載視窗。

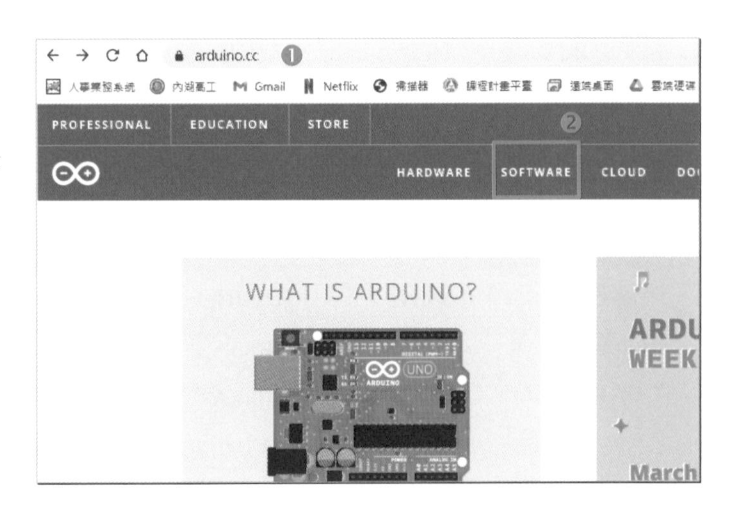

STEP 2

1. 請依自己所使用的作業系統，選擇下載所需的開發環境。以 Windows 環境為例，點選『Windows ZIP』下載 ZIP 壓縮檔。
2. 或是點選『Win7 and newer』直接安裝。

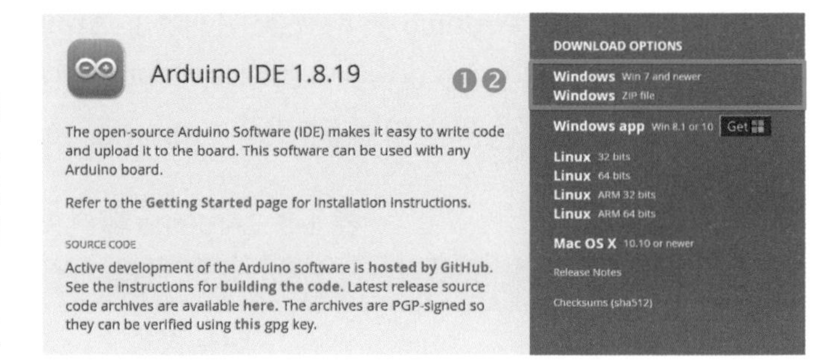

STEP 3

1. 點選『JUST DOWNLOAD』開始下載 Arduino IDE 軟體壓縮檔。您也可以點選捐贈金額支持。
2. 當您將 Arduino 控制板連接到電腦 USB 串列埠口時，系統會自動安裝 Arduino IDE 驅動程式。

STEP 4

1. 切換至【本機】【下載】資料夾。
2. 在【本機】【下載】資料夾中可以看到下載後的壓縮檔『arduino-1.8.19-windows』。以滑鼠左鍵雙擊，將其解壓縮到想要的目錄位置。
3. 可隨時至官網 arduino.cc 下載最新版的 Arduino IDE 軟體。

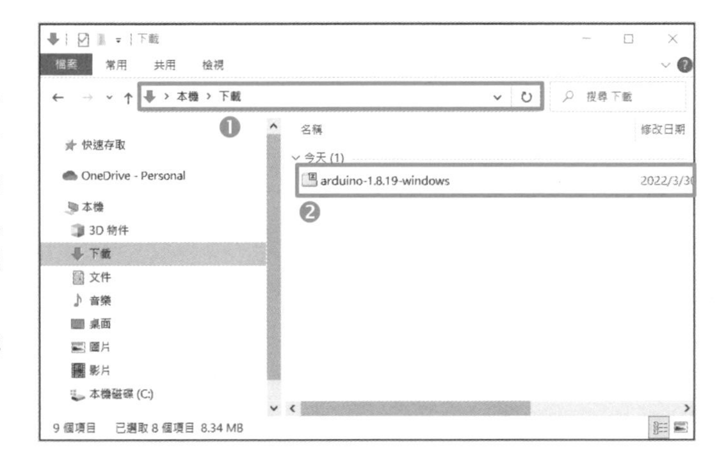

如表 1-3 所示 Arduino 資料夾說明，除了 Arduino IDE 執行檔 arduino.exe 之外，有幾個重要的資料夾如 drivers 資料夾中包含微控制器、USB 介面等驅動程式，examples 資料夾中包含常用範例程式，libraries 資料夾中包含常用函式庫。

表 1-3　Arduino 資料夾說明

資料夾或檔案	功能	說明
drivers	驅動程式	微控制器、USB 介面等驅動程式。
examples	範例程式	由 Arduino 官方所撰寫的範例程式，在 IDE 環境下點選【檔案】【範例】即可開啟內建的範例程式。
libraries	函式庫	由 Arduino 官方所撰寫的程式庫，如 Keyboard (矩陣鍵盤)、LiquidCrystal(液晶顯示器)、Servo (伺服馬達)、Stepper(步進馬達)、Ethernet (乙太網路)、WiFi (無線網路)等。另外，也可以經由網路下載模組開發商或創客(Maker) 所撰寫的函式庫。

1-4-2　Arduino 開發板驅動程式

Arduino IDE 使用 USB 介面來建立與 Arduino 開發板的連線，不同 Arduino 開發板所使用的 USB 晶片不同，電腦必須正確安裝驅動程式才能工作，早期的 Arduino 板如 Arduino Duemilanove 板，是使用 FTDI 廠商生產的通信晶片，驅動程式可以在【drivers】資料夾中找到，較新的 Arduino 開發板，如 Arduino Uno 板，與電腦連接時會自動安裝驅動程式。Microsoft 公司自 2020 年 1 月 14 日後，已不再提供 Windows 7 的技術協助和軟體更新，因此本書將以 **Windows 10 作業系統**來說明。

1-4-3 Arduino 開發環境使用說明

STEP 1

1. 點選 arduino，快按滑鼠左鍵兩下，開啟 Arduino IDE 軟體。

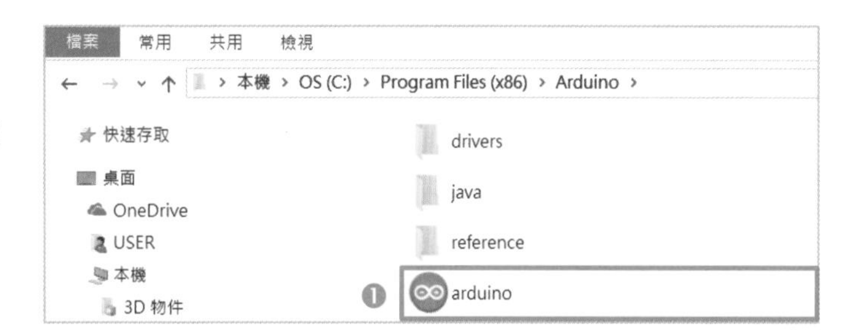

STEP 2

1. Arduino 預設檔案名稱為 sketch_jan08a，以今天日期作為結尾，讓使用者可以記得開發專案檔的日期。本例 jan08a 代表 1 月 8 日所建立，後面的小寫 a 表示第 1 次新建的草稿檔，第 2 次之後依序為 b、c、d 等。
2. 程式編輯區：包含 setup( ) 及 loop( ) 兩個必要函式。編輯區的操作方式與一般文書編輯器大致相同。
3. 訊息視窗：顯示編譯後所產生的錯誤訊息。
4. 系統自動指定串列埠名稱。
5. Arduino IDE 功能說明如表 1-4。

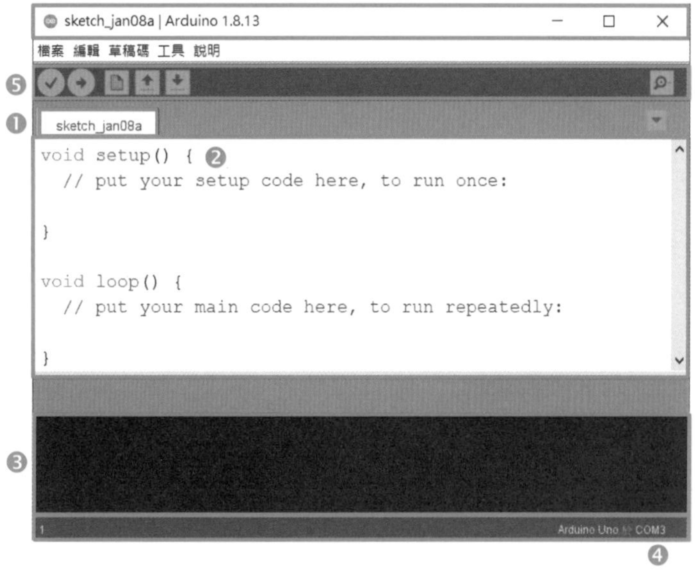

表 1-4 Arduino IDE 功能說明

快捷鈕	英文名稱	中文功能	說明
	Verify	驗證	編譯專案檔的草稿碼並驗證語法是否正確。
	Upload	上傳	編譯並且上傳可執行檔至 Arduino 開發板。
	New	新增	新增一個專案檔。
	Open	開啟	開啟副檔名為 ino 的 Arduino 專案檔。
	Save	儲存	儲存專案檔。
	Serial Monitor	序列埠監控視窗	又稱終端機，是電腦與 Arduino 板通信介面。

1-4-4 執行第一個 Arduino 程式

STEP 1

1. 以 USB 線連接如右圖所示 Arduino Uno 板的 USB Type-B 埠口與電腦 USB Type-A 埠口。
2. 檢查綠色 LED 電源燈是否有亮？若有亮代表供電正常。

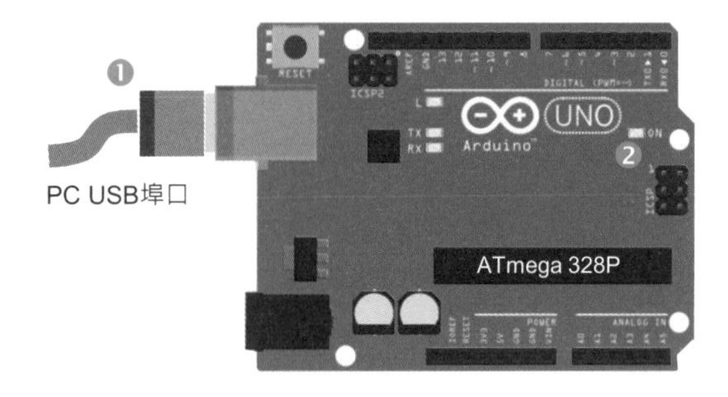

STEP 2

1. 點選資料夾中的 arduino 圖示，開啟 Arduino IDE 軟體。
2. 點選【檔案】【範例】【01.Basics】【Blink】，開啟 Blink.ino 草稿碼。
3. Blink.ino 是一個可以讓連接於數位腳 D13 的內建橙色 LED 指示燈 L 閃爍（1 秒亮、1 秒滅）的小程式。

❶ arduino

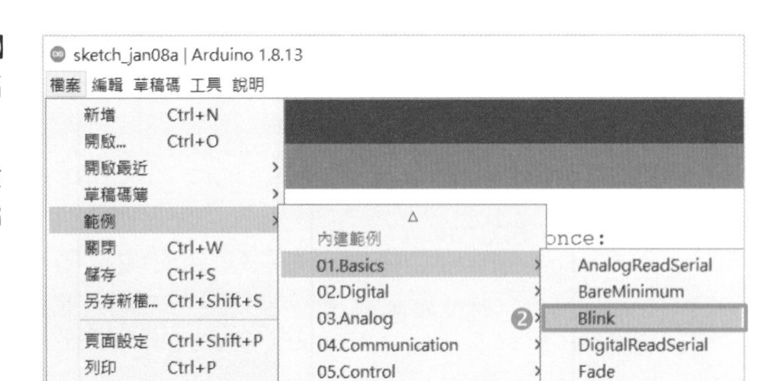

STEP 3

1. 點選上傳鈕 ➔，編譯並上傳專案檔至 Arduino Uno 開發板。
2. 上傳過程中，訊息列會出現『上傳中…』訊息。上傳完成後會出現『上傳完畢』訊息。
3. 檢視 Arduino Uno 開發板上連接於 D13 的橙色 LED 指示燈 L 是否能夠正確閃爍？如果正確閃爍，表示上傳成功。

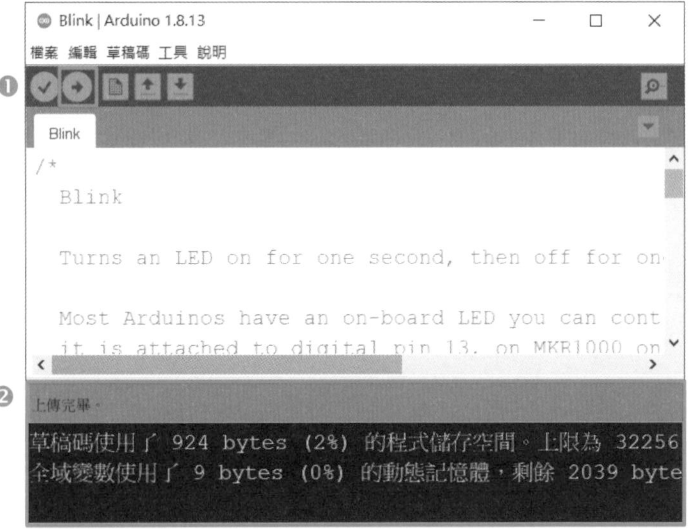

1-5 ATtiny85 / 167 開發板

使用 Arduino **開發板開發專案最大的優點是開源**（open-source），**軟體源碼及硬體電路都是開放的**。網路上有大量的函式庫支援不同的硬體模組，創客（Maker）可以依據自己的需求，選擇不同性能的 Arduino 開發板，快速完成專案設計，實現創意。Arduino Uno 開發板尺寸為 70mm 長×54mm 寬，對於小型的專案開發，尺寸又顯得太大，如果使用 Arduino nano 開發板，雖然尺寸只有 45mm 長×18mm 寬，但價格還是太貴。Atmel AVR 系列是基於哈佛結構、8 位元~32 位元精簡指令集（Reduced Instruction Set Computing，RISC）的微控制器。ATtiny 系列與 ATmega 系列同屬 AVR 微控制器，ATmega 開發板有專屬 USB 通信晶片，而 ATtiny 開發板沒有 USB 通信晶片，必須使用內建 Bootloader 程式，將 ATtiny 開發板模擬成一個 USB 裝置，再為這個**特殊的** USB **裝置**，安裝專屬的驅動程式。

1-5-1 ATtiny85 開發板基本特性

如圖 1-9(a) 所示 DigiStump 公司生產的 Digispark 開發板（以下簡稱 ATtiny85 開發板），使用 Type-USB 埠口，尺寸 23mm 長×17.5mm 寬，約為 Arduino Uno 開發板的四分之一，價格相較 Arduino nano 開發板便宜。ATtiny85 **開發板最大特色是支援** Arduino IDE **軟體開發及大部份的** Arduino **函式庫**，適合小型專案開發。如圖 1-9(b) 所示為使用 Micro-USB 埠口的 ATtiny85 相容板，接腳及功能與 Digispark 開發板相同如圖 1-9(c) 所示說明。

(a) Digispark 開發板

(b) 相容板

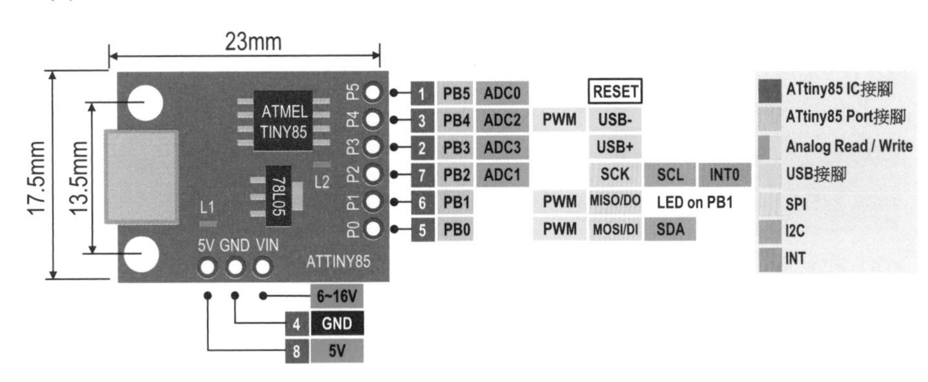

(c) 接腳及功能說明

圖 1-9 ATtiny85 開發板

ATtiny85 開發板採用 Microchip/Atmel 公司所生產的 8 位元 AVR RISC 高性能、低功耗微控晶片 ATtiny85。內含 8KB 快閃 Flash 記憶體（2KB 用來儲存 Bootloader 啟動程式）、512B EEPROM、512B SRAM、6 支通用數位腳 PB0~PB5、4 通道 10 位元 A/D 轉換器 ADC0~ADC3，3 組 PWM 輸出腳、1 組 SPI 通信介面（MOSI、MISO、SCLK）、1 組 I2C 通信介面（SDA、SCL）。ATtiny85 開發板內建 L1 及 L2 兩個 LED 燈，L1 為電源指示燈，L2 連接至 PB1。外加輸入電壓至 VIN 接腳，範圍在 6~16V 之間，經內部電壓調整器 78L05/78M05 穩壓輸出 5V，最大輸出電流 100mA/500mA。

ATtiny85 開發板將 PB5 連接至 RESET，不建議當做一般 I/O 腳使用，以免造成誤動作。ATtiny85 開發板沒有 USB 通信介面晶片，而是使用 PB3、PB4 腳位，配合周邊電路及一個特別的 Bootloader 軟體，來模擬 USB 介面，並且直接使用 USB 介面來上傳程式碼。**PB3 及 PB4 分別連接至 USB 的信號線 D+及 D-，如果要當做一般數位腳使用，在上傳程式前必須先移除周邊模組連線，上傳程式完成，拔掉 USB 線，再連接周邊模組，並將外接電源連接至 VIN 或+5V 端，才能正常工作。**

1-5-2 ATtiny167 開發板基本特性

如圖 1-10 所示 DigiStump 公司生產的 Digispark Pro 開發板（以下簡稱 ATtiny167 開發板），尺寸 26.7mm 長×18.3mm 寬。與 ATtiny85 相同，支援 Arduino IDE 軟體開發及大部份的 Arduino 函式庫。

(a) Digispark Pro 開發板

(b) 相容板

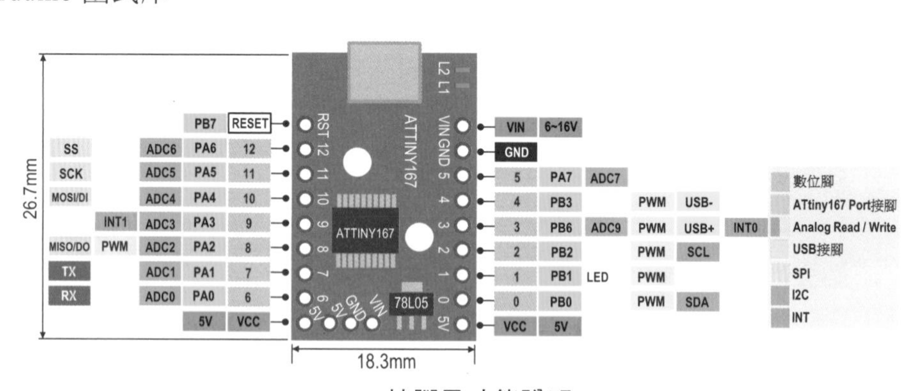

(c) 接腳及功能說明

圖 1-10 ATtiny167 開發板

ATtiny167 開發板採用 Microchip/Atmel 公司所生產的 8 位元 AVR RISC 高性能、低功耗微控晶片 ATtiny167。內含 16KB 快閃 Flash 記憶體（2KB 用來儲存 Bootloader 啟動程式）、512B EEPROM、512B SRAM、14 支通用數位腳、9 通道 10 位元 A/D 轉換器，6 組 PWM 輸出腳、1 組 SPI 通信介面（SS、MOSI、MISO、SCLK）、1 組 I2C 通信介面（SDA、SCL）。ATtiny167 開發板內建 L1 及 L2 兩個 LED 燈，

L1 為電源指示燈，L2 連接至 PB1。外加輸入電壓至 VIN 接腳，範圍在 6~16V 之間，經內部電壓調整器 78L05/78M05 穩壓輸出 5V，最大輸出電流 100mA/500mA。

如表 1-5 所示 Arduino Uno 板、Nano 板、ATtiny85 板及 ATtiny167 板基本特性比較，ATtiny85 開發板可以說是縮小版的 Arduino Uno 開發板，可以在 Arduino IDE 環境下編輯並上傳程式，使用方便。如程式碼過大時，可改用 ATtiny167 開發板。

表 1-5　Arduino Uno 開發板、ATtiny85 開發板及 ATtiny167 開發板基本特性比較

主要特性	Arduino Uno 板	Nano 板	ATtiny85 板	ATtiny167 板
微控制器	ATmega328P	ATmega328	ATtiny85	ATtiny167
USB 介面 IC	ATmega16U2 (硬體)	FTDI (硬體)	軟體模擬 PB3(USB+)、PB4(USB-)	軟體模擬 PB6(USB+)、PB3(USB-)
數位腳	14	14	6	14
類比輸入腳	6	8	4	9
PWM 輸出腳	6	6	3	6
Flash ROM	32KB	32KB	8KB	16KB
Bootloader	0.5KB	2KB	2KB	2KB
SRAM	2KB	2KB	512 Bytes	512 Bytes
EEPROM	1KB	1KB	512 Bytes	512 Bytes
UART	1	1	1	1
SPI	1	1	1	1
I2C	1	1	1	1
時脈速度	16MHz	16 MHz	20MHz	16MHz
外部中斷腳	2	2	1	2
I/O 電流	20mA	20mA	20mA	20mA
工作電壓	2.7V ~ 5.5V	2.7V ~ 5.5V	2.7V ~ 5.5V	2.7V ~ 5.5V

1-5-3　安裝 ATtiny 開發板擴充套件

Arduino IDE 是一個開源軟體，可以安裝不同的硬體核心擴充套件，來擴充使用不同開發板。在使用 ATtiny85/ATtiny167 開發板前，必須先安裝 Digispark 硬體擴充套件到 Arduino IDE 內，這個擴充套件支援 Digistump 公司所生產的 Digispark 開發板（ATtiny85）及 Digispark Pro 開發板（ATtiny167）。

STEP 1

1. 開啟 Arduino IDE 軟體，選擇【檔案】【偏好設定】。
2. 點選開啟額外的開發板管理員網址視窗。
3. 輸入開發板管理員網址：http://digistump.com/package_digistump_index.json。
4. 按下【確定】結束管理員網址輸入。
5. 按下【確定】結束偏好設定。

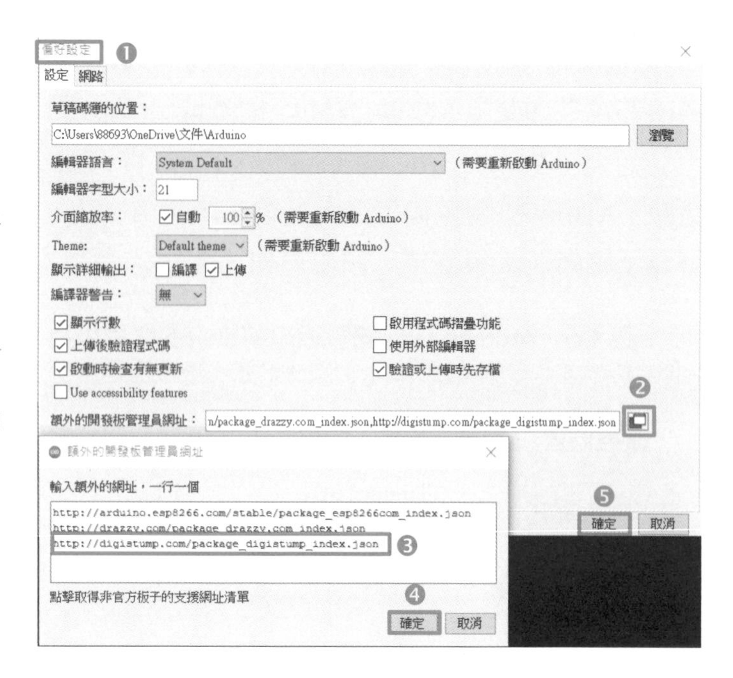

STEP 2

1. 開啟【工具】【開發板】【開發板管理員】。
2. 輸入搜尋關鍵字 digispark。
3. 找到開發板套件 Digistump AVR Boards，按下【安裝】。
4. 安裝完成後，關閉【開發板管理員】視窗。

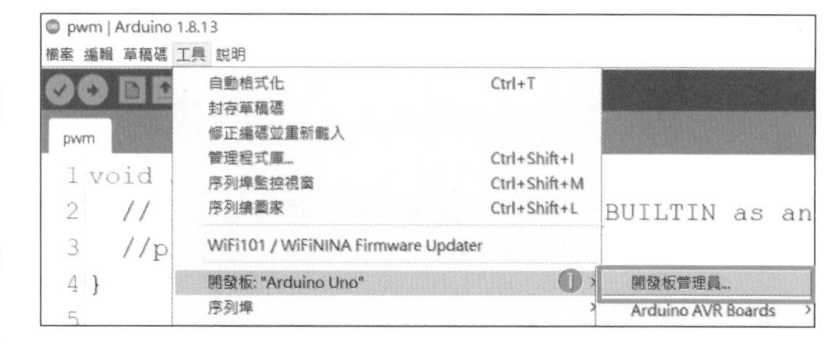

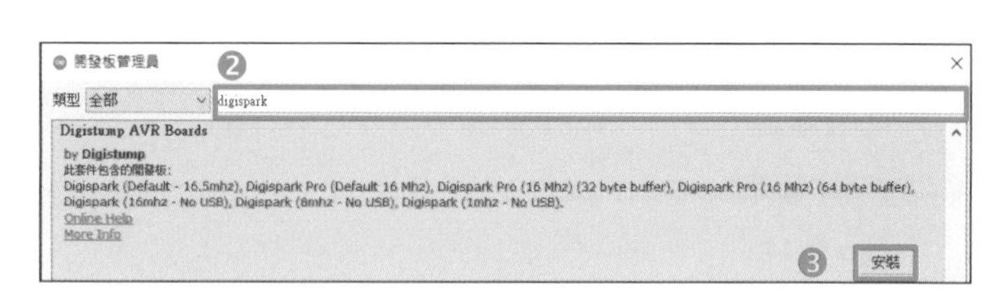

1-5-4 安裝 ATtiny 開發板驅動程式

ATtiny85 開發板並沒有 USB 通信介面晶片，而是使用 ATtiny85 的 PB3（USB+）、PB4（USB-）腳位，配合周邊電路及一個特別的 Bootloader 軟體，來模擬 USB 的通信介面。為了順利使用 USB 介面來上傳程式碼，必須為 ATtiny85 開發板安裝驅動程式。

STEP 1

1. 在 google 輸入搜尋關鍵字 digistump.drivers。
2. 點選 DigistumpArduino-GitHub 開啟驅動程式下載頁面。

STEP 2

1. 進入驅動程式下載頁面後，點選下載 Digistump.Drivers.zip 壓縮檔。
2. 解壓縮 Digistump.Drivers.zip 檔案後，將 ATtiny85 開發板連接至電腦 USB 插口，執行 Install Drivers 應用程式。
3. ATtiny85 開發板只有在**重新通電的前 5 秒鐘，才會進入 Bootloader 模式上傳程式碼**。此時『裝置管理員』才會看見驅動程式 libusb-win32 devices，5 秒後會消失，Attiny85 開始執行內儲程式。

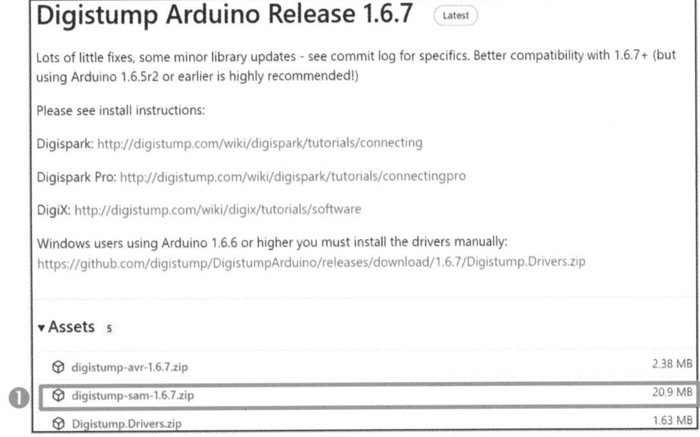

名稱	日期	類型	大小
Digistump.Drivers	2022/3/17 下午 03:42	Zip-File	1,672 KB
digiusb	2016/4/8 下午 01:21	安全性目錄	11 KB
DigiUSB	2016/4/8 下午 01:21	安裝資訊	8 KB
DigiX	2016/4/8 下午 01:21	安裝資訊	4 KB
DPinst	2016/4/8 下午 01:21	應用程式	901 KB
DPinst64	2016/4/8 下午 01:21	應用程式	1,023 KB
❷ Install Drivers	2016/4/8 下午 01:21	應用程式	1,487 KB

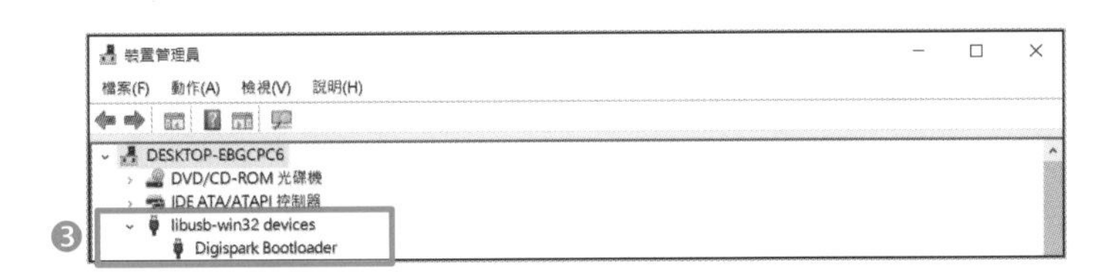

1-5-5 執行第一個 ATtiny85 程式

STEP 1

1. 執行 Arduino IDE 軟體。
2. 點選【檔案】【範例】【01.Basics】【Blink】開啟 Blink.ino 草稿碼。
3. 將 Blink.ino 草稿碼中的 LED_BUILTIN(Arduino Uno開發板預設連接至 13 或 D13)，改成 1 或 PB1(ATtiny85 開發板預設連接至 1 或 PB1)。

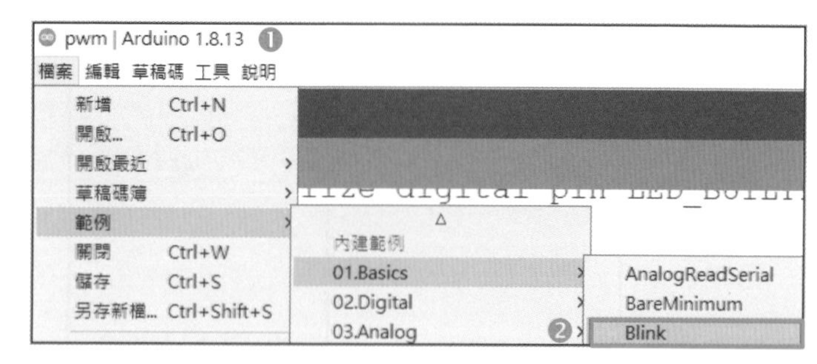

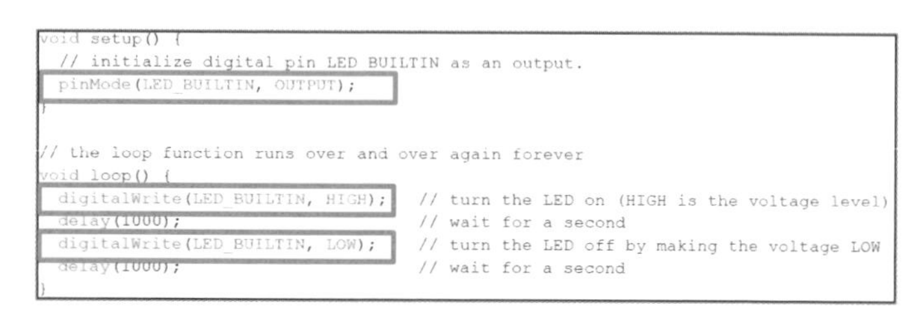

STEP 2

1. 點選【工具】【開發板】【Digistump AVR Boards】選擇 Digispark(Default-16.5mhz)，使用 Digispark 開發板(ATtiny85)。
2. 如果是 Digispark Pro 開發板(ATtiny167)，則選擇 Digispark Pro(Default 16Mhz)。

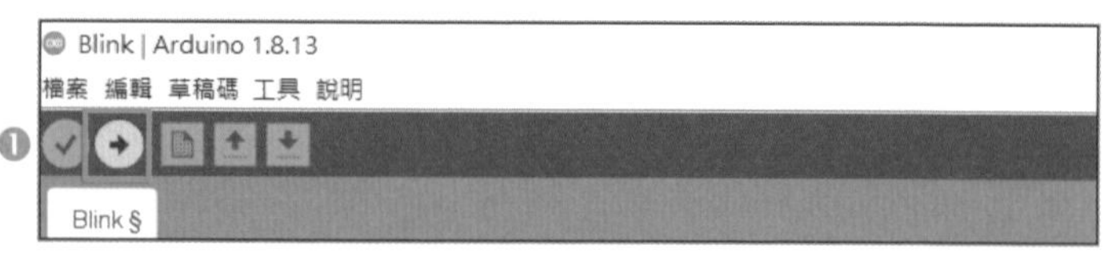

STEP 3

1. 務必要先移除 Digispark 開發板與電腦的 USB 接線，再點選上傳鈕 ➜。
2. 在狀態列中顯示『Plug in device now...』後，於 60 秒內將 Digispark 開發板與電腦的 USB 接線連接，開啟驅動程式並上傳草稿碼。
3. 檢視 Digispark 開發板上 L2 指示燈(連接至 PB1)，是否閃爍變化(1 秒亮、1 秒滅)。

Arduino 語言基礎

2-1 C 語言架構

C 語言是一種常用的高階語言，由函式（function）所組成，所謂函式是指**執行某一特定功能的程式集合**。當我們在設計 C 語言程式時，首先會依所需的功能先寫一個函式，然後再由主程式或函式去執行另一個函式。在函式名稱後面會接一組小括號「( )」，通知編譯器此為一個函式，而不是變數，而在小括號內也可包含引數（或稱為參數），引數是用來將主程式中的變數數值或位址傳至函式中來運算。

下面是一個簡單的 C 語言結構，當 C 語言由作業系統（如 Windows、Mac OS、Linux 等）取得控制權之後，即會開始執行 main( ) 函式中的程式，main( ) 函式由其名稱「main」**暗示有「主要」的意思，代表在 C 語言中是第一個被執行的函式**。在每個函式後面都有一組大括號「{ }」，代表函式主體的開始與結束，其中左邊大括號「{」，代表函式的開始，右邊大括號「}」代表函式的結束。在函式內的程式稱為敘述，**每一行敘述必須以分號結束**。為了增加程式的可讀性，常在敘述的後面加上註解，如果是多行註解，使用斜線與星號「/*」開始，並以星號與斜線「*/」結束，如果是單行註解，使用雙斜線「//」開始。C 語言編譯器會忽略註解中的文字。

範例

```
main()                                //主函式名稱，括號內可包含引數。
{                                     //函式開始。
    printf( "I love C language" );    //一個敘述，並以分號結束敘述。
}                                     //函式結束。
```

2-2 Arduino 語言架構

Arduino 程式與 C 語言程式很相似，但語法更簡單而且易學易用，完全將微控制器中複雜的暫存器設定寫成函式，使用者只需輸入**參數**即可。Arduino 程式主要由**結構**（structure）、**數值**（values）及**函式**（functions）等三個部分組成。

下面為 Arduino 語言結構，包含 setup( ) 及 loop( ) 兩個函式。setup( ) 函式由其名稱「setup」暗示執行「**設定**」的動作，主要用來初始化變數、設定變數初值、設定接腳模式為輸入（INPUT）、含上升電阻輸入（INPUT_PULLUP）或輸出（OUTPUT）等。在每次通電或重置 Arduino 開發板時，setup( ) **函式只會被執行**

一次。loop( ) 函式由其名稱「loop」暗示執行「**迴圈**」的動作，用來設計程式控制 Arduino 板執行所需的功能，loop( ) **函式會重複執行**。

範例

```
void setup()          //初始化變數、設定接腳模式等。
{ }                   //setup()函式所執行的敘述。
void loop()           //迴圈。
{ }                   //loop()函式所執行的敘述。
```

2-3 Arduino 變數與常數

在 Arduino 程式中常使用變數（variables）與常數（constants）來取代記憶體的實際位址。使用變數與常數的好處是程式設計者不需要知道那些位址是可以使用的，而且程式將會更容易閱讀與維護。**變數或常數的宣告是為了保留記憶體空間給某個資料來儲存**，至於安排哪一個位址，則是由編譯器統一分配。

2-3-1 變數名稱

Arduino 語言的變數命名規則與 C 語言相似，**變數必須是由英文字母、數字或底線符號「_」組成**，不可包含特殊字元或關鍵字，而且第一個字元不可以是數字。因此我們在命名變數名稱時，應該以容易閱讀為原則，例如 col、row 代表行與列，就比 i、j 更容易了解。

2-3-2 資料型態

由於每一種資料型態（data type）在記憶體中所佔用的空間不同，因此在宣告變數時，也必須指定變數的資料型態，如此編譯器才能夠配置適當的記憶體空間給這些變數來存放。在 Arduino 語言中所使用的資料型態大致可分成**整數**、**浮點數**、**字元**及**布林**等四種。整數資料型態有 short（短整數）、int（整數）、long（長整數）等三種。浮點數資料型態有 float、double 兩種，常應用於需要更高解析度的類比輸入值。字元資料型態 char 用來儲存字元資料，但也可以儲存 8 位元整數資料。布林資料型態 boolean（或 bool）定義範圍為 true 及 false，用來提高程式的可讀性。字元及整數資料型態配合 signed（有號數）、unsigned（無號數）前置修飾字，可以改變資料範圍。如表 2-1 所示 Arduino 資料型態，與 C 語言有少許不同。

表 2-1　Arduino 資料型態

資料型態	別名	位元數	範圍
boolean	bool	8	true（定義為非 0），false（定義為 0）
char	int8_t	8	−128~+127
unsigned char	uint8_t	8	0~255
short	int16_t	16	−32,768~+32,767
unsigned short	uint16_t	16	0~65,535
int 註 1	int16_t	16	−32,768~+32,767
unsigned int 註 2	uint16_t	16	0~65,535
long	int32_t	32	−2,147,483,648~+2,147,483,647
unsigned long	uint32_t	32	0~4,294,967,295
float		32	−3.4028235E+38~+3.4028235E+38
double 註 3		32	−3.4028235E+38~+3.4028235E+38

註 1：在 Arduino Due 板為 32 位元，其餘為 16 位元。
註 2：在 Arduino Due 板為 32 位元，其餘為 16 位元。
註 3：在 Arduino Due 板為 64 位元，其餘為 32 位元。

2-3-3　變數宣告

宣告一個變數，必須指定變數名稱及資料型態，當變數的資料型態指定後，編譯器將會配置適當的記憶體空間來儲存這個變數。宣告範例如下：

範例

```
int led=10;                  //宣告整數變數 led，初值為 10。
char myChar='A';             //宣告字元變數 myChar，初值為字元 A。
float sensorVal=12.34        //宣告浮點數變數 sensorVal，初值為 12.34。
```

如果一個以上的變數具有相同的變數型態，也可以只用一個資料型態名稱來宣告，而**變數之間用逗號分開**。如果變數有初值時，也可以在宣告變數時一起設定。宣告範例如下：

範例

```
int year=2022,moon=4,day=13;     //宣告整數變數 year、moon、day 及其初值。
```

2-3-4 變數生命週期

所謂變數的生命週期是指變數保存某個數值，佔用記憶體空間的時間長短，可以區分為**區域變數**（local variables）及**全域變數**（global variables）兩種。

1. 全域變數

全域變數被宣告在任何函式之外，當執行 Arduino 程式時，全域變數即被產生並且配置記憶體空間給這些全域變數。**在程式執行期間，全域變數都能保存數值，直到程式結束執行時，才會釋放這些佔用的記憶體空間**。全域變數並不會禁止與其無關的函式進行存取動作，因此在使用上要特別小心，避免變數數值可能被不經意地更改。因此**除非有特別需求，還是儘量使用區域變數**。

2. 區域變數

區域變數又稱為**自動變數**，被宣告在函式大括號「{ }」內，當函式被呼叫使用時，這些區域變數自動產生，系統會配置記憶體空間給這些區域變數，當函式結束時，這些區域變數又自動消失並且釋放所佔用的記憶體空間。

範例

```
int total;                          //全域變數 total 在所有函式內皆有效。
void setup()
{
    //初值設定;
}
void loop()
{
    int i;                          //區域變數 i 只有在 loop()函式內才有效。
    for(int j=0; j<100; j++)        //區域變數 j 只有在 for 迴圈內才有效。
    {
        //敘述式;
    }
}
```

2-3-5 變數型態轉換

在 Arduino 程式中可以使用 char(x)、byte(x)、int(x)、word(x)、long(x)、float(x) 等資料型態轉換函式來改變變數的資料型態，引數 x 可以是任何型態的資料。

2-4 Arduino 運算子

電腦除了能夠儲存資料之外，還必須具備運算的能力，在運算時所使用的符號稱為運算子（operator）。常用的運算子可以分為**算術運算子**、**關係運算子**、**位元運算子**、**邏輯運算子**與**指定運算子**等五種。當敘述中包含不同運算子時，Arduino 開發板中的微控制器會先執行算術運算子，其次是關係運算子、位元運算子、邏輯運算子，最後才是指定運算子。**使用小括號( )可以改變運算式執行的優先順序**。

2-4-1 算術運算子

如表 2-2 所示算術運算子（Arithmetic Operators），當算式中有一個以上的算術運算子時，將會先進行乘法、除法與餘數的運算，然後再計算加法與減法的運算。當算式中的算術運算子**具有相同優先順序時，由左而右依序運算**。

表 2-2　算術運算子

算術運算子	動作	範例	說明
+	加法	a+b	a 內含值與 b 內含值相加。
-	減法	a-b	a 內含值與 b 內含值相減。
*	乘法	a*b	a 內含值與 b 內含值相乘。
/	除法	a/b	取 a 內含值除以 b 內含值的商數。
%	餘數	a%b	取 a 內含值除以 b 內含值的餘數。
++	遞增	a++	a 的內含值加 1，即 a=a+1。
--	遞減	a--	a 的內含值減 1，即 a=a-1。

範例

```
void setup(){
}
void loop() {
    int a=20, b=3, c, d, e, f;   //宣告整數變數 a=20、b=3、c、d、e、f。
    c=a+b;                       //執行加法運算 c=a+b=20+3=23。
    d=a-b;                       //執行減法運算 d=a-b=20-3=17。
    e=a/b;                       //執行除法運算，e=a/b=20/3=6。
    f=a%b;                       //執行餘數運算，f=a%b=20%3=2。
    a++;                         //執行遞增運算，a=a+1=20+1=21。
}
```

2-4-2 關係運算子

如表 2-3 所示關係運算子（Comparison Operators），比較兩個運算元的值，然後傳回布林值。**關係運算子的優先順序全都相同**，依照出現的順序由左而右依序執行。

表 2-3 關係運算子

關係運算子	動作	範例	說明
==	等於	a==b	a 等於 b？若為真，結果為 true，否則為 false。
!=	不等於	a!=b	a 不等於 b？若為真，結果為 true，否則為 false。
<	小於	a<b	a 小於 b？若為真，結果為 true，否則為 false。
>	大於	a>b	a 大於 b？若為真，結果為 true，否則為 false。
<=	小於等於	a<=b	若 a 小於或等於 b，結果為 true，否則為 false。
>=	大於等於	a>=b	若 a 大於或等於 b，結果為 true，否則為 false。

範例

```
const int led=13;                    //定義常數整數變數 led 為數位腳 D13。
void setup(){
}
void loop()
{
    int x=200;                       //宣告整數變數 x，初值為 200。
    if(x>100)                        //x 大於 100?
        digitalWrite(led, HIGH);     //若 x 大於 100 則點亮 LED。
    else                             //x 小於或等於 100。
        digitalWrite(led, LOW);      //x 小於或等於 200，則關閉 LED。
}
```

2-4-3 邏輯運算子

如表 2-4 所示邏輯運算子（Boolean Operators），在**邏輯運算中，凡是非 0 的數即為真**（true），**若為 0 即為假**（false）。對及（AND）運算而言，兩數皆為真時，結果才為真。對或（OR）運算而言，有任一數為真時，其結果即為真。對反（NOT）運算而言，若數值原為真，經反運算後變為假，若數值原為假，經反運算後變為真。

表 2-4　邏輯運算子

邏輯運算子	動作	範例	說明
&&	AND	a&&b	a 與 b 兩變數執行邏輯 AND 運算。
||	OR	a||b	a 與 b 兩變數執行邏輯 OR 運算。
!	NOT	!a	a 變數執行邏輯 NOT 運算。

範例

```
void setup(){
}
void loop()
{
    boolean a=true, b=false, c, d, e;    //宣告布林變數 a、b、c、d、e。
    c=a&&b;                              //執行邏輯 AND 運算後，c=false。
    d=a||b;                              //執行邏輯 OR 運算後，d=true。
    e=!a;                                //執行 NOT 運算後，e=false。
}
```

2-4-4　位元運算子

如表 2-5 所示位元運算子（Bitwise Operators），是將兩變數**每一個位元**執行邏輯運算，位元值等於 1 為真，位元值等於 0 為假。對右移位元運算而言，若變數為無號數，則執行右移位元運算後，填入的位元值為 0；反之若變數為有號數，則填入的位元值為最高有效位元（符號位元）。對左移位元運算而言，無論無號數或有號數，填入位元值皆為 0。**在 C 語言中二進數值開頭使用字母「B」字首，十六進數值開頭使用「0x」字首，八進數值開頭使用字母「O」字首，十進數值不用加。**

表 2-5　位元運算子

位元運算子	動作	範例	說明
&	AND	a&b	a 與 b 兩變數的每一相同位元執行 AND 邏輯運算。
|	OR	a|b	a 與 b 兩變數的每一相同位元執行 OR 邏輯運算。
^	XOR	a^b	a 與 b 兩變數的每一相同位元執行 XOR 邏輯運算。
~	補數	~a	將 a 變數中的每一位元反相(0、1 互換)。
<<	左移	a<<4	將 a 變數內含值左移 4 個位元。
>>	右移	a>>4	將 a 變數內含值右移 4 個位元。

範例

```
void setup(){
}
void loop()
{
    char a=B0011, b=B1111, c=0x80     //宣告字元變數 a、b、c。
    char d, e, f, l, m, n;            //宣告字元變數 d、e、f、l、m、n。
    d=a&b;                            //執行位元 AND 邏輯運算，d=B0011。
    e=a|b;                            //執行位元 OR 邏輯運算，e=B1111。
    f=a^b;                            //執行位元 XOR 邏輯運算，f=B1100。
    l=~a;                             //執行位元反 NOT 邏輯運算，l=B1100。
    m=b<<1;                           //b 變數內容左移 1 位元，執行後 m=B11110。
    n=c>>1;                           //c 變數內容右移 1 位元，執行後 n=0xc0。
}
```

2-4-5 複合運算子

如表 2-6 所示複合運算子（Compound Operators），是將指定運算子（等號）與算術運算子或位元運算子結合起來。**複合運算子將等號兩邊經由算術運算子或位元運算子運算完成後，再指定給等號左邊的變數。**

表 2-6 複合運算子

複合運算子	動作	範例	說明
+=	加	a+=b	與 a=a+b 運算相同。
-=	減	a-=b	與 a=a-b 運算相同。
*=	乘	a*=b	與 a=a*b 運算相同。
/=	除	a/=b	與 a=a/b 運算相同。
%=	餘數	a%=b	與 a=a%b 運算相同。
&=	位元 AND	a&=b	與 a=a&b 運算相同。
|=	位元 OR	a|=b	與 a=a|b 運算相同。
^=	位元 XOR	a^=b	與 a=a^b 運算相同。

範例

```
void setup(){
}
void loop()
{
```

```
    int x=2;                           //宣告整數變數 x，初值為 2。
    char a=B00100101 ,b=B00001111;     //宣告字元變數 a、b 及其初值。
    x+=4;                              //x=x+4=2+4=6。
    x-=3;                              //x=x-3=6-3=3。
    x*=10;                             //x=x*10=3*10=30。
    x/=2;                              //x=15。
    x%=2;                              //x=x%2=15%2=1。
    a&=b;                              //a=a&b=B00000101。
    a|=b;                              //a=a|b=B00101111。
    a^=b;                              //a=a^b=B00101010。
}
```

2-4-6 運算子的優先順序

運算式結合常數、變數及運算子即能產生數值，當運算式中超過一個以上的運算子時，將會依表 2-7 所示運算子的優先順序運算。如果不能確定運算子的優先順序，建議**使用小括號( )，將必須優先運算的運算式括弧起來，較不會產生錯誤**。

表 2-7 運算子的優先順序

優先順序	運算子	說明
1	( )	括號
2	~、!	補數、NOT 運算
3	++、--	遞增、遞減
4	*、/、%	乘法、除法、餘數
5	+、-	加法、減法
6	<<、>>	左移位、右移位
7	<>、<=、>=、<、>	不等、小於等於、大於等於、小於、大於
8	==，!=	相等、不等
9	&	位元 AND 運算
10	^	位元 XOR 運算
11	|	位元 OR 運算
12	&&	邏輯 AND 運算
13	||	邏輯 OR 運算
14	*=、/=、%/、+=、-=、&=、^=、|=	複合運算

2-5 Arduino 程式流程控制

所謂程式流程控制，是在**控制程式執行的方向**，Arduino 程式流程控制可分成三大類，即**迴圈控制指令**：for、while、do…while，**條件控制指令**：if、switch case，及**無條件跳躍指令**：goto、break、continue，其中無條件跳躍指令較少使用。

2-5-1 迴圈控制指令

1. 迴圈控制指令：for 迴圈

如圖 2-1 所示 for 迴圈，是由**初值運算式**、**條件運算式**與**增（減）量運算式**三部分組成，彼此之間必須以**分號**隔開。for 迴圈內的敘述必須使用大括號「{ }」包起來，如果只有一行敘述時，可以省略大括號。

(1) 初值：初值可由任何數值開始。

(2) 條件：若條件為真，則執行括號「{ }」中的敘述，否則離開迴圈。

(3) 增（減）量：每執行一次迴圈內的動作後，依增（減）量遞增（遞減）。

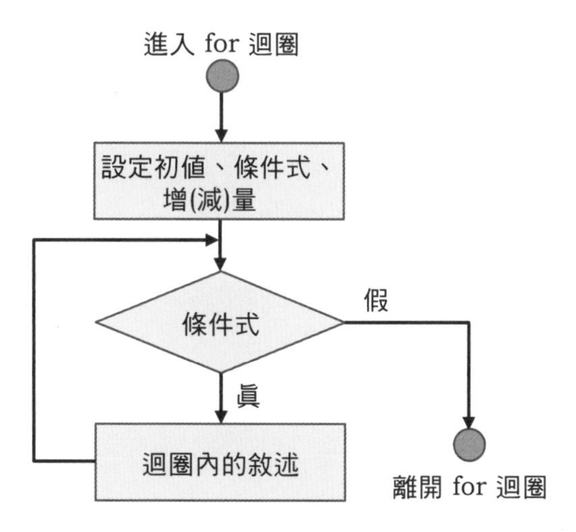

圖 2-1　for 迴圈

格式
```
for (初值; 條件; 增量或減量)
  { //敘述式; }
```

範例
```
void setup(){
}
void loop(){
```

```
    int i, s=0;                 //宣告整數變數 i 及 s=0。
    for(i=0; i<=10; i++)        //當 i<=10 時，執行 for 迴圈。
        s=s+i;                  //s=1+2+…+10。
}
```

結果

```
s=55
```

2. 迴圈控制指令：while 迴圈

如圖 2-2 所示 while 迴圈，為**先判斷型迴圈**，當條件式為真時，則執行大括號「{ }」中的敘述，直到條件式為假不成立時，才結束 while 迴圈。在 while 條件式中沒有初值運算式及增（減）量運算式，因此必須在敘述中設定。

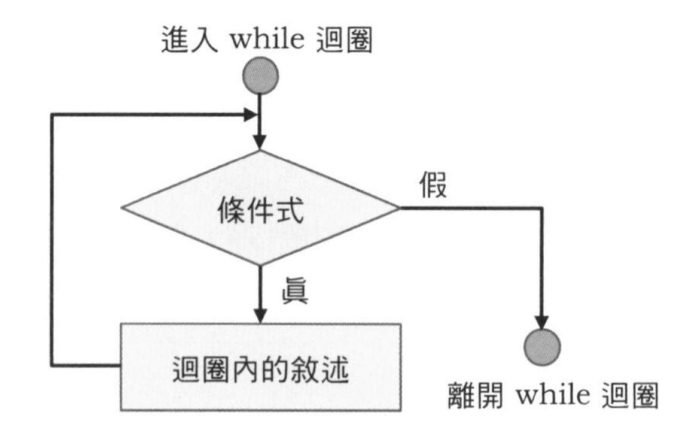

圖 2-2　while 迴圈

格式 `while ( 條件式 ) { //敘述式; }`

範例

```
void setup(){
}
void loop() {
    int i=0, s=0;               //宣告整數變數。
    while(i<=10)                //當 i 小於或等於 10 時，執行 while 迴圈。
    {
        s=s+i;                  //s=1+2+3+…+10。
        i++;                    //i 遞增加 1。
    }
}
```

結果

```
s=55
```

3. 迴圈控制指令：do-while 迴圈

如圖 2-3 所示 do-while 迴圈，為**後判斷型迴圈**，會先執行大括號「{ }」中的敘述一次，然後再判斷條件式，當條件式為真時，則繼續執行大括號「{ }」中的動作，直到條件式為假時，才結束 do-while 迴圈。因此 do-while 迴圈**至少執行一次**。

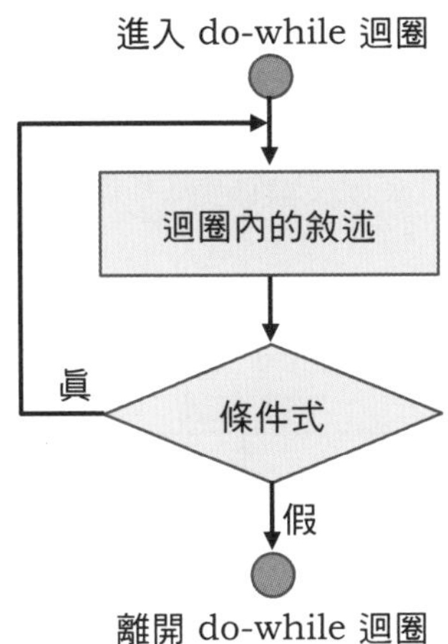

圖 2-3　do-while 迴圈

格式　do { //敘述式; } while (條件式)

範例

```
void setup(){
}
void loop()
{
    int i=0,s=0;          //宣告整數變數。
    do {
        s=s+i;            //s=1+2+3+…+10。
        i++;              //i 值遞增。
    }
    while(i<=10)          //當 i 小於或等於 10 時，繼續執行 while 迴圈。
}
```

結果

```
s=55
```

2-5-2　條件控制指令

1. 條件控制指令：if 敘述

如圖 2-4 所示 if 敘述，為**先判斷條件式**，若條件式為真時，則執行一次大括號「{ }」中的敘述，若條件式為假時，則不執行大括號中的敘述。if 敘述內如果只有一行敘述時，可以省略大括號「{ }」。但如果有**一行以上敘述時，一定要加上大括號「{ }」**，否則在 if 敘述內只會執行第一行敘述，其餘敘述則視為在 if 敘述之外。

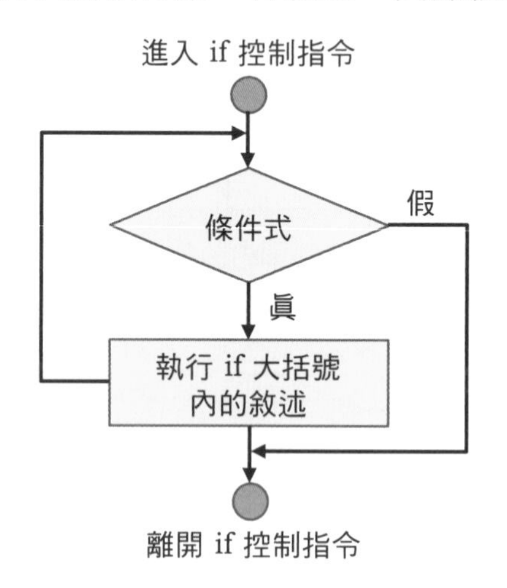

圖 2-4　if 敘述

格式 `if ( 條件式 ) { //敘述式; }`

範例

```
void setup(){
}
void loop()
{
    int a=2, b=3, c=0;          //宣告整數變數 a、b、c。
    if(a>b)                     //a 大於 b?
        c=a;                    //若 a 大於 b，則 c=a。
}
```

結果

```
c=0
```

2. 條件控制指令：if-else 敘述

如圖 2-5 所示 if-else 敘述，為**先判斷條件式**，若條件式為真時，則執行 if 大括號內的敘述，若條件式為假時，則執行 else 大括號內的敘述。在 if 敘述或 else 敘述內，如果只有一行敘述時，可以不用加大括號「{ }」。但如果有**一行以上敘述時，一定要加上大括號**「{ }」。

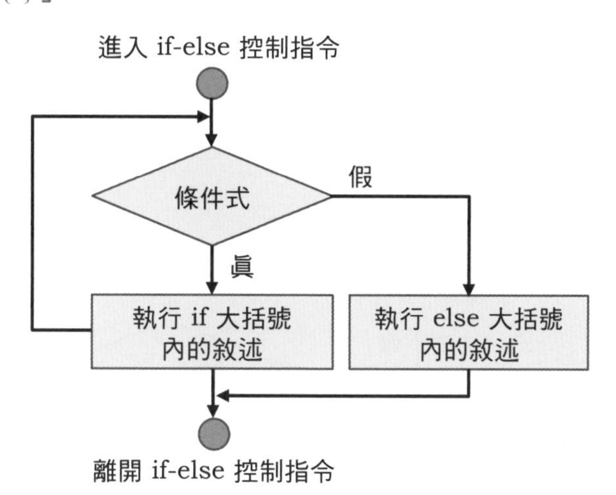

圖 2-5　if-else 敘述

格式
```
if ( 條件式 ) { //敘述式 1; }        //條件成立則執行敘述式 1。
else { //敘述式 2; }                 //條件不成立則執行敘述 2。
```

範例
```
void setup(){
}
void loop()
{
    int a=3, b=2, c=0;          //宣告整數變數 a、b、c。
    if(a>b)                     //a 大於 b?
        c=a;                    //若 a 大於 b，則 c=a。
    else                        //若 a 小於或等於 b。
        c=b;                    //則 c=b。
}
```

結果
```
c=3
```

3. 條件控制指令：巢狀 if-else 敘述

如圖 2-6 所示巢狀 if-else 敘述，必須注意 if 與 else 的配合，其原則是 **else 要與最接近且未配對的 if 配成一對**。通常我們都是以 tab 定位鍵或空白字元來對齊配對的 if-else，才不會有錯誤動作出現。在 if 敘述內或 else 敘述內，如果只有一行敘述時，可以不用加大括號「{ }」。但如果有**一行以上敘述時，一定要加上大括號「{ }」**。

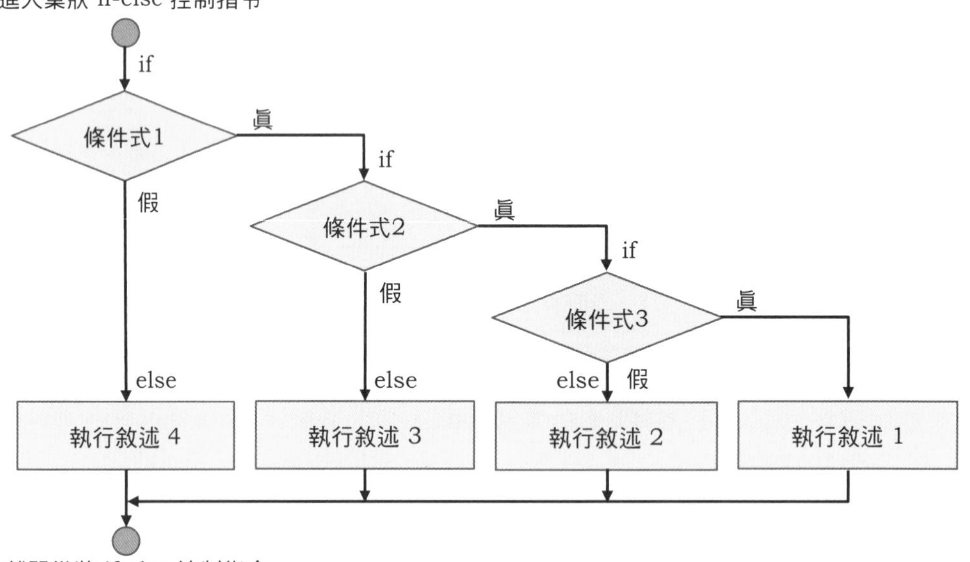

圖 2-6 巢狀 if-else 敘述

格式

```
if ( 條件 1 )
   if ( 條件 2 )
         if ( 條件 3 ) { //敘述 1; }//條件 1、2、3 成立則執行敘述 1。
         else { //敘述 2; }           //條件 1、2 成立且條件 3 不成立。
   else { //敘述 3; }                 //條件 1 成立且條件 2 不成立。
else { //敘述 4; }                    //條件 1 不成立。
```

範例

```
void setup(){
}
void loop()
{
      int score=75;                    //成績。
      char grade;                      //等級。
      if(score>=60)                    //成績大於或等於 60 分?
            if(score>=70)              //成績大於或等於 70 分?
```

```
        if(score>=80)                   //成績大於或等於 80 分?
            if(score>=90)               //成績大於或等於 90 分?
                grade='A';              //成績大於或等於 90 分，等級為 A。
            else                        //成績在 80~90 分之間。
                grade='B';              //成績在 80~90 分之間，等級為 B。
        else                            //成績在 70~80 分之間。
            grade='C';                  //成績在 70~80 分之間，等級為 C。
    else                                //成績在 60~70 分之間。
        grade='D';                      //成績在 60~70 分之間，等級為 D。
  else                                  //成績小於 60 分。
    grade='E';                          //成績小於 60 分，等級為 E。
}
```

結果

```
grade='C'
```

4. 條件控制指令：if-else if 敘述

如圖 2-7 所示 if-else if 敘述，通常我們都是以 tab 定位鍵或空白字元來對齊配對的 if-else，才不會有錯誤動作出現。在 if 敘述、else if 或 else 敘述內，如果只有一行敘述時，可以不用加大括號「{}」。但是**一行以上敘述時，一定要加上大括號「{}」**，否則 if 敘述內只會執行第一行敘述，其餘敘述視為在 if 敘述外。if-sele if 敘述比 if-sele 敘述容易理解。

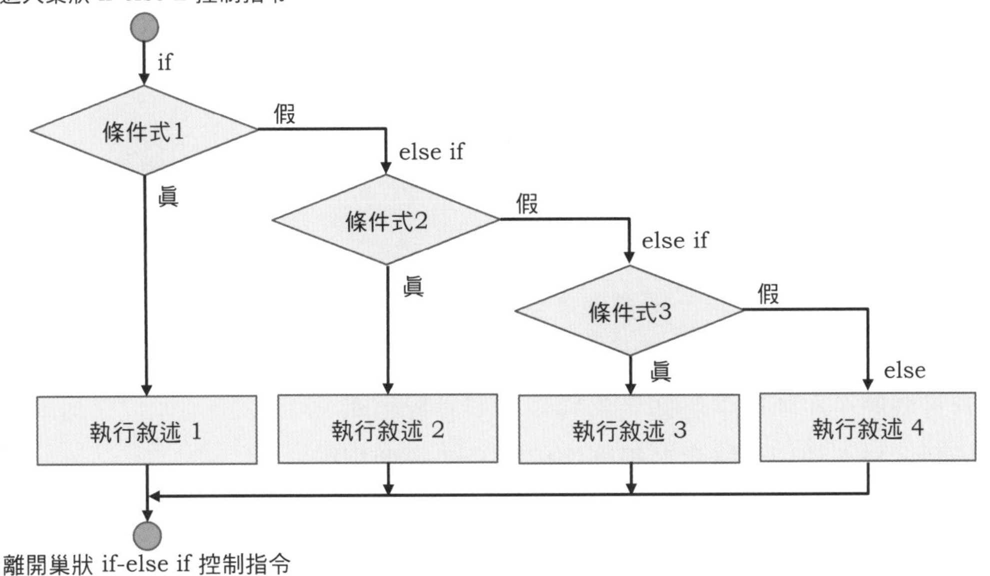

圖 2-7　if-else if 敘述

格式
```
if( 條件1 ) { //敘述1; }
else if ( 條件2 ) { //敘述2; }
else if ( 條件3 ) { //敘述3;}
else { //敘述4; }
```

範例
```
void setup(){
}
void loop()
{
    int score=75;                          //成績。
    char grade;                            //等級。
    if(score>=90 && score<=100)            //成績大於或等於90分?
        grade='A';                         //成績大於或等於90分，等級為A。
    else if(score>=80 && score<90)         //成績在80~90分之間?
        grade='B';                         //成績在80~90分之間，等級為B。
    else if(score>=70 && score<80)         //成績在70~80分之間?
        grade='C';                         //成績在70~80分之間，等級為C。
    else if(score>=60 && score<70)         //成績在60~70分之間?
        grade='D';                         //成績在60~70分之間，等級為D。
    else                                   //成績小於60分。
        grade='E';                         //成績小於60分，等級為E。
}
```

結果
```
grade='C'
```

2-6 Arduino 陣列

所謂陣列（array）是指存放在**連續記憶體中一群相同資料型態的集合**，陣列也如同變數一樣需要先宣告，編譯器才會知道陣列的資料型態及大小。陣列的宣告包含**資料型態**、**陣列名稱**、**陣列大小**及**陣列初值**四個項目，說明如下：

1. 資料型態：在陣列中每個元素的資料型態皆相同。
2. 陣列名稱：陣列名稱命名規則與變數命名規則相同。
3. 陣列大小：陣列可以是多維的，但必須指定大小，編譯器才能為陣列配置記憶體空間。
4. 陣列初值：與變數相同，可以事先指定初值或不指定。

2-6-1 一維陣列

前述使用變數宣告來定義變數名稱及其資料型態，一次只能記錄一筆資料，如果我們要記錄多筆資料時，就必須重複宣告變數並給予不同的變數名稱，程式將會變得冗長而且沒有效率。使用陣列可以記錄多筆相同資料型態的資料，但只需要宣告一個陣列名稱，再使用註標 index（或稱為索引值）來存取陣列中的元素（element）。

如圖 2-8 所示一維陣列，以記錄五個學生的成績為例，陣列宣告為 student[5]={65,70,75,80,85}，索引值由 0 開始，第 n 個元素為 student[n-1]，因此第 1 個元素為 student[0]=65、第 2 個元素為 student[1]=70、…、第 5 個元素為 student[4]=85。一維陣列使用**連續的記憶體空間**來存取資料。

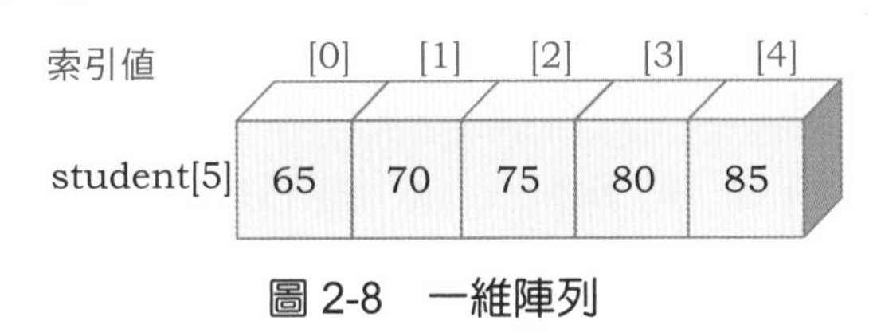

圖 2-8 一維陣列

格式 資料型態 陣列名稱[陣列大小n]={索引值0初值,索引值1初值,…, 索引值n-1初值};

範例

```
void setup(){
}
void loop()
{
    int n;                          //陣列註標。
    int s[5]={65,70,75,80,85};      //宣告一維整數陣列。
}
```

結果

```
s[0]=65, s[1]=70, s[2]=75, s[3]=80, s[4]=85
```

2-6-2 二維陣列

二維陣列與一維陣列相同，都是使用連續的記憶體空間，只是使用較適合一般人直覺理解的二維方式來呈現資料。以記錄兩位學生四科成績為例，如果第一位學生四科成績分別為 60、70、80、90，第二位學生四科成績分別為 65、75、85、95。一維陣列宣告為 s[10]={1,60,70,80,90,2,65,75,85,95}，或是宣告為 s1[4]={60,70,80,90} 及 s2[4]={65,75,85,95}。二維陣列宣告為 s[2][4]={{60,70,80,90},{65,75,85,95}}，如圖

2-9 所示，第一位學生四科成績分別為 s[0][0]=60、s[0][1]=70、s[0][2]=80、s[0][3]=90，第二位學生四科成績分別為 s[1][0]=65、s[1][1]=75、s[1][2]=85、s[1][3]=95。

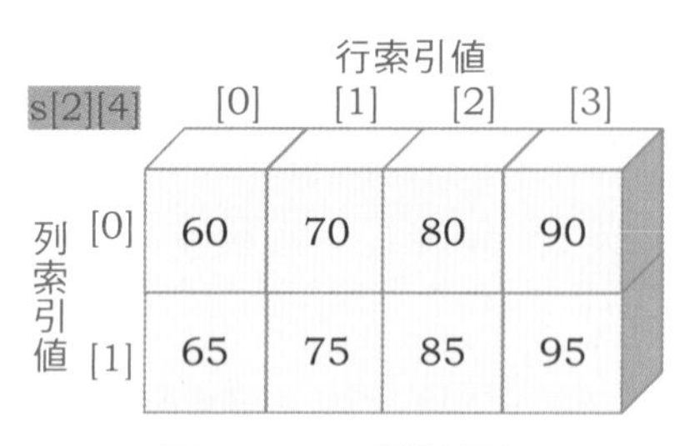

圖 2-9　二維陣列

格式　資料型態　陣列名[列大小 m][行大小 n]=

```
{    {第 0 行初值,第 1 行初值,…, 第 n-1 行初值},     //列 0 初值。
     {第 0 行初值,第 1 行初值,…, 第 n-1 行初值},     //列 1 初值。
                    :
     {第 0 行初值,第 1 行初值,…, 第 n-1 行初值} };   //列 m-1 初值。
```

範例

```
void setup(){
}
void loop()
{
    int m,n;                                          //陣列註標。
    int s[2][4]= { {60,70,80,90},{65,75,85,95} };    //宣告二維整數陣列。
}
```

結果

```
s[0][0]=60, s[0][1]=70, s[0][2]=80, s[0][3]=90
s[1][0]=65, s[1][1]=75, s[1][2]=85, s[1][3]=95
```

2-7 Arduino 前置命令

前置命令類似組合語言中的**虛擬指令**，是針對編譯器所下的指令，Arduino 語言在程式編譯之前，會將程式中含有「#」記號的敘述先行處理，這個動作稱為前置處理，是由前置命令處理器（preprocessor）負責。前置命令可以放在程式的任何地方，**通常都放在程式的最前面**，方便管理檢視。

2-7-1 #define 前置命令

使用 #define 前置命令可以定義一個**巨集名稱來代表一個字串**，這個字串可以是一個**常數**、**運算式**或是**含有引數的運算式**。當程式中有使用到這個巨集名稱時，前置命令處理器就會將這些巨集名稱以其所代表的字串來替換，使用愈多次的相同巨集名稱時，就會佔用更多的記憶體空間，但是函式只會佔用定義一次函式所需的記憶體空間。雖然巨集較佔用記憶體，但是執行速度較函式快。以老師的講義為例，巨集是學生需要時就影印一份，而函式則是學生需要時再向老師借用，不用時歸還。

格式 #define 巨集名稱 字串

範例

```
#define PI 3.14159                  //定義巨集 PI=3.14159。
#define  AREA(x)  PI*x*x            //定義巨集 AREA(X)=PI*x*x。
void setup(){
}
void loop()
{
    float result=AREA(2);           //計算圓面積。
}
```

結果

```
result=12.57
```

2-7-2 #include 前置命令

使用#include 前置命令可以將一個標頭檔案載入至一個原始檔案中，標頭檔必須以 h 為附加檔名。在 #include 後面的標頭檔有兩種敘述方式：一是使用雙引號「"」，另一是使用角括號「< >」。如果是以雙引號「"」將標頭檔名包圍，則前置命令處理器會先從草稿碼所在目錄開始尋找標頭檔，找不到時再到其他目錄中尋找。若是以**角括號「< >」將標頭檔名包圍，則前置命令處理器會先從標頭目錄中尋找**。在 Arduino 語言中定義了一些實用的周邊標頭檔，以簡化程式設計，例如 EEPROM 記憶體（EEPROM.h）、伺服馬達（Servo.h）、步進馬達（Stepper.h）、LCD 顯示器（LiquidCrystal.h）、Wi-Fi（WiFi.h）、SPI 介面（SPI.h）、I2C 介面（Wire.h）等。

格式

```
#include  <標頭檔>              //從標頭目錄先尋找。
#include  "標頭檔"              //從草稿碼所在目錄先尋找。
```

範例

```
#include <Servo.h>                      //使用 Servo 函式庫。
Servo myservo;                          //定義 Servo 物件 myservo。
int pos = 0;                            //伺服器轉動角度。
void setup()
{
    myservo.attach(9);                  //servo 連接至數位腳 9。
}
void loop()
{
    for(pos=0; pos<=180; pos+=5)        //由 0°~180°每次轉動 5°。
    {
        myservo.write(pos);             //伺服器轉動至指定的角度。
        delay(15);                      //每步延遲 15ms。
    }
    for(pos=180; pos>=0; pos-=5)        //由 180°~0°每次轉動 5°。
    {
        myservo.write(pos);             //伺服器轉動至指定的角度。
        delay(15);                      //每步延遲 15ms。
    }
}
```

2-8 Arduino 函式

所謂**函式**（function）**是指將一些常用的敘述集合起來，並以一個名稱來代表**，如同在組合語言中的副程式。當主程式必須使用到這些敘述集合時，再去呼叫執行此函式，如此不但可以減少程式碼的重複，同時也增加了程式的可讀性。在呼叫執行函式前必須先宣告該函式，傳至函式的引數資料型態及函式傳回值的資料型態，都必須與函式原型定義相同。Arduino **的函式原型通常都會定義在標頭檔內**。

2-8-1 函式原型

函式原型是在指定傳至函式引數的資料型態與函式傳回值的資料型態，函式原型的宣告包含函式名稱、傳至函式引數的資料型態及函式傳回值的資料型態。當被呼叫的函式必須傳回數值時，函式的最後一個敘述必須使用 return 敘述。使用 return

敘述有兩個目的：一是將控制權轉回給呼叫函式，另一是將 return 敘述後面小括號「( )」中的數值傳回給呼叫函式。return **敘述只能從函式傳回一個數值**。

格式 傳回值型態 函數名稱(引數 1 型態 引數 1，引數 2 型態 引數 2，…)

```
void func1(void);        //無傳回值、無引數。
void func2(char i);      //無傳回值、char 資料型態引數。
char func3(void);        //char 資料型態傳回值、無引數。
int func4(char i);       //int 資料型態傳回值、char 資料型態引數。
```

範例

```
void setup(){
}
void loop()
{
    int x=5, y=6, sum;             //宣告整數變數 x=5,y=6,sum。
    sum=area(x, y);                //呼叫 area 函式計算面積。
}
int area(int x, int y)             //計算面積函式 area()。
{
    int s;
    s=x*y;                         //執行 s=x*y 運算。
    return(s);                     //傳回面積 s 值。
}
```

結果

```
sum=30
```

2-8-2 Arduino 常用函式

在 Arduino IDE 中已內建許多實用的函式及函式庫，函式可以直接使用，而函式庫必須在程式開頭加上 #include <**函式庫名稱**>。因為 Arduino 軟、硬體的開源（open-source）特性，創客（maker）貢獻相當多的函式庫，來支援硬體模組的使用。使用者必須自己下載這些外部函式庫，並且安裝到 Arduino IDE 中。初學者只要使用少許的杜綁線連接，即可快速完成硬體電路。Arduino 函式在官網 Arduino.cc 上有詳細的說明。Arduino 函式有大小寫區別，在撰寫程式時，**函式名稱或參數的大小寫都要相同**。

1. Digital I/O 函式

如表 2-8 所示 Digital I/O 函式，pinMode( ) 函式功用在設定所指定數位(Digital)接腳的模式，digitalWrite( ) 函式功用在設定所**指定**數位接腳的狀態，digitalRead( ) 函式功用在**讀取**所指定數位接腳的狀態。

表 2-8 Digital I/O 函式

函式	功用	參數
pinMode(pin, mode)	設定指定數位腳的模式	pin： Arduino Uno 開發板為 D0~D13 或 0~13。 ATtiny85 開發板為 PB0~PB5 或 0~5。 mode： INPUT：輸入模式（不含上升電阻）。 INPUT_PULLUP：輸入模式（含上升電阻）。 OUTPUT：輸出模式。
digitalWrite(pin, value)	設定指定數位腳的狀態	pin： Arduino Uno 開發板為 D0~D13 或 0~13。 ATtiny85 開發板為 PB0~PB5 或 0~5。 value： HIGH 或 1：高態 LOW 或 0：低態
digitalRead(pin)	讀取所指定數位接腳狀態	pin： Arduino Uno 開發板為 D0~D13 或 0~13。 ATtiny85 開發板為 PB0~PB5 或 0~5。

2. Analog I/O 函式

如表 2-9 所示 Analog I/O 函式，analogRead( ) 函式功用是將類比輸入電壓 0~5V 轉換成數位值 0~1023。analogWrite( ) 函式功用是輸出頻率約 500Hz 的脈寬調變信號（Pulse Width Modulation，簡記 PWM），Arduino Uno 開發板有 3、5、6、9、10、11 等 6 支腳可輸出 PWM 信號；ATtiny85 開發板有 0、1、4 等 3 支腳可輸出 PWM 信號。PWM 信號可以用來控制 LED 亮度或是直流馬達轉速，PWM 工作週期可由參數 value 設定如下：

$$\text{PWM 工作週期} = \frac{\text{value}}{\text{T}} \times 100\% = \frac{\text{value}}{255} \times 100\% \text{，PWM 平均直流} = 5 \times \frac{\text{value}}{\text{T}}$$

表 2-9　Analog I/O 函式

函式	功用	參數
analogWrite(pin, value)	輸出 PWM 信號至指定接腳	pin： Arduino Uno 開發板為 3、5、6、9、10、11 腳。 ATtiny85 開發板為 PB0、PB1、PB4 或 0、1、4。 value：0~255
analogRead(pin)	將類比輸入 0~5V 轉換成數位值 0~1023	pin： Arduino Uno 開發板為 A0~A5。 ATtiny85 開發板為 ADC0（PB5）、ADC1（PB2）、ADC2（PB4）、ADC3（PB3）。

3. Time 函式

如表 2-10 所示 Time 函式，delay( ) 函式及 delayMicroseconds( ) 函式用來設定延遲時間，millis( ) 函式及 micros( ) 函式用來測量開發板開始執行到目前為止的時間。

表 2-10　Time 函式

函式	功用	參數
delay(ms)	設定延遲時間(毫秒)	ms：unsigned long 資料型態，設定範圍 $0\sim(2^{32}-1)$，最大延遲時間約 50 天。
delayMicroseconds(μs)	設定延遲時間(微秒)	μs：unsigned int 資料型態，設定範圍 $0\sim(2^{16}-1)$，最大延遲時間約 65 毫秒。
millis( )	測量開發板開始執行到目前為止的時間，單位 ms。	無參數，但有資料型態 unsigned long 的傳回值，測量範圍 $0\sim(2^{32}-1)$，最大約 50 天。
micros( )	測量開發板開始執行到目前為止的時間，單位μs。	無參數，但有資料型態 unsigned int 的傳回值，設定範圍 $0\sim(2^{16}-1)$，最大約 65 毫秒。

4. Math 函式

如表 2-11 所示 Math 函式，較常使用為 constrain( ) 函式及 map( ) 函式，這兩個函式常與 analogRead( ) 函式配合使用，用來改變 analogRead( ) 函式轉換數位值的上、下限範圍。

表 2-11　Math 函式

函式	功用	參數
constrain(x,a,b)	限制整數變數 x 下限值為 a，上限值為 b。	x：整數變數。 a：整數變數下限，當整數變數值小於 a，結果為 a。 b：整數變數上限，當整數變數值大於 b，結果為 b。
map(value, fromLow,formHigh, toLow,toHigh)	改變整數變數 value 上、下限的範圍。	value：整數變數。 fromLow：整數變數原下限。 fromHigh：整數變數原上限。 toLow：整數變數新下限。 toHigh：整數變數新上限。

5. Advances I/O 函式

如表 2-12 所示 Advances I/O 函式，tone( ) 函式功用是產生特定頻率的方波輸出，noTone( ) 函式功用是停止由 tone( ) 函式所生成的特定頻率方波，常應用在聲音互動設計，在 Arduino 環境下，tone( ) 函式使用計時器 2。ATtiny85 **沒有計時器 2，因此無法使用，必須自行撰寫函式**。pulseIn( ) 函式功用是讀取指定數位輸入腳高電位或低電位的脈波寬度，常應用在超音波互動設計。

表 2-12　Advances I/O 函式

函式	功用	參數
tone(pin,frequency)	輸出特定頻率方波至指定數位腳。	pin： Arduino Uno 開發板為 D0~D13 或 0~13。 ATtiny85 開發板無法使用。 frequency：可設定的頻率範圍 31Hz~65535Hz。
noTone(pin)	停止輸出頻率方波。	pin：tone( ) 函式指定的數位腳。
pulseIn(pin, value)	讀取數位輸入腳高電位或低電位脈寬。	pin： Arduino Uno 開發板為 D0~D13 或 0~13。 ATtiny85 開發板為 PB0~PB5 或 0~5。 value： HIGH：讀取脈波高電位期間的脈寬，單位μs。 LOW：讀取脈波低電位期間的脈寬，單位μs。

發光二極體互動設計

3-1 認識發光二極體

發光二極體（Light Emitter Diode，簡記 LED）的技術發展日益成熟，LED 常被製作成各種封裝方式，普偏應用於日常生活中。從小功率的家庭用照明燈，儀器與 3C 產品用指示燈、顯示器。到大功率的醫用照明燈、病床燈、商用聚光燈、崁燈、條燈，交通號誌燈、建築景觀燈、戶外太陽能燈等，應用領域相當廣泛。

如圖 3-1 所示電磁波頻譜圖，LED 所發出的光是一種波長介於 380 奈米（nm）至 760 奈米（nm）之間的電磁波，屬於**可見光**。LED **發光顏色與製造材料有關，而與工作電壓大小無關**，製造 LED 的主要半導體材料為砷化鎵（GaAs）、砷磷化鎵（GaAsP）或磷化鎵（GaP），常見的 LED 顏色有紅色、黃色、綠色、藍色、白色等，色彩三原色之紅光波長最長，其次為綠光，最短的為藍光。在可見光波長區間之外的為**不可見光**，例如紅外線光及紫外線光（ultraviolet，簡記 UV）等。

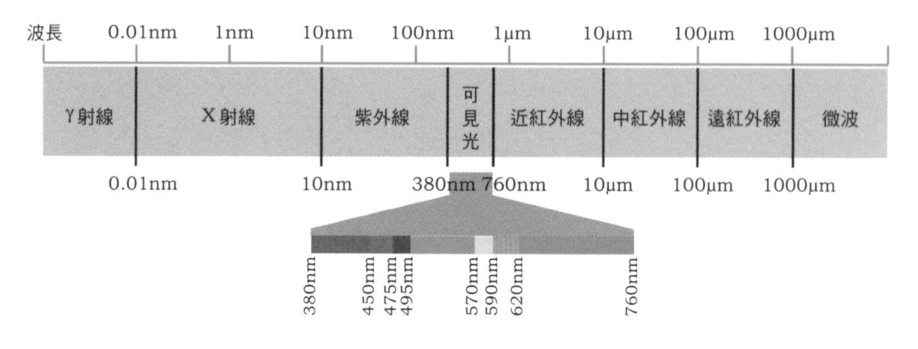

圖 3-1　電磁波頻譜圖

3-1-1　LED 發光原理

如圖 3-2 所示發光二極體，為 PN 二極體的一種，LED 的**長腳為 P 型**（positive，正），又稱為**陽極**（anode，簡記 A）；**短腳為 N 型**（negative，負），又稱為**陰極**（cathode，簡記 K）。LED 的發光原理是利用外加順向偏壓，使其內部的電子、電洞漂移至接面附近結合後，再以光的方式釋放出能量。

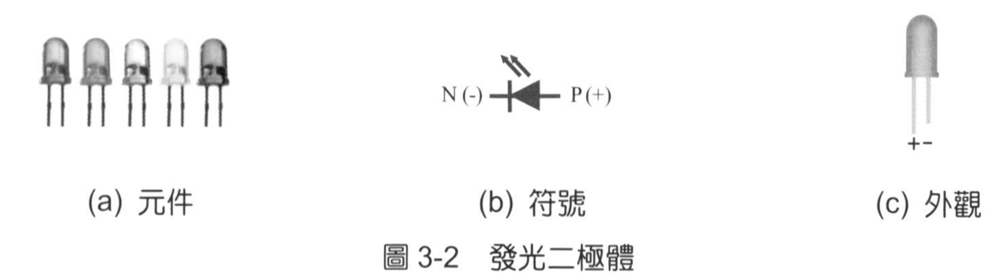

(a) 元件　(b) 符號　(c) 外觀

圖 3-2　發光二極體

3-1-2 LED 測量方法

如圖 3-3 所示 LED 測量方法，先將數位式三用電表切換至 ⯈⊢ 檔，將紅棒連接 LED 的 P 型接腳，黑棒連接 LED 的 N 型接腳，此時 LED 因**順偏而導通發亮**，同時三用電表顯示 LED 的導通電壓值。紅、黃 LED 的導通電壓在 1.8~2.4V 之間，白、藍、綠 LED 的導通電壓在 3.0~3.6V 之間。LED 發光強度與順向電流成正比，ATtiny85 **開發板** PB0、PB1、PB4 **等腳可輸出** PWM **信號來控制** LED **的亮度**。

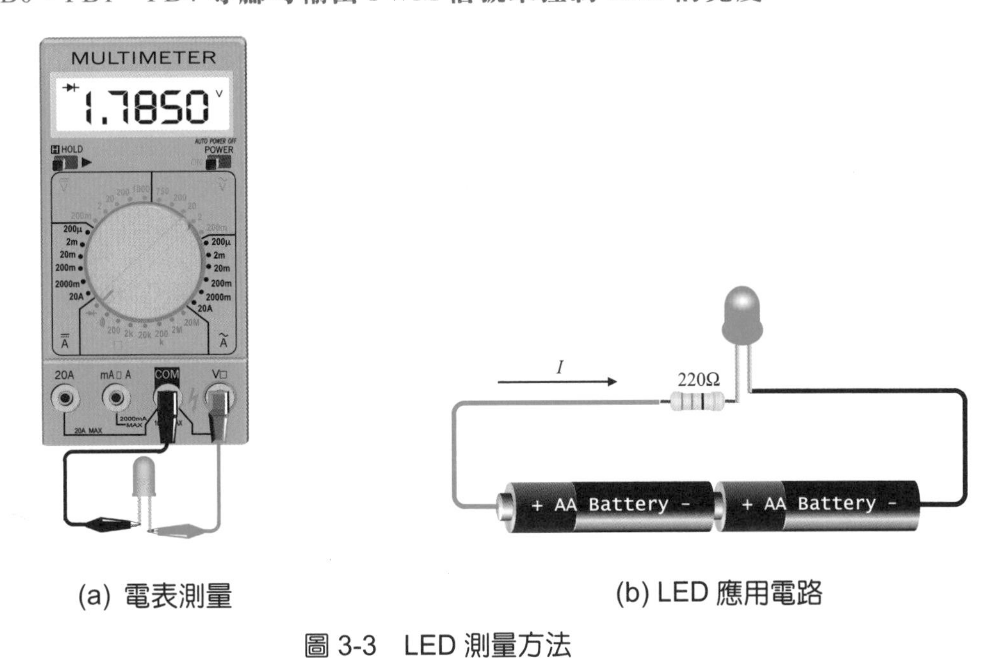

(a) 電表測量　(b) LED 應用電路

圖 3-3　LED 測量方法

3-1-3 全彩 LED

有時侯我們需要使用如圖 3-4 所示全彩 LED 來增加色彩的顯示效果，但是一個全彩 LED 需要使用 ATtiny85 開發板三支輸出腳來控制**紅**（red，簡記 R）、**綠**（green，簡記 G）、藍（blue，簡記 B）三種顏色。ATtiny85 開發板只有 6 支數位腳，最多只能控制兩個全彩 LED。

(a) 元件外觀　(b) 接腳

圖 3-4　全彩 LED

3-1-4　串列式全彩 LED 模組

如圖 3-5(a) 所示 WORLDSEMI 公司生產的串列式全彩 LED 驅動 IC WS2811，包含紅、綠、藍三個通道 LED 驅動輸出 OUTR、OUTG、OUTB。每色由 8 位元數位值控制，輸出不同脈寬的 PWM 信號產生 256 階顏色變化，因此每次傳入驅動 IC 的資料包含紅、綠、藍三色共 24 位元數位值。WS2811 有 400kbps 及 800kbps 兩種數據傳送速率，不需再外接任何電路，**傳送距離可以達到 20 公尺**。如圖 3-5(b) 所示 WS2812 是將驅動 IC WS2811 封裝在 5050 全彩 LED 中，如圖 3-5(c) 所示 WS2812B 是 WS2812 的改良版，亮度更高、顏色均勻，同時也提高了安全性、穩定性及效率。

(a) 驅動 IC WS2811　(b) WS2812　(c) WS2812B

圖 3-5　串列式全彩 LED 模組

串列式全彩 LED 模組只須使用 1 支數位腳，即可控制多達 1024 顆全彩 LED，但須有獨立電源供給，以提供足夠的電流，避免尾端燈漸暗。如圖 3-6 所示常見串列式全彩 LED 包裝，有環形、方形及帶狀條形包裝，可依實際使用場合選用環形、方形，或是使用帶狀條形自行剪裁排列組合。

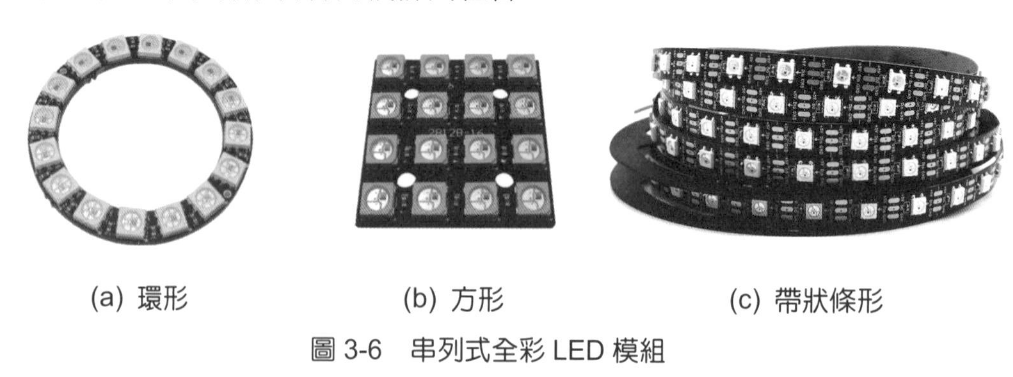

(a) 環形　(b) 方形　(c) 帶狀條形

圖 3-6　串列式全彩 LED 模組

在使用 ATtiny85 開發板控制串列式全彩 LED 模組之前，必須先安裝 Adafruit_NeoPixel 函式庫。如圖 3-7 所示開源代碼平台下載網址 https://github.com/adafruit/Adafruit_NeoPixel。下載完成後，開啟 Arduino IDE，點選【草稿碼】【匯入程式庫】【加入.ZIP 程式庫…】，將 Adafruit_NeoPixel 函式庫加入。

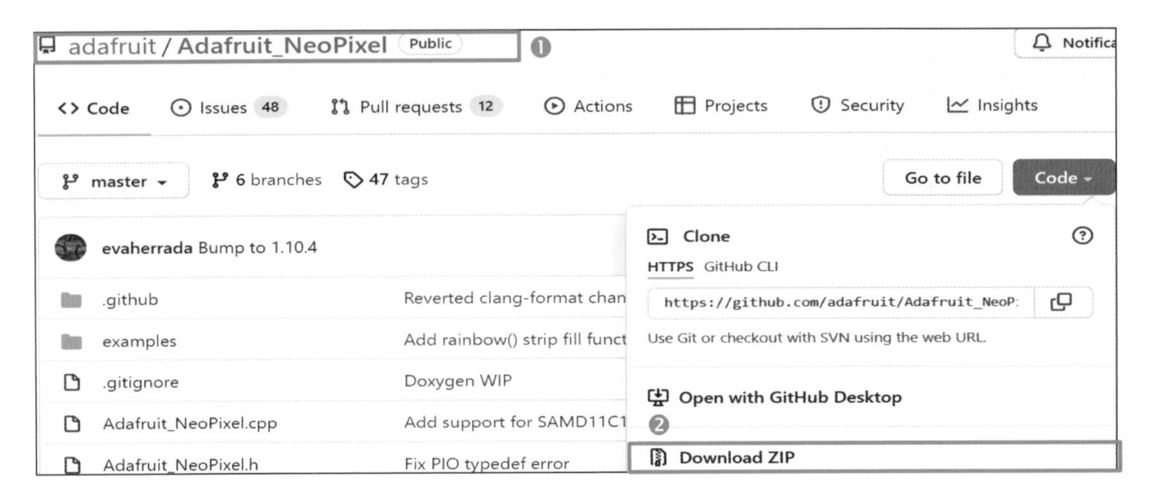

圖 3-7　串列式全彩 LED 模組函式庫下載網址

使用 Adafruit_NeoPixel 函式庫必須先指定一個物件（Object）名稱，設定如下：

格式 `Adafruit_NeoPixel 物件=Adafruit_NeoPixel (NUMPIXELS,PIN,TYPE)`

有三個參數必須設定，第一個參數 NUMPIXELS 為 16 位元無號整數，設定所使用串列式 LED **數量**，如果設定值為 16，則 LED 編號為 0~15；第二個參數 PIN 為 8 位元無號整數，設定 ATtiny85 開發板所使用的**控制腳位**；第三個參數 TYPE 為 8 位元無號整號，設定 LED **型別**，如表 3-1 所示 TYPE 參數設定說明，通常設定為 NEO_GRB+ NEO_KHZ800。例如我們使用 16 燈的串列式全彩 LED，並使用 ATtiny85 開發板的數位腳 3 來傳送 LED 資料位元流，則其指令格式如下：

格式 `Adafruit_NeoPixel pixels=Adafruit_NeoPixel (16,3,NEO_GRB+ NEO_KHZ800)`

表 3-1　Adafruit_NeoPixel( ) 函式庫 TYPE 參數設定說明

TYPE 參數	說明
NEO_KHZ400	400 kHz 位元流(bitstream)。
NEO_KHZ800	800 kHz 位元流，多數 NeoPixel 產品使用。
NEO_GRB	GRB 位元流，多數 NeoPixel 產品使用。
NEO_RGB	RGB 位元流。

Adafruit_NeoPixel 函式庫可以使用如表 3-2 所示方法(Method)來控制全彩 LED 模組，指令格式為**物件.方法**，例如要初始化串列式全彩 LED 模組，指令格式如下：

格式 `pixels.begin( )`

表 3-2　Adafruit_NeoPixel( ) 函式庫的方法

方法	功能	參數說明
begin( )	LED 模組初始化	無。
setBrightness(uint8_t b)	設定 LED 模組亮度	b：0 (最暗) ~ 255 (最亮)
uint8_t getBrightness( )	讀取 LED 模組亮度值	無。
setPixelColor(uint16_t n, uint8_t r, uint8_t g, uint8_t b)	設定第 b 個 LED 的 R、G、B 顏色值	R、G、B：設定值為 0~255。
uint32_t getPixelColor(uint16_t n)	讀取第 n 個 LED 的顏色值	$n=R\times2^{16}+G\times2^{8}+B$
setPin(uint16_t p)	設定控制腳位	p：ATtiny85 腳位為 0~5。
show( )	更新所設定的顏色	無。

3-2 實作練習

3-2-1　單色 LED 閃爍實習

一 功能說明

如圖 3-8 所示電路接線圖，使用 ATtiny85 開發 PB1，控制單色 LED 閃爍，亮 1 秒、暗 1 秒。ATtiny85 開發板標示「L2」為內建 LED 連接於 PB1，也可外接 LED。

開啟 Arduino IDE 軟體，點選【工具】【開發板】【Digistump AVR Boards】【Digispark(Default 16.5mhz)】，使用 ATtiny85 開發板。撰寫程式完成後，先拔除 ATtiny85 開發板 USB 接線，再按上傳鈕，當狀態列出現『plug in device now…』提示字串時，在 60 秒內將 USB 線插入電腦，將程式碼上傳至 ATtiny85 開發板中。

二 電路接線圖

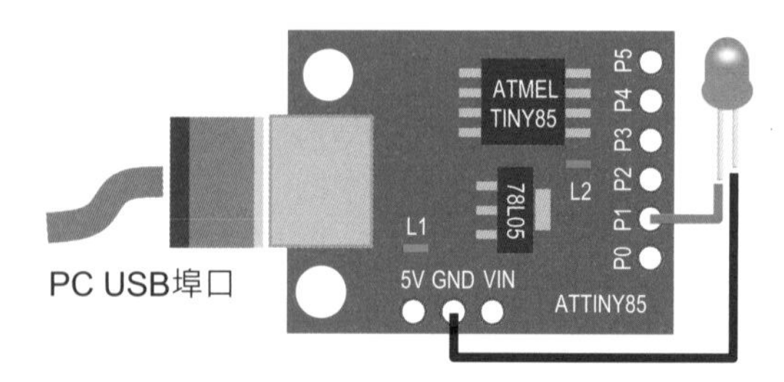

圖 3-8　單色 LED 閃爍實習電路圖

三 程式：ch3_1.ino

```
const int led = 1;                  //LED 連接至數位腳 PB1。
//初值設定
void setup()
{
    pinMode(led, OUTPUT);           //設定 PB1 為輸出模式。
    digitalWrite(led, LOW);         //關閉 LED。
}
//主迴圈
void loop()
{
    digitalWrite(led, HIGH);        //LED 亮 1 秒。
    delay(1000);
    digitalWrite(led,LOW);          //LED 滅 1 秒。
    delay(1000);
}
```

練習

1. 使用 ATtiny85 開發板 PB1，控制一個 LED 閃爍，亮 0.5 秒、滅 0.5 秒。
2. 使用 ATtiny85 開發板 PB1 及 PB2，控制兩個 LED 交替閃爍，亮 0.5 秒、滅 0.5 秒。

3-2-2 單色 LED 單燈右移實習

一 功能說明

如圖 3-10 所示電路接線圖，使用 ATtiny85 開發板 PB0、PB1、PB2 三支腳，分別控制三個 LED 執行如圖 3-9 所示 LED 單燈右移。第 1 次 PB0 亮、第 2 次 PB1 亮、第 3 次 PB2 亮，第 4 次 PB0 亮，…，餘依此類推。

	PB0	PB1	PB2
第3N+1次	●	●	●
第3N+2次	●	●	●
第3N+3次	●	●	●

圖 3-9　LED 單燈右移

二 電路接線圖

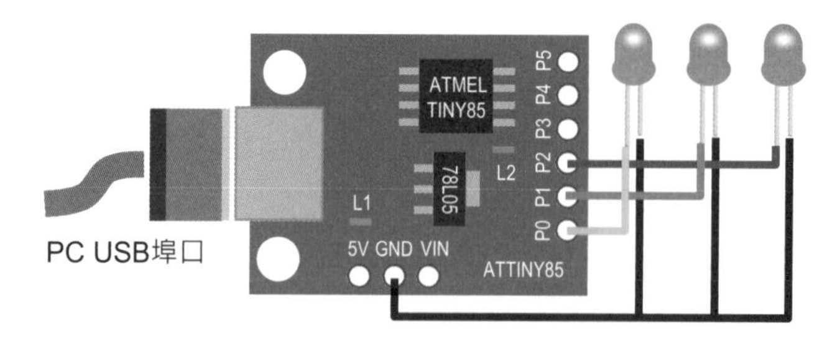

圖 3-10　單色 LED 單燈右移實習電路圖

三 程式：ch3_2.ino

```
const int led[ ] = {PB0,PB1,PB2};    //三個 LED 連接數位腳 PB0~PB2。
int i;                               //迴圈變數。
//初值設定
void setup()
{
    for(i=0; i<3; i++)               //設定 PB0~PB2 為輸出模式。
        pinMode(led[i], OUTPUT);
}
//主迴圈
void loop()
{
    for(i=0; i<3; i++)               //三個 LED 單燈右移。
    {
        digitalWrite(led[i], HIGH);  //點亮 LED。
        delay(1000);                 //延遲 1 秒。
        digitalWrite(led[i], LOW);   //關閉 LED。
    }
}
```

練習

1. 使用 ATtiny85 開發板 PB0、PB1、PB2 控制三個 LED 每秒單燈左移。
2. 使用 ATtiny85 開發板 PB0、PB1、PB2 控制三個 LED 單燈閃爍右移（LED 亮 0.5 秒、暗 0.5 秒）。

3-2-3 單色 LED 霹靂燈實習

一 功能說明

如圖 3-10 所示電路接線圖，使用 ATtiny85 開發板 PB0、PB1、PB2，控制三個 LED 執行如圖 3-11 所示霹靂燈移位變化，每 0.2 秒變化一次狀態。

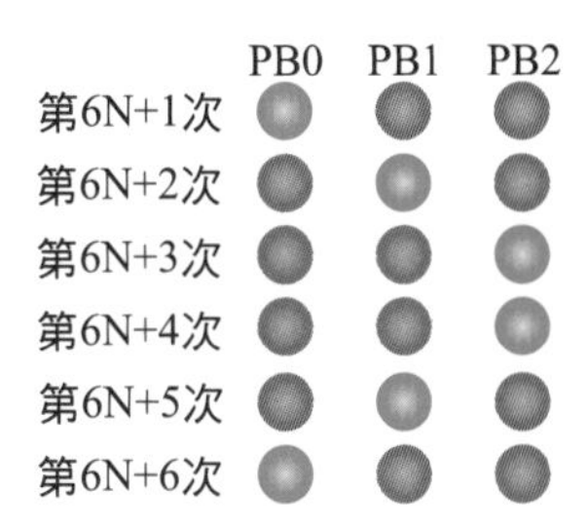

圖 3-11 單色 LED 霹靂燈變化

二 電路接線圖

如圖 3-10 所示電路。

三 程式：ch3_3.ino

```
const int led[]={PB0,PB1,PB2};          //使用數位腳 PB0~PB2 控制三個 LED。
int i,j;                                //迴圈變數。
const int ledmap[6][3]=                 //六種 LED 變化資料陣列。
{  {1,0,0},{0,1,0},{0,0,1},
   {0,0,1},{0,1,0},{1,0,0}  };
//初值設定
void setup()
{
    for(i=0;i<3;i++)                    //設定 PB0~PB2 為輸出模式。
        pinMode(led[i],OUTPUT);
}
//主迴圈
void loop()
{
    for(i=0;i<6;i++)                    //六種變化。
    {
        for(j=0;j<3;j++)                //三個 LED。
        {
            if(ledmap[i][j]==1)         //數據資料為 1 則輸出 HIGH。
                digitalWrite(led[j],HIGH);
```

```
          else                               //數據資料為 0 則輸出 LOW。
               digitalWrite(led[j],LOW);
     }
     delay(200);                             //移位速度 0.2 秒。
  }
}
```

練習

1. 使用 ATtiny85 開發板 PB0~PB2，控制三個 LED 執行霹靂燈閃爍移位變化。
2. 使用 ATtiny85 開發板 PB0~PB2，控制三個 LED 執行如圖 3-12 所示音量燈變化。

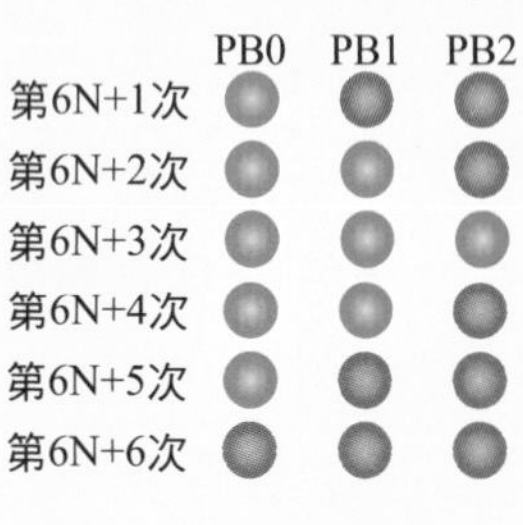

圖 3-12　音量燈變化

3-2-4　單色 LED 亮度變化實習

一 功能說明

如圖 3-8 所示電路接線圖，使用 ATtiny85 開發板數位腳 PB1 輸出 PWM 信號，控制單色 LED 亮度，由最暗變化到最亮。ATtiny85 **開發板** PB0、PB1、PB4 **可輸出** PWM **信號**。

二 電路接線圖

如圖 3-8 所示電路。

三 程式：ch3_4.ino

```
const int led = PB1;                        //PB1 連接 LED。
int brightness = 0;                         //LED 亮度。
int lighten = 5;                            //LED 亮度變化量。
//初值設定
void setup() {
}
//主迴圈
void loop()  {
```

```
    analogWrite(led,brightness);                //設定 LED 亮度。
    if(brightness<250)                          //LED 未達最亮?
        brightness=brightness+lighten;          //設定 LED 的亮度。
    else                                        //LED 已達最大亮度，重設 LED 為最暗。
        brightness=0;                           //最暗。
    delay(50);                                  //LED 亮度變化間隔時間 50ms。
}
```

練習

1. 使用 ATtiny85 開發板 PB1 輸出 PWM 信號，控制單色 LED 燈產生呼吸燈效果，即由最暗變化到最亮，再由最亮變化到最暗。
2. 使用 ATtiny85 開發板 PB0、PB1 輸出 PWM 信號，控制兩個 LED 產生呼吸燈效果。

3-2-5　全彩 LED 顯示實習

一 功能說明

如圖 3-14 所示電路接線圖，使用 ATtiny85 開發板 PB0~PB2，分別控制如圖 3-13 所示全彩 LED 模組之紅、綠、藍三色 LED，每秒依序顯示紅、綠、藍等三種顏色。

(a) 外觀

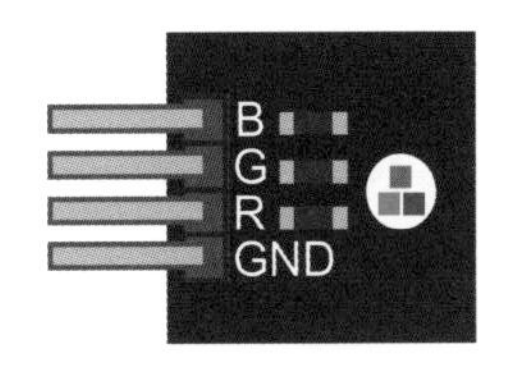

(b) 接腳

圖 3-13　全彩 LED 模組

二 電路接線圖

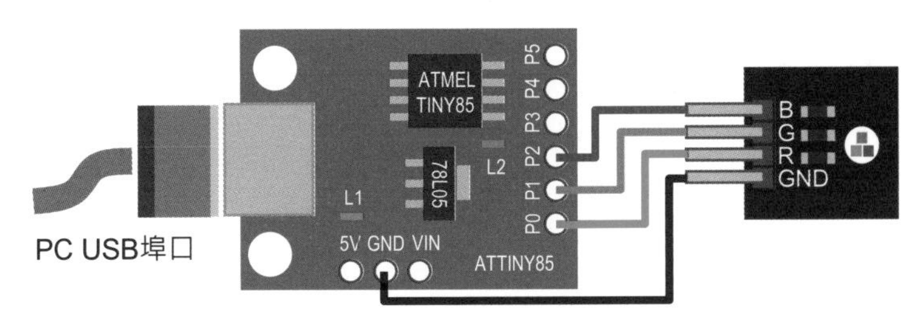

圖 3-14　全彩 LED 顯示實習電路圖

三 程式：ch3_5.ino

```
const int RGB[]={PB0,PB1,PB2};                  //使用 PB0~PB2。
int color[3][3]={{1,0,0},{0,1,0},{0,0,1}};   //顏色值資料陣列。
int i,j;                                        //迴圈變數。
//初值設定
void setup()
{
    for(i=0;i<3;i++)
        pinMode(RGB[i],OUTPUT);                 //設定 PB0~PB2 為輸出模式。
}
//主迴圈
void loop()
{
    for(i=0;i<3;i++)                            //顏色組別。
    {
        for(j=0;j<3;j++)                        //R、G、B 顏色值。
            digitalWrite(RGB[j],color[i][j]);
        delay(1000);                            //單色顯示 1 秒。
    }
}
```

練習

1. 使用 ATtiny85 開發板 PB0~PB2，控制全彩 LED 每秒閃爍顯示紅、綠、藍。
2. 使用 ATtiny85 開發板 PB0~PB2，控制全彩 LED 每秒依序顯示紅、綠、藍、黃、青、紫、白等七種顏色。

3-2-6 串列式全彩 LED 顯示實習

一 功能說明

如圖 3-15 所示電路接線圖，使用 ATtiny85 開發板 PB3，控制 16 位串列式全彩 LED 模組依序顯示紅、橙、黃、綠、藍、靛、紫、白八種顏色，16 燈顯示相同顏色。

二 電路接線圖

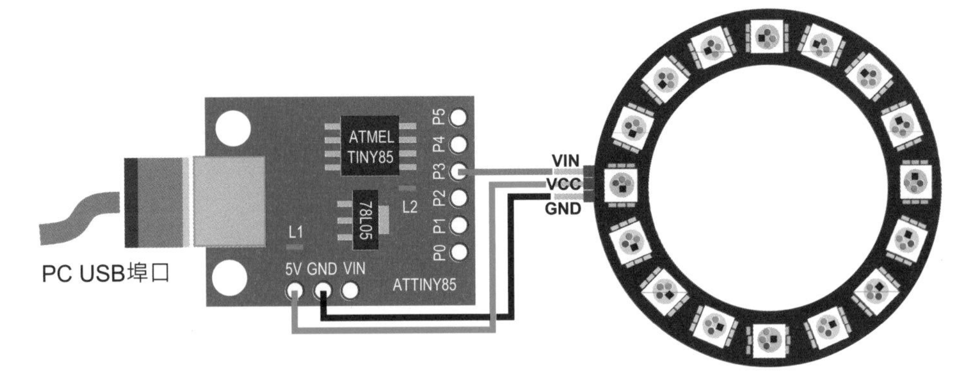

圖 3-15　串列式全彩 LED 顯示實習電路圖

三 程式：ch3_6.ino

```
#include <Adafruit_NeoPixel.h>          //使用 Adafruit_NeoPixel 函式庫。
#define PIN 3                           //使用 PB3 控制串列式全彩 LED 模組。
#define PIXELS 16                       //16 位串列式全彩 LED 模組。
unsigned int brightness=255;            //最大亮度。
unsigned int rgb[ ][3]=
    {   {255,0,0},{255,127,0},{255,255,0},{0,255,0},     //紅、橙、黃、綠。
        {0,0,255},{75,0,130},{143,0,255},{255,255,255}}; //藍、靛、紫、白。
int i,j;                                //迴圈變數。
Adafruit_NeoPixel pixels =
    Adafruit_NeoPixel(PIXELS,PIN,NEO_GRB + NEO_KHZ800);
//初值設定
void setup()  {
    pixels.begin();                     //初始化串列式全彩 LED。
    pixels.setBrightness(brightness);//設定 LED 亮度。
}
//主迴圈
void loop()  {
    for(i=0;i<8;i++)                    //八種變化。
    {
        for(j=0; j<PIXELS; j++)         //16 位 LED。
            pixels.setPixelColor(j,rgb[i][0],rgb[i][1],rgb[i][2]);
        pixels.show();                  //更新顏色。
        delay(1000);                    //每秒變換一次顏色。
    }
}
```

練習

1. 使用 ATtiny85 開發板 PB3，控制串列式全彩 LED 模組，依序變化顯示紅、橙、黃、綠、藍、靛、紫、白等八種顏色，每種顏色 16 燈同時閃爍（亮 0.5 秒、暗 0.5 秒）。
2. 使用 ATtiny85 開發板 PB3，控制串列式全彩 LED 模組，依序變化顯示紅、橙、黃、綠、藍、靛、紫、白等八種顏色，每種顏色單燈旋轉一圈。

3-2-7 串列式全彩 LED 七彩呼吸燈實習

一 功能說明

如圖 3-15 所示電路接線圖，使用 ATtiny85 開發板 PB3，控制 16 位串列式全彩 LED 模組依序顯示紅、橙、黃、綠、藍、靛、紫、白八種顏色，16 燈顯示相同顏色且由最暗到最亮。

二 電路接線圖

如圖 3-15 所示電路。

三 程式：ch3_7.ino

```
#include <Adafruit_NeoPixel.h>                //使用 Adafruit_NeoPixel 函式庫。
#define PIN 3                                 //使用 PB3。
#define NUMS 16                               //16 位元串列式全彩 LED。
unsigned int brightness=255;                  //最大亮度。
unsigned char rgb[ ][3]=
    {   {255,0,0},{255,127,0},{255,255,0},{0,255,0}, //紅、橙、黃、綠。
        {0,0,255},{75,0,130},{143,0,255},{255,255,255}};//藍、靛、紫、白。
int i,j;                                      //迴圈變數。
Adafruit_NeoPixel pixels =
    Adafruit_NeoPixel(NUMS,PIN,NEO_GRB + NEO_KHZ800);
//初值設定
void setup()
{
    pixels.begin();                           //初始化串列式全彩 LED。
    pixels.setBrightness(brightness);         //設定 LED 亮度。
}
//主迴圈
void loop()
{
```

```
    for(i=0;i<8;i++)                          //八種顏色。
    {
        for(j=0;j<250;j=j+5)                  //最暗到最亮變化。
        {
            pixels.setBrightness(j);          //設定亮度。
            for(k=0;k<NUMS;k++)               //設定 16 燈顏色。
                pixels.setPixelColor(k,rgb[i][0],rgb[i][1],rgb[i][2]);
            pixels.show();                    //顯示更新。
            delay(20);                        //漸亮變化間隔時間 20ms。
        }
    }
}
```

練習

1. 使用 ATtiny85 開發板 PB3，控制串列式全彩 LED 模組，依序變化顯示紅、橙、黃、綠、藍、靛、紫、白等顏色，16 燈顯示相同顏色，由最暗到最亮，再由最亮到最暗。
2. 使用 ATtiny85 開發板 PB3，控制串列式全彩 LED 模組，顯示紅、綠、藍三色，每種顏色單燈順時針旋轉一圈，單燈由最暗到最亮，再由最亮到最暗。

3-2-8 專題實作：廣告燈

一 功能說明

如圖 3-17 所示電路接線圖，使用 ATtiny85 開發板 PB3 控制串列式全彩 LED 模組，完成廣告燈專題。模組使用條燈排列成 5×5 字型，每 3 秒依序變換顯示如圖 3-16 所示英文字母 N（紅）、I（綠）、H（藍）、S（白）。

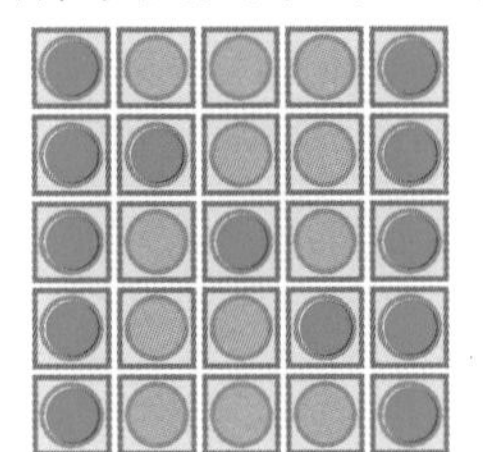
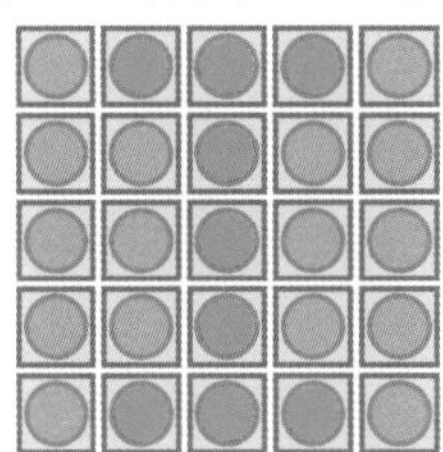
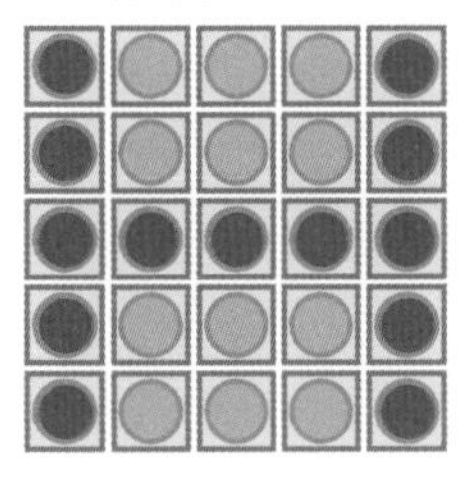
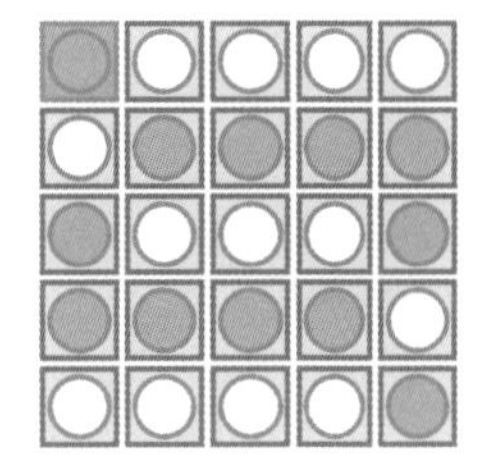

圖 3-16 廣告燈顯示英文字母 N、I、H、S

二 電路接線圖

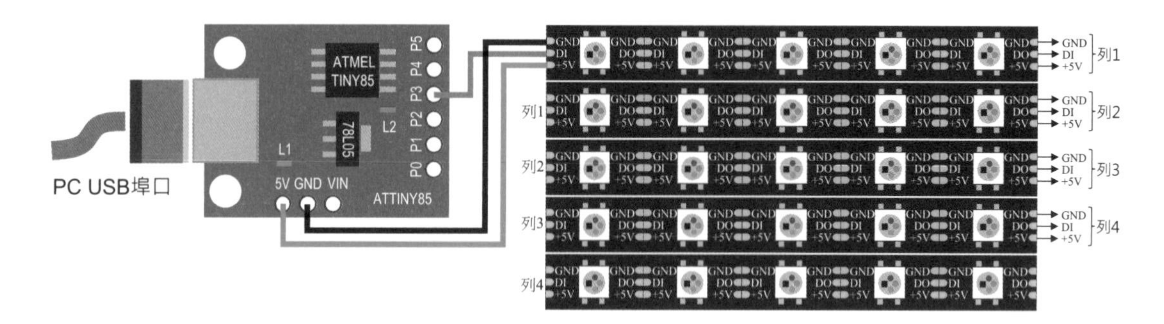

圖 3-17　廣告燈電路圖

三 程式：ch3_8.ino

```
#include <Adafruit_NeoPixel.h>           //使用 Adafruit_NeoPixel 函式庫。
#define PIN 3                            //PB3 連接 LED 條燈模組 DI。
#define COLS 5                           //5 行。
#define ROWS 5                           //5 列。
unsigned int brightness=255;             //設定亮度最亮。
unsigned int nihs[][5]=
{{1,0,0,0,1},{1,1,0,0,1},{1,0,1,0,1},{1,0,0,1,1},{1,0,0,0,1},//N 字元。
{0,1,1,1,0},{0,0,1,0,0},{0,0,1,0,0},{0,0,1,0,0},{0,1,1,1,0}, //I 字元。
{1,0,0,0,1},{1,0,0,0,1},{1,1,1,1,1},{1,0,0,0,1},{1,0,0,0,1}, //H 字元。
{0,1,1,1,1},{1,0,0,0,0},{0,1,1,1,0},{0,0,0,0,1},{1,1,1,1,0}};//S 字元。
unsigned int rgb[][3]={{255,0,0},{0,255,0},{0,0,255},{255,255,255}};
int i,j,k;                               //迴圈變數。
int n;                                   //LED 燈號 n。
int next=0;                              //每個字形開始列，0、5、10、15、20 列。
Adafruit_NeoPixel pixels =               //宣告物件 pixels。
    Adafruit_NeoPixel(COLS*ROWS,PIN,NEO_GRB + NEO_KHZ800);
//初值設定
void setup()
{
    pixels.begin();                      //初始化串列全彩 LED 模組。
    pixels.setBrightness(brightness);//設定 LED 模組亮度。
}
//主迴圈
void loop()
{
    for(i=0;i<ROWS;i++)                  //每個字 5 列。
```

```
    {
        for(j=0;j<COLS;j++)                    //每列 5 行。
        {
            n=i*5+j;                           //計算 LED 燈號。
            for(k=0;k<COLS*ROWS;k++)           //設定 5×5 個 LED 的狀態。
            {
                if(nihs[next+i][j]==1)         //字元位元為 1 則點亮 LED。
                    pixels.setPixelColor(n,rgb[next/5][0],
                        rgb[next/5][1],rgb[next/5][2]);
                else                           //字元位元為 0 則關閉 LED。
                    pixels.setPixelColor(n,0,0,0);
            }
            pixels.show();                     //更新顯示。
        }
    }
    delay(3000);                               //每 3 秒變換一個字元。
    next=next+ROWS;                            //next 指向下一字元的開始列。
    if(next>=4*ROWS)                           //已顯示完最後一個字元?
        next=0;                                //next 指向第一個字元。
}
```

練習

1. 設計廣告燈，使用 ATtiny85 開發板 PB3 控制串列式全彩 LED 模組，模組使用條燈排列成 5×5 字型，每秒變換顯示如圖 3-18 所示 T（紅）、A（綠）、I（藍）、P（白）、E（黃）、I（靛）。

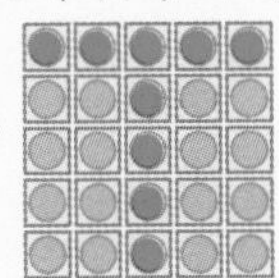
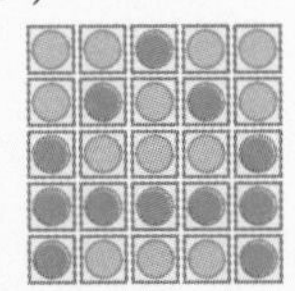
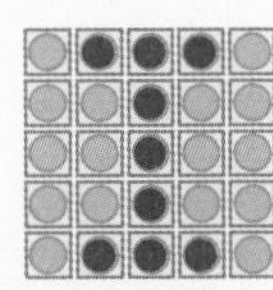
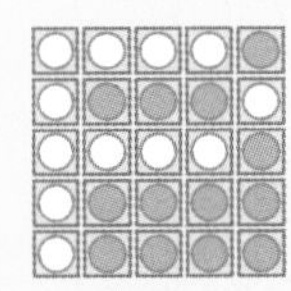
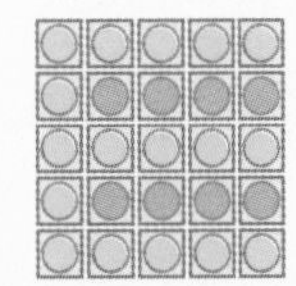
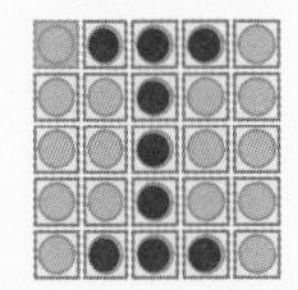

圖 3-18 廣告燈顯示英文字母 T、A、I、P、E、I

2. 承上題，改成每秒閃爍變換顯示 T（紅）、A（綠）、I（藍）、P（白）、E（黃）、I（靛）。

4 開關互動設計

4-1 認識開關

開關種類很多，主要用途是接通或斷開電路，當開關接通（ON）時，允許電流通過，當開關斷開（OFF）時，電路電流為零。常用機械開關如**搖動開關**、**滑動開關**、**指撥開關**、**按鍵開關**等，都是利用金屬片接觸面與接點接觸而產生導通狀態。一般會在接點上電鍍抗腐蝕金屬，以避免因氧化物所產生的接點接觸不良現象，有時也會使用導電塑膠等非金屬接觸面導電材料，來提高接點接觸的可靠性。

4-1-1 指撥開關

如圖 4-1 所示指撥開關，依開關包裝數量區分，如圖 4-1(a) 所示 2P、4P、8P 等多種組合，指撥開關屬於單刀單投開關，其符號如圖 4-1(b) 所示。

(a) 外觀　　(b) 符號

圖 4-1　指撥開關

如圖 4-2 所示指撥開關電路，有兩種接線方式，如圖 4-2(a) 所示高電位產生電路，開關斷開，輸出電壓 $V_o = 0$，開關接通，輸出電壓 $V_o = +5V$。如圖 4-2(b) 所示低電位產生電路，開關斷開，輸出電壓 $V_o = +5V$，開關接通，輸出電壓 $V_o = 0$。

(a) 高電位產生電路　　(b) 低電位產生電路

圖 4-2　指撥開關電路

4-1-2　按鍵開關

有時候使用指撥開關在操作上不是很方便，如輸入電話號碼等，我們可以改用如圖 4-3 所示按鍵開關。按鍵開關應用廣泛，如電話按鍵、手機按鍵及電腦鍵盤等。

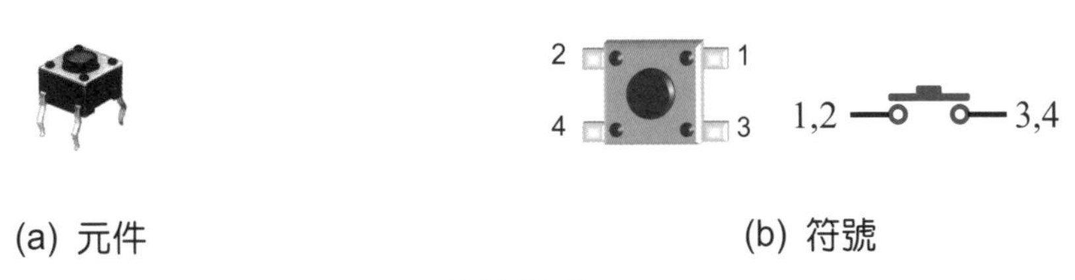

(a) 元件　　(b) 符號

圖 4-3　按鍵開關

如圖 4-4 所示按鍵開關電路，有兩種接線方式，如圖 4-4(a) 所示正脈波產生電路，開關斷開時，輸出電壓為 0，按下開關時，輸出電壓為 +5V。如圖 4-4(b) 負脈波產生電路，開關斷開時，輸出電壓為+5V，按下開關時，輸出電壓為 0V。

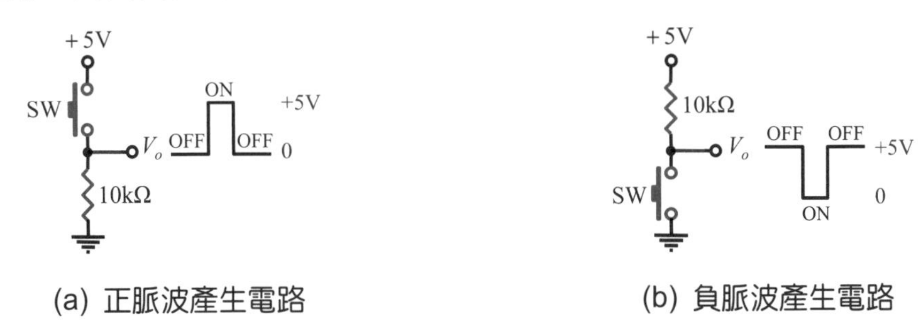

(a) 正脈波產生電路　　(b) 負脈波產生電路

圖 4-4　按鍵開關電路

理想上每按一下按鍵開關，只會產生一個脈波輸出。實際上會有**機械彈跳**（**bounce**）的問題存在，也就是說按一下按鍵開關可能產生不固定次數的脈波輸出。如圖 4-5 所示正脈波產生電路的機械彈跳現象，機械彈跳時間約為 10ms~20ms。**最簡單的除彈跳方法是使用延遲程序避開不穩定狀態**，來解決機械彈跳問題，在開關穩定狀態下檢測狀態，以避免誤動作產生。延遲程序簡單，但延遲時間過短則無法有效消除彈跳，延遲時間過長則會造成按鍵反應不敏靈。

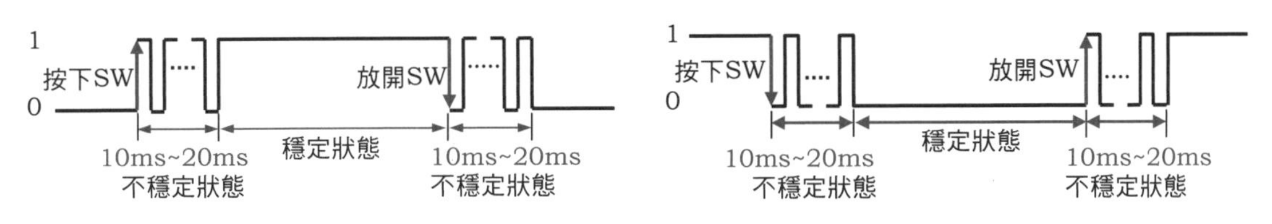

(a) 正脈波產生電路　　(b) 負脈波產生電路

圖 4-5　正脈波產生電路的機械彈跳現象

4-1-3 觸摸開關模組

如圖 4-6 所示電容式觸摸開關模組，工作在**觸摸高電位模式**，常態下模組輸出低電位（LOW，邏輯 0）；當用手指觸摸相應位置時，模組輸出高電位（HIGH，邏輯 1）。模組通電後有大約 0.5 秒的穩定時間，在此期間不要觸摸開關。觸摸開關模組使用九合電子公司開發設計的 TTP223-BA6/TTP223N-BA6 觸控板檢測 IC，取代傳統的按鍵開關，**輸出信號穩定，沒有機械彈性現象**。觸控板檢測 IC 具有觸摸高電位（常態低電位）、觸摸低電位（常態高電位）、觸摸正脈波（常態低電位）、觸摸負脈波（常態高電位）等四種模式輸出。

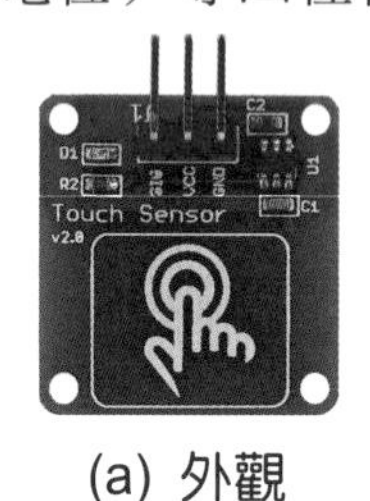

(a) 外觀

(b) 接腳

圖 4-6 觸摸開關模組

4-2 實作練習

4-2-1 按鍵開關控制 LED 亮與暗實習

一 功能說明

如圖 4-7 所示電路接線圖，使用按鍵開關控制 LED 亮與暗。若 LED 原來狀態為暗，按一下按鍵，則 LED 亮；若 LED 原來狀態為亮，按一下按鍵，則 LED 暗。

二 電路圖及麵包板接線圖

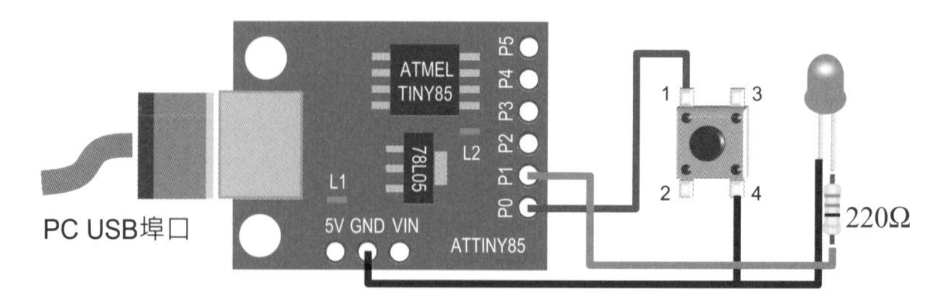

圖 4-7 按鍵開關控制 LED 亮與暗實習電路圖

三 程式：ch4_1.ino

```
const int sw=PB0;                        //PB0 連接按鍵開關。
const int led=PB1;                       //PB1 連接 LED。
const int debounceDelay=20;              //按鍵開關穩定所需的時間。
bool ledStatus=LOW;                      //LED 初始狀態為 LOW。
bool val;                                //按鍵開關狀態。
//初值設定
void setup()
{
    pinMode(sw,INPUT_PULLUP);            //設定 PB0 為輸入埠，使用內建上升電阻。
    pinMode(led,OUTPUT);                 //設定 PB1 為輸出模式。
}
//主迴圈
void loop()
{
    val=digitalRead(sw);                 //讀取按鍵開關狀態。
    if(val==LOW)                         //按下按鍵開關?
    {
        delay(debounceDelay);            //消除按鍵開關的機械彈跳。
        while(digitalRead(sw)==LOW)      //按鍵開關已放開?
            ;                            //等待放開按鍵開關。
        ledStatus=!ledStatus;            //改變 LED 狀態。
        digitalWrite(led,ledStatus);//設定 LED 狀態。
    }
}
```

練習

1. 使用按鍵開關控制 LED。ATtiny85 開發板 PB0 接按鍵，PB1 連接 LED，每按一下按鍵，LED 的狀態將會改變。動作依序為全暗➔閃爍➔全暗。
2. 使用按鍵開關控制兩個 LED 依序點亮。ATtiny85 開發板 PB0 接按鍵開關，PB1 及 PB2 分別連接 LED1 及 LED2。電源重置時 LED1 及 LED2 全暗，按鍵切換 LED 狀態，動作依序為全暗➔LED1 亮➔LED2 亮➔全暗。

4-2-2 調光燈實習

一 功能說明

如圖 4-7 所示電路接線圖，使用連接於 ATtiny85 開發板 PB0 的按鍵開關，控制連接於 PB1（輸出 PWM 信號）的 LED 燈。LED 燈由最暗到最亮，共有 6 段，依序設定 PWM 輸出值 0（最暗）➔50➔100➔150➔200➔250（最亮）➔0。

在 4-2-1 節按鍵開關控制 LED 實習中，是使用**固定延遲** 20ms 來避開按鍵被按下後的不穩定狀態（機械彈跳），以減少誤動作。因為不同按鍵的機械彈跳時間不同，過短的延遲時間無法消除機械彈跳，過長的延遲時間，又會造成按鍵反應不靈敏。

本節使用如圖 4-8 所示**高精準度軟體除彈跳**，每隔一段固定時間檢測一次按鍵值，並且使用 zero、one 兩個變數記錄所檢測的按鍵值，zero 記錄低電位次數，one 記錄高電位次數。當按鍵被按下時，設定 zero=1、one=0，開始進行除彈跳程序，若連續檢測到按鍵狀態與前次相同且為低電位，則 zero 加 1。若檢測到按鍵值與前次相同且為高電位，則 one 加 1。**當連續檢測按鍵狀態為低電位的次數** zero=5 **時，代表所按下的按鍵已經在穩定狀態**。

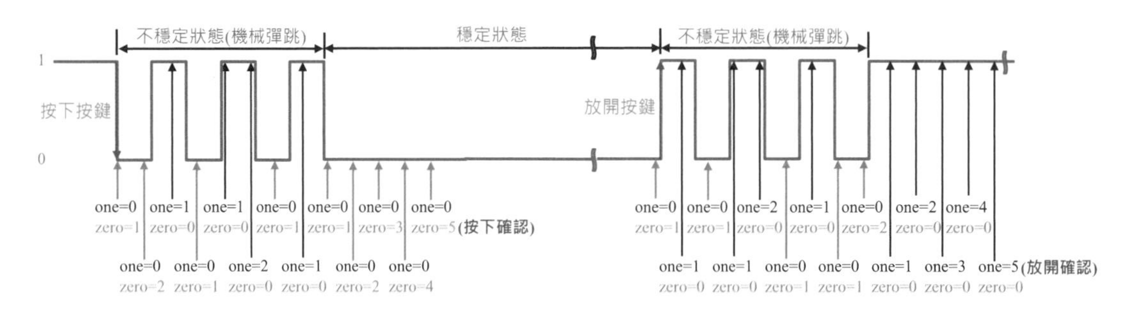

圖 4-8 高精準度軟體除彈跳

二 電路接線圖

如圖 4-7 所示電路。

三 程式：ch4_2.ino

```
const int sw=PB0;                //PB0 連接按鍵開關。
const int led=PB1;               //PB1 連接 LED 燈。
int brightness=0;                //亮度值。
int one=0,zero=0;                //檢測按鍵值為 HIGH、LOW 的次數。
bool key;                        //按鍵值(未除彈跳)。
```

```
bool keyData=HIGH;                          //按鍵值(已除彈跳)。
//初值設定
void setup() {
    pinMode(sw,INPUT_PULLUP);               //設定 PB0 為輸入模式,內含上升電阻。
    pinMode(led,OUTPUT);                    //設定 PB1 為輸出模式。
    analogWrite(led,0);                     //設定 LED 亮度最暗。
}
//主迴圈
void loop() {
    keyScan();                              //檢測按鍵。
    if(keyData==LOW)                        //已按下按鍵?
    {
        keyData=HIGH;                       //清除按鍵值。
        if(brightness<=250)                 //LED 未達最亮?
            brightness=brightness+50;       //亮度調升一級。
        else
            brightness=0;                   //LED 已達最亮,設定為最暗。
        analogWrite(led,brightness);        //依亮度值設定 LED 亮度。
    }
}
//按鍵函式
void keyScan(void) {
    key=digitalRead(sw);                    //讀取按鍵狀態。
    if(key==LOW)                            //按下按鍵?
    {
        one=0;                              //設定 one=0。
        if(zero<5)
        {
            zero+=1;                        //zero 加 1。
            if(zero==5)                     //若 zero=5,表示按鍵值穩定。
                keyData=LOW;                //儲存按鍵值。
        }
    }
    one+=1;                                 //未按下按鍵,則 one 加 1。
    if(one==5)                              //放開按鍵且已穩定。
    {
        zero=0;                             //重設 zero=0。
        keyData=HIGH;                       //設定按鍵為 HIGH。
    }
}
```

練習

1. 使用 ATtiny85 開發板，設計調光燈電路，PB0 連接按鍵開關，PB1 連接 LED。LED 燈由最暗到最亮，再由最亮到最暗，共有 10 段，依序設定 PWM 輸出值 0➔50➔100➔150➔200➔250➔200➔150➔100➔50➔0。
2. 使用 ATtiny85 開發板，設計調光燈電路，PB0 連接按鍵開關，PB1 連接 16 位全彩 LED 燈。LED 燈由最暗到最亮，再由最亮到最暗，共有 10 段。

4-2-3 按鍵開關控制串列全彩 LED 模組正反轉實習

一 功能說明

如圖 4-9 所示電路接線圖，使用 ATtiny85 開發板配合按鍵開關，控制 16 位串列全彩 LED 模組。電源重置時，單燈順時針正轉；按第 1 次按鍵，單燈逆時針反轉；按第 2 次按鍵，單燈順時針正轉。重覆動作依序為正轉➔反轉➔正轉。

二 電路接線圖

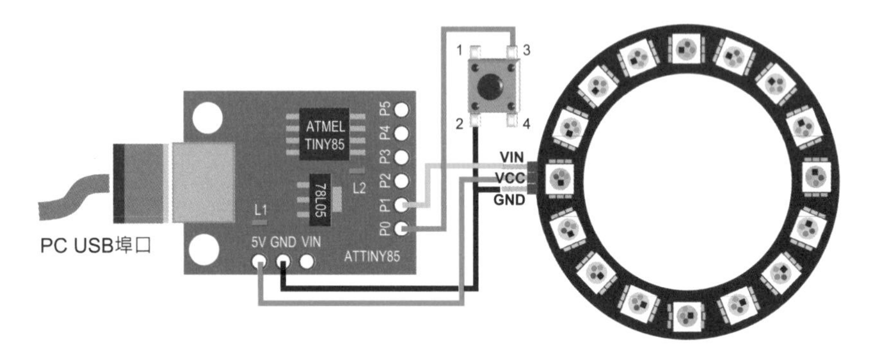

圖 4-9 按鍵開關控制 16 位串列全彩 LED 模組正反轉實習電路圖

三 程式：ch4_3.ino

```
#include <Adafruit_NeoPixel.h>          //使用 Adafruit_NeoPixel 函式庫。
#define PIN PB1                         //PB1 連接 16 位串列全彩 LED 模組輸入 VIN。
#define NUMS 16                         //16 位 LED。
unsigned int rgb[]={255,255,255};       //設定顏色值為白色。
Adafruit_NeoPixel pixels =              //宣告 pixels 物件。
    Adafruit_NeoPixel(NUMS,PIN,NEO_GRB + NEO_KHZ800);
const int sw=PB0;                       //PB0 連接按鍵開關。
int brightness=255;                     //設定亮度值為最亮。
int one=0,zero=0;                       //鍵值為 HIGH、LOW 檢測次數。
```

```
bool direct=0;                            //移位方向，direct=0/1：正轉/反轉。
bool key;                                 //按鍵值(未除彈跳)。
bool keyData=HIGH;                        //按鍵值(已除彈跳)。
int n=0;                                  //顯示燈號。
//初值設定
void setup()
{
    pinMode(sw,INPUT_PULLUP);             //設定 PB0 為輸入模式，內含上升電阻。
    pixels.begin();                       //初始化串列全彩 LED 模組。
    pixels.setBrightness(brightness);     //設定亮度。
}
//主迴圈
void loop()
{
    keyScan();                            //檢測按鍵狀態。
    if(keyData==LOW)                      //按下按鍵?
    {
        keyData=HIGH;                     //清除按鍵值。
        direct=!direct;                   //改變移位方向。
    }
    if(direct==0)                         //順時針正轉?
    {
        n++;                              //燈號加 1。
        if(n>15)                          //燈號大於 15?
            n=0;                          //重設燈號為 0。
    }
    else                                  //逆時針反轉。
    {
        n--;                              //燈號減 1。
        if(n<0)                           //燈號小於 0?
            n=15;                         //重設燈號為 15。
    }
    disp(n);                              //更新顯示。
}
//按鍵函式
void keyScan(void)
{
    key=digitalRead(sw);                  //讀取按鍵狀態。
    if(key==LOW)                          //按下按鍵?
    {
```

```
        one=0;                              //設定 one=0。
        if(zero<5)
        {
            zero+=1;                        //zero 加 1。
            if(zero==5)                     //若 zero=5，表示按鍵值穩定。
                keyData=LOW;                //儲存按鍵值。
        }
    }
    one+=1;                                 //未按下按鍵，則 one 加 1。
    if(one==5)                              //放開按鍵且已穩定。
    {
        zero=0;                             //重設 zero=0。
        keyData=HIGH;                       //設定按鍵為 HIGH。
    }
}
//顯示函式
void disp(int n)
{
    int i;                                  //設定變數。
    for(i=0;i<NUMS;i++)                     //關閉所有 LED。
        pixels.setPixelColor(i,0,0,0);
    pixels.setPixelColor(n,rgb[0],rgb[1],rgb[2]);    //點亮燈號 n。
    pixels.show();                          //更新顯示。
    delay(100);                             //移位延遲 0.1 秒。
}
```

練習

1. 使用 ATtiny85 開發板配合按鍵開關，控制串列 16 位全彩 LED。電源重置停止轉動，顯示燈號 0；按第 1 次按鍵，單燈逆時針正轉；按第 2 次按鍵，單燈順時針反轉，按第 3 次按鍵，LED 全暗。重覆動作依序為停止➔正轉➔反轉➔停止。
2. 續上題，新增功能，每轉動一圈變換顏色，依序為白➔紅➔綠➔藍➔白。

4-2-4　觸摸開關控制 LED 亮與暗實習

一 功能說明

如圖 4-10 所示電路接線圖，使用 ATtiny85 開發板，配合觸摸開關控制 LED。手指每觸摸開關相應位置一下，LED 改變狀態，原來亮變成暗，原來暗變成亮。

二 電路接線圖

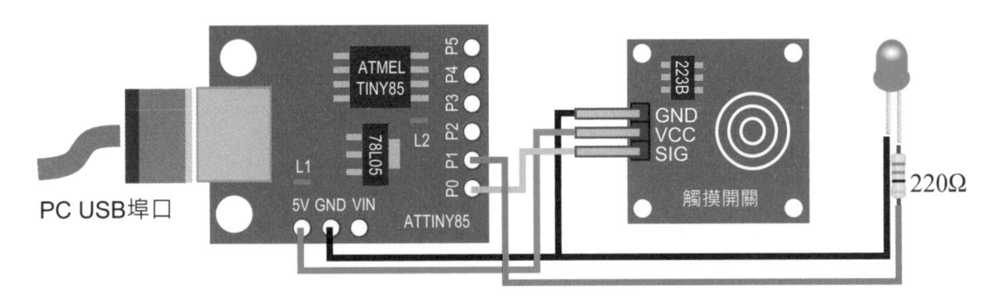

圖 4-10　觸摸開關控制 LED 亮與暗實習電路圖

三 程式：ch4_4.ino

```
const int sw=PB0;                   //PB0 連接觸摸開關。
const int led=PB1;                  //PB1 連接 LED。
bool ledStatus=LOW;                 //LED 初始狀態為暗(LOW)。
bool val;                           //開關狀態。
//初值設定
void setup() {
    pinMode(sw,INPUT_PULLUP);       //設定 PB0 為輸入模式，內含上升電阻。
    pinMode(led,OUTPUT);            //設定 PB1 為輸出模式。
}
//主迴圈
void loop() {
    val=digitalRead(sw);            //讀取觸摸開關狀態。
    if(val==HIGH)                   //手指觸摸相應位置?
    {
        while(digitalRead(sw)==HIGH)//等待放開手指。
            ;
        ledStatus=!ledStatus;       //改變 LED 狀態。
        digitalWrite(led,ledStatus);//更新顯示。
    }
}
```

練習

1. 使用觸摸開關控制兩個 LED 依序點亮。ATtiny85 開發板 PB0 連接按鍵開關，PB1 及 PB2 分別連接 LED1 及 LED2。電源重置時 LED1 亮，手指觸摸相應位置，依序為 LED2 亮➔LED1 亮➔LED2 亮。
2. 使用觸摸開關控制兩個 LED 依序點亮。ATtiny85 開發板 PB0 連接按鍵開關，PB1 及 PB2 分別連接 LED1 及 LED2。電源重置時 LED1 及 LED2 皆不亮，按鍵切換 LED 狀態，依序為 LED1 亮➔LED2 亮➔全暗。

4-2-5 觸摸開關控制串列全彩 LED 正反轉實習

一 功能說明

如圖 4-11 所示電路接線圖，使用 ATtiny85 開發板控制串列 16 位全彩 LED 模組移位方向。PB0 連接觸摸開關，PB1 連接 16 位串列全彩 LED 模組。電源重置時，LED 單燈順時針正轉；手指第 1 次觸摸相應位置，LED 單燈逆時針反轉；手指第 2 次觸摸相應位置，LED 單燈順時針正轉。之後重覆動作依序為正轉➔反轉➔正轉。

二 電路接線圖

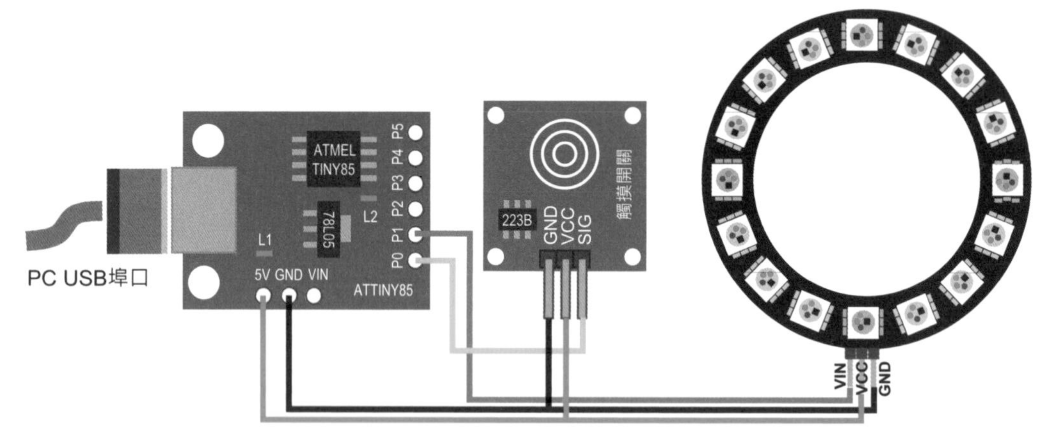

圖 4-11 觸摸開關控制串列全彩 LED 正反轉實習電路圖

三 程式：ch4_5.ino

```
#include <Adafruit_NeoPixel.h>          //使用 Adafruit_NeoPixel 函式庫。
#define PIN PB1                         //PB1 連接串列全彩 LED 模組。
#define NUMS 16                         //16 位 LED。
unsigned int rgb[]={255,255,255};       //設定顏色為白色。
Adafruit_NeoPixel pixels =              //宣告 pixels 物件。
```

```
    Adafruit_NeoPixel(NUMS,PIN,NEO_GRB + NEO_KHZ800);
const int sw=PB0;                    //PB0 連接觸摸開關輸出 SIG。
int brightness=255;                  //設定亮度為最亮。
bool direct=0;                       //移位方向，direct=0/1：正轉/反轉。
bool val;                            //觸摸開關狀態。
int n=0;                             //LED 燈號。
//初值設定
void setup()
{
    pinMode(sw,INPUT_PULLUP);        //設定 PB0 為輸入模式，內含上升電阻。
    pixels.begin();                  //初始化串列全彩 LED 模組。
    pixels.setBrightness(brightness);//設定亮度。
}
//主迴圈
void loop()
{
    val=digitalRead(sw);             //讀取觸摸開關狀態。
    if(val==HIGH)                    //手指觸摸開關相應位置?
    {
        while(digitalRead(sw)==HIGH) //等待手指離開相應位置。
            ;
        direct=!direct;              //改變 LED 移位方向。
    }
    if(direct==0)                    //direct=0，正轉?
    {
        n++;                         //燈號加 1。
        if(n>15)                     //燈號大於 15?
            n=0;                     //重設燈號為 0。
    }
    else                             //direct=1，反轉。
    {
        n--;                         //燈號減 1。
        if(n<0)                      //燈號小於 0?
            n=15;                    //重設燈號為 15。
    }
    disp(n);                         //更新顯示。
}
//顯示函式
void disp(int n)
{
```

```
    int i;
    for(i=0;i<NUMS;i++)                  //關閉所有 LED。
        pixels.setPixelColor(i,0,0,0);
    pixels.setPixelColor(n,rgb[0],rgb[1],rgb[2]);    //點亮目前燈號 LED。
    pixels.show();                       //更新顯示。
    delay(100);                          //每 0.1 秒移位 1 位元。
}
```

練習

1. 使用 ATtiny85 開發板配合按鍵開關，控制串列 16 位全彩 LED。電源重置停止轉動，顯示燈號 0；按第 1 次按鍵，LED 單燈逆時針正轉；按第 2 次按鍵，LED 單燈順時針反轉，按第 3 次按鍵，LED 全暗。之後重覆動作依序為停止➔正轉➔反轉➔停止。
2. 續上題，新增功能，每轉一圈變換顏色依序為白➔紅➔綠➔藍➔白。

4-2-6　專題實作：電子輪盤

一 功能說明

如圖 4-12 所示電路接線圖，使用 ATtiny85 開發板、觸控開關模組及無源蜂鳴器模組，控制 16 位串列式全彩 LED 模組，完成電子輪盤專題。手指每次觸摸開關相應位置，全彩 LED 模組白色單燈順時針旋轉，同時蜂鳴器模組發出嘀聲，最後隨機停在某一燈號上。蜂鳴器模組原理說明詳見第 9 章。

二 電路接線圖

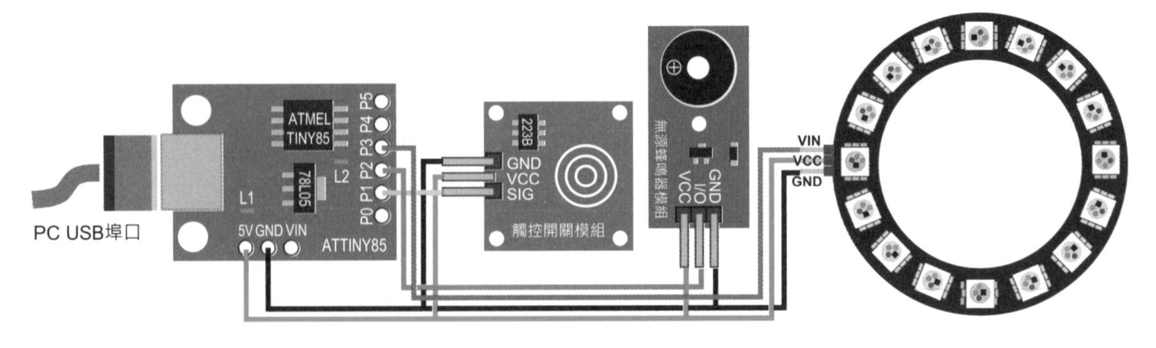

圖 4-12　電子輪盤電路圖

三 程式：ch4_6.ino

```
#include <Adafruit_NeoPixel.h>          //使用 Adafruit_NeoPixel 函式庫。
#include <stdlib.h>                     //亂數相關函數。
#define NUMS 16                         //16 位全彩 LED 模組。
const int sw=PB1;                       //PB1 連接觸控開關輸出 SIG。
const int buzzer=PB2;                   //PB2 連接蜂鳴器輸出 IO。
const int PIN=PB3;                      //PB3 連接全彩 LED 模組輸入 VIN。
unsigned int brightness=255;            //全彩 LED 模組亮度。
Adafruit_NeoPixel pixels =              //建立全彩 LED 模組物件 pixels。
    Adafruit_NeoPixel(NUMS,PIN,NEO_GRB + NEO_KHZ800);
bool key;                               //觸控開關狀態。
int i;                                  //迴圈變數。
int num;                                //全彩 LED 模組 pixel 移動次數。
int no=0;                               //目前點亮的 LED。
//初值設定
void setup()
{
    pinMode(sw,INPUT_PULLUP);           //設定 PB1 為輸入模式，內含上升電阻。
    pinMode(buzzer,OUTPUT);             //設定 PB2 為輸出模式，控制蜂鳴器。
    pixels.begin();                     //初始化全彩 LED 模組。
    pixels.setBrightness(255);          //設定亮度為最亮。
    dispLED(0);                         //點亮編號 0 的 LED。
}
//主迴圈
void loop()
{
    key=digitalRead(sw);                //檢測觸控開關狀態。
    if(key==HIGH)                       //手指觸摸相應位置?
    {
        while(digitalRead(sw)==HIGH)//等待手指放開觸摸相應位置。
            ;
        srand(millis());                //設定亂數因子。
        num=rand()%(3*NUMS)+(NUMS);     //產生亂數。
        dispLED(num);                   //更新 LED 燈號顯示。
    }
}
//LED 燈號顯示函式
void dispLED(int num)
{
    for(i=no;i<=num+no;i++)             //接續上一次燈號。
```

```
    {
        pixels.setPixelColor(i%16,255,255,255); //顯示燈號 n。
        pixels.show();
        tinyTone(1000,25);                      //發聲 1kHz 音長 25ms。
        delay(25);                              //靜音 25ms。
        pixels.setPixelColor(i%16,0,0,0);       //關閉燈號 n-1。
    }
    no=i%16;                                    //儲存最後燈號。
}
//聲音輸出函式
void tinyTone(unsigned int frequency,unsigned int length)
{
    unsigned long period;                       //方波週期。
    unsigned long n;                            //週數。
    period=1000000/frequency;                   //計算方波週期，單位μs。
    n=1000*(long)length/period;                 //計算方波週數。
    for(int i=0;i<n;i++)                        //產生週期 period 的聲波。
    {
        digitalWrite(buzzer,HIGH);              //輸出半週期高電位。
        delayMicroseconds(period/2);
        digitalWrite(buzzer,LOW);               //輸出半週期低電位。
        delayMicroseconds(period/2);
    }
}
```

練習

1. 使用 ATtiny85 開發板、觸控開關模組及無源蜂鳴器模組，控制串列式全彩 LED 模組，完成電子輪盤專題。手指每次觸摸開關相應位置，白色單燈順時針旋轉，其他 15 個 LED 為紅燈且蜂鳴器模組發出嘀聲，最後隨機停在某燈號。
2. 使用 ATtiny85 開發板、觸控開關模組及無源蜂鳴器模組，控制串列式全彩 LED 模組，完成電子輪盤專題。手指每次觸摸開關相應位置，單燈順時針旋轉且蜂鳴器模組發出嘀聲，隨機停在某燈號。LED 模組每轉動一圈，單燈顏色依序為白➔紅➔綠➔藍。

矩陣型 LED 互動設計

5-1 認識矩陣型 LED 顯示器

如圖 5-1 所示 8×8 矩陣型 LED 顯示器，可以用來顯示英文字、數字及符號等，使用 15×16 或 24×24 矩陣型 LED 顯示器才能完整顯示一個中文字。目前單片型並沒有 15×16 或 24×24 矩陣型 LED 顯示器，乃因單片型的點數較多，相對成品良率較低或是更換時成本較高。一個 15×16 中文字，必須使用 **4 片** 8×8 矩陣型 LED 顯示器組合，一個 24×24 中文字，必須使用 **9 片** 8×8 矩陣型 LED 顯示器組合。

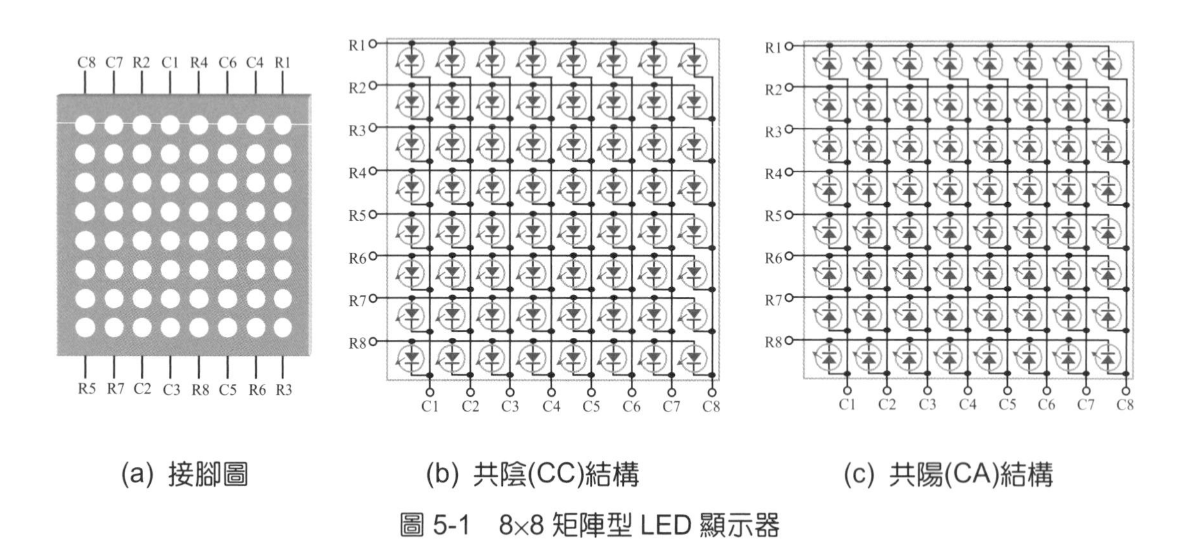

(a) 接腳圖　(b) 共陰(CC)結構　(c) 共陽(CA)結構

圖 5-1　8×8 矩陣型 LED 顯示器

5-1-1　內部結構

8×8 矩陣型 LED 顯示器內部結構可以分成兩種，如圖 5-1(b) 所示**共陰**(Common Cathode，**簡記** CC) **結構**，每一行 LED 的陰極連接在一起，形成 C1~C8，每一列 LED 的陽極連接在一起，形成 R1~R8。如圖 5-1(c) 所示**共陽** (Common Anode，**簡記** CA) **結構**，每一行 LED 的陽極連接在一起，形成 C1~C8，每一列 LED 的陰極連接在一起，形成 R1~R8。**CC 結構轉置 90° 就會變成 CA 結構**。

5-1-2　多工掃描原理

驅動 8×8 矩陣型 LED 顯示器是使用**多工行掃描**方法，每次只有單行輸出驅動電流，再將該行之位元組資料送至列。單顆 LED 所需驅動電流以 10mA 計算，點亮驅動 8 顆 LED，至少需要 80mA 以上，才能使每一個 LED 顯示亮度均勻。

如圖 5-2 所示 8×8 矩陣型 LED 顯示器的多工掃描原理，每次只掃描並顯示一行資料，然後依序掃描第二行、第三行…等，直到掃描至最後一行，再重新掃描第一行。因為人類眼睛會有視覺暫留現象，每個影像會存在於視網膜一段時間，只要掃描速度夠快，**微控制器由第一行開始依序掃描到最後一行所需的總時間，只要遠小於視覺暫留時間，各行畫面在視網膜重疊組合，即可看到完整的顯示畫面。**

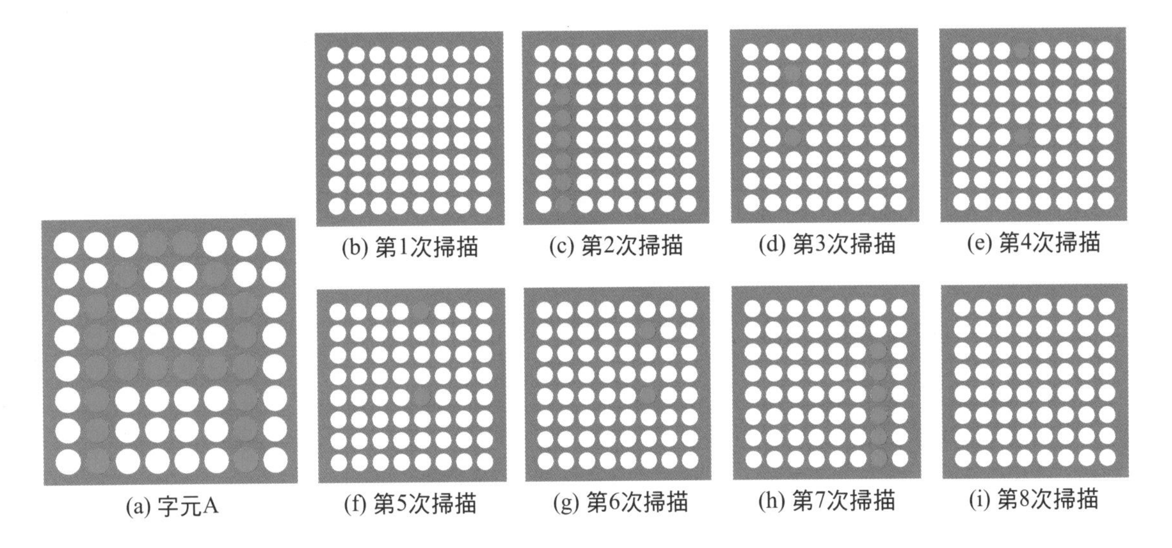

圖 5-2　多工掃描原理

人類視覺暫留最短時間為 1/24 秒，平均時間為 1/16 秒，所以掃描一個完整畫面的時間不得大於 1/16 秒，才不會有部分畫面遺失的感覺，而使畫面產生閃爍的現象。掃描頻率愈高，比較不會有閃爍的現象，但是掃描頻率太高時，每行所分配到的顯示時間變短，會造成 LED 亮度不足的問題。以總掃描行數 8 行為例，選擇總掃描時間 1/64 秒（可依實際情形調整），工作週期為 1/8，每行掃描時間計算如下：

$$\frac{1}{64}\times\frac{1}{8}\cong 2\text{ms}$$

5-2 串列式 8×8 矩陣型 LED 顯示模組

因為 ATtiny85 只有 6 支數位腳，無法控制一個 8×8 矩陣型 LED 顯示器，我們可以選擇如圖 5-3 所示串列式 8×8 矩陣型 LED 顯示模組，只須使用 ATtiny85 的串列周邊介面（Serial Peripheral Interface，簡記 SPI）即可以控制。如圖 5-3(a) 所示串列式 8×8 矩陣型 LED 顯示模組，內部使用如圖 5-3(b) 所示 MAX7219 IC，是一個傳輸速率 10MHz 的 SPI 介面 IC，可以驅動**八個共陰極七段顯示器**，或是**一個共陰極 8×8 矩陣型 LED 顯示器**。

如圖 5-3(c) 所示模組內部接線圖，MAX7219 的 DIG0~DIG7 腳位，依序分別連接 8×8 矩陣型 LED 顯示器的行 C1~C8，來提供行掃描所須的驅動電流。MAX7219 的 SEG P、SEG A、SEG B、SEG C、SEG D、SEG E、SEG F、SEG G 腳位，依序分別連接 8×8 矩陣型 LED 顯示器的列 R8~R1。**當 DIG 為低電位且 SEG 為高電位時，所對應的 LED 即會點亮，屬於共陰極結構**。

(a) 模組外觀

(b) 模組外部接腳圖

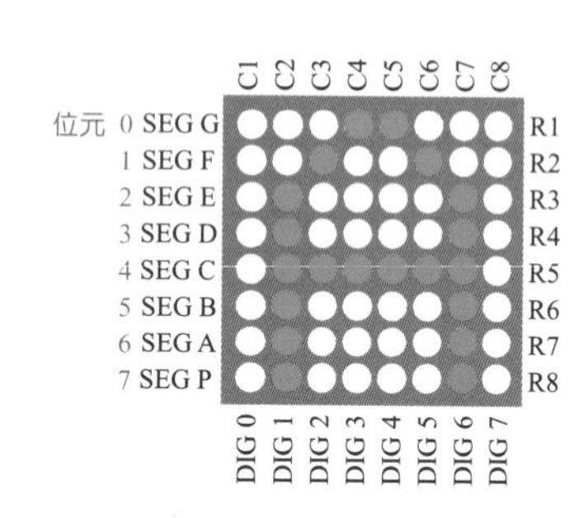

(c) 模組內部接腳圖

圖 5-3　串列式 8×8 矩陣型 LED 顯示模組

5-2-1　MAX7219 介面 IC

如表 5-1 所示 MAX7219 接腳功能說明，MAX7219 介面 IC 具有獨立的 LED 段驅動、150μA 低功率關機模式、顯示亮度控制、BCD 解碼器等功能。

表 5-1　MAX7219 接腳功能說明

接腳	名稱	功能說明
1	DIN	串列資料輸入腳。在 CLK 脈波的正緣載入至 MAX7219 內部的 16 位元暫存器。
2,3,5~8,10,11	DIG0~DIG7	8 位驅動輸出腳。動作時輸出低電位，每支腳可以輸出 320mA，關閉時輸出高電位。
4,9	GND	接地腳。4 腳與 9 腳必須同時接地。
12	LOAD	致能腳。資料在 LOAD 信號的正緣被鎖定。
13	CLK	脈波輸入腳。最大速率為 10MHz，在脈波正緣，資料由 DIN 腳移入 MAX7219 內部暫存器，在脈波負緣，資料由 MAX7219 的 DOUT 腳移出。
14~17,20~23	SEG A~SEG G ,SEG DP	7 段與小數點驅動輸出腳。動作時輸出高電位，每支腳可輸出 40mA，關閉時輸出低電位。

接腳	名稱	功能說明
18	ISET	段驅動電流設定腳。ISET 腳連接電阻 R 至電源腳 V+，電阻 R 值決定段驅動電流的大小。
19	V+	+5V 電源腳。
24	DOUT	串列資料輸出腳。DIN 的輸入資料經過 16.5 個 CLK 脈波後由 DOUT 輸出。主要是用來擴展多個 MAX7219 使用。

1. MAX7219 串列資料格式

如表 5-2 所示 MAX7219 串列資料格式，使用 16 位元暫存器儲存，D15~D12 不使用，D11~D8 用來設定暫存器位址，而 D7~D0 為 8 位元資料。串列資料由 MSB 位元開始移入至 DIN 腳，並由 DOUT 腳移出。

表 5-2　MAX7219 串列資料格式

D15	D14	D13	D12	D11	D10	D9	D8	D7	D6	D5	D4	D3	D2	D1	D0
×	×	×	×	位址(ADDRESS)				資料(DATA)							

2. MAX7219 暫存器位址對映

如表 5-3 所示 MAX7219 暫存器位址對映，有 14 個暫存器，包含 Digit0~Digit7 等 8 個資料暫存器可以個別存取內部 8×8 SRAM 記憶體，以及解碼模式（Decode Mode）、亮度控制（Intensity）、掃描限制（Scan Limit）、關閉模式（Shutdown）、顯示測試（Display Test）等 5 個控制暫存器及 1 個不工作（No-Op）暫存器。

表 5-3　MAX7219 暫存器位址對映

暫存器	位址（ADDRESS）					16 進碼
	D15~D12	D11	D10	D9	D8	
No-Op	××××	0	0	0	0	0x00
Digit 0	××××	0	0	0	1	0x01
Digit 1	××××	0	0	1	0	0x02
Digit 2	××××	0	0	1	1	0x03
Digit 3	××××	0	1	0	0	0x04
Digit 4	××××	0	1	0	1	0x05
Digit 5	××××	0	1	1	0	0x06
Digit 6	××××	0	1	1	1	0x07

暫存器	位址（ADDRESS）					16 進碼
	D15~D12	D11	D10	D9	D8	
Digit 7	××××	1	0	0	0	0x08
Decode Mode	××××	1	0	0	1	0x09
Intensity	××××	1	0	1	0	0x0A
Scan Limit	××××	1	0	1	1	0x0B
Shutdown	××××	1	1	0	0	0x0C
Display Test	××××	1	1	1	1	0x0F

3. 暫存器功能說明

(1) 不工作（No-Op）

不工作（No-Op）暫存器位址為 0x00，當有多個 MAX7219 串接使用時，可以將所有 MAX7219 的 LOAD 腳連接在一起，再將相鄰的 DOUT 與 DIN 連接在一起。例如四個 MAX7219 串接使用時，如果要傳送資料給第四個 MAX7219，可以先傳送一位元組資料，後面緊接著傳送三組 No-Op 代碼，此時只有第四個 MAX7219 可以收到資料，其他三個 MAX7219 **接收到 No-Op 代碼，所以不會工作**。

(2) 解碼模式（Decode Mode）

如表 5-4 所示解碼模式（Decode Mode）暫存器，位址為 0x09，可以設定為 BCD 解碼模式（解碼輸出 0~9、E、H、L、P、–）或是不解碼模式。一般而言，**驅動七段顯示器可以選擇 BCD 解碼模式或是不解碼模式，驅動 8×8 矩陣型 LED 顯示器選擇不解碼模式**。解碼模式暫存器中的每個位元對應一位數，當位元值為 1 時，選擇 BCD 解碼模式，當位元值為 0 時，選擇不解碼模式。

表 5-4　解碼模式（Decode Mode）暫存器：位址 0x09=9

解碼模式	暫存器資料 (DATA)								16 進碼
	D7	D6	D5	D4	D3	D2	D1	D0	
不解碼	0	0	0	0	0	0	0	0	0x00
BCD 解碼 DIG 0~3	0	0	0	0	1	1	1	1	0x0F

如表 5-5 所示 BCD 解碼（Code B）字型表，當選擇 BCD 解碼模式時，**只使用資料暫存器 D3~D0 四位元來解碼**，不考慮 D6~D4 位元。D7 位元在控制七段顯示器的小數點 DP，當 D7=1 時，DP=1 則顯示小數點，當 D7=0 時，DP=0 不顯示小數點。

表 5-5　BCD 解碼字型表

BCD	暫存器資料 (DATA)						Segment=1：亮，Segment=0：暗							
	D7	D6~D4	D3	D2	D1	D0	DP	A	B	C	D	E	F	G
0	1/0	×××	0	0	0	0	1/0	1	1	1	1	1	1	0
1	1/0	×××	0	0	0	1	1/0	0	1	1	0	0	0	0
2	1/0	×××	0	0	1	0	1/0	1	1	0	1	1	0	1
3	1/0	×××	0	0	1	1	1/0	1	1	1	1	0	0	1
4	1/0	×××	0	1	0	0	1/0	0	1	1	0	0	1	1
5	1/0	×××	0	1	0	1	1/0	1	0	1	1	0	1	1
6	1/0	×××	0	1	1	0	1/0	1	0	1	1	1	1	1
7	1/0	×××	0	1	1	1	1/0	1	1	1	0	0	0	0
8	1/0	×××	1	0	0	0	1/0	1	1	1	1	1	1	1
9	1/0	×××	1	0	0	1	1/0	1	1	1	1	0	1	1
–	1/0	×××	1	0	1	0	1/0	0	0	0	0	0	0	1
E	1/0	×××	1	0	1	1	1/0	1	0	0	1	1	1	1
H	1/0	×××	1	1	0	0	1/0	0	1	1	0	1	1	1
L	1/0	×××	1	1	0	1	1/0	0	0	0	1	1	1	0
P	1/0	×××	1	1	1	0	1/0	1	1	0	0	1	1	1
blank	1/0	×××	1	1	1	1	1/0	0	0	0	0	0	0	0

(3) 關閉模式（Shutdown）

如表 5-6 所示關閉（Shutdown）模式控制暫存器，位址為 0x0C，在**關閉模式下的所有段輸出為** 0，**所有數字驅動輸出為**+5V，因此顯示器不亮。

表 5-6　關閉模式（Shutdown）暫存器：位址 0x0C=12

模式	D7	D6	D5	D4	D3	D2	D1	D0	16 進碼
關閉模式	×	×	×	×	×	×	×	0	0
正常模式	×	×	×	×	×	×	×	1	1

(4) 亮度控制（Intensity）

如表 5-7 所示亮度控制暫存器，位址為 0x0A，僅使用 D3~D0 四個位元來設定電流工作週期，改變電流值由 (1/16)I_{SEG}~(15/16)I_{SEG}，以控制顯示器亮度。I_{SEG} 由 V+及 $\mathrm{I_{SET}}$ 間的電阻 R_{SET} 決定，模組所設定的**最大段電流為** I_{SEG}=40mA。

表 5-7　亮度控制（Intensity）暫存器：位址 0x0A=10

工作週期		暫存器資料 (Data)								16 進
MAX7219	MAX7221	D7	D6	D5	D4	D3	D2	D1	D0	
1/32	1/16	×	×	×	×	0	0	0	0	0x00
3/32	2/16	×	×	×	×	0	0	0	1	0x01
5/32	3/16	×	×	×	×	0	0	1	0	0x02
7/32	4/16	×	×	×	×	0	0	1	1	0x03
9/32	5/16	×	×	×	×	0	1	0	0	0x04
11/32	6/16	×	×	×	×	0	1	0	1	0x05
13/32	7/16	×	×	×	×	0	1	1	0	0x06
15/32	8/16	×	×	×	×	0	1	1	1	0x07
17/32	9/16	×	×	×	×	1	0	0	0	0x08
19/32	10/16	×	×	×	×	1	0	0	1	0x09
21/32	11/16	×	×	×	×	1	0	1	0	0x0A
23/32	12/16	×	×	×	×	1	0	1	1	0x0B
25/32	13/16	×	×	×	×	1	1	0	0	0x0C
27/32	14/16	×	×	×	×	1	1	0	1	0x0D
29/32	15/16	×	×	×	×	1	1	1	0	0x0E
31/32	15/16	×	×	×	×	1	1	1	1	0x0F

(5) 掃描限制（Scan Limit）

如表 5-8 所示掃描限制（Scan Limit）暫存器，位址為 0x0B，用來**設定掃描顯示器位數，1 位到 8 位**。以 8×fosc/N 的掃描速率來掃描，fosc=800Hz，N 為顯示器位數。掃描位數將會影響顯示亮度，掃描位數愈多，顯示亮度愈暗，如果掃描位數在 3 位數以下，每個顯示器消耗過大功率，可以調整 R_{SET} 值來改變最大段電流 I_{SEG}。

表 5-8　掃描限制（Scan Limit）暫存器：位址 0x0B=11

掃描限制	D7	D6	D5	D4	D3	D2	D1	D0	16 進
顯示 DIG 0	×	×	×	×	×	0	0	0	0x00
顯示 DIG 0,1	×	×	×	×	×	0	0	1	0x01
顯示 DIG 0,1,2	×	×	×	×	×	0	1	0	0x02
顯示 DIG 0,1,2,3	×	×	×	×	×	0	1	1	0x03
顯示 DIG 0,1,2,3,4	×	×	×	×	×	1	0	0	0x04
顯示 DIG 0,1,2,3,4,5	×	×	×	×	×	1	0	1	0x05
顯示 DIG 0,1,2,3,4,5,6	×	×	×	×	×	1	1	0	0x06
顯示 DIG 0,1,2,3,4,5,6,7	×	×	×	×	×	1	1	1	0x07

(6) 顯示測試（Display Test）

如表 5-9 所示顯示測試（Display Test）暫存器，位址為 0x0F，用來測試所有顯示器是否正常。**在顯示測試模式下，顯示器全亮且驅動電流最大**。

表 5-9　顯示測試（Display Test）暫存器：位址 0x0F=15

模式	D7	D6	D5	D4	D3	D2	D1	D0	16 進
正常模式	×	×	×	×	×	×	×	0	0x00
顯示測試模式	×	×	×	×	×	×	×	1	0x01

5-3 函式說明

5-3-1　tinySPI 函式庫

Arduino **內建** SPI **函式庫並不適用於** ATtiny85 **微控制器**，必須另行下載 tinySPI 函式庫。tinySPI 函式庫是由 Jack Christensen 開發及維護，適用於 ATtiny24/44/84、25/45/85、261/461/861、2313/4313 等微控制器，支援 SPI 通信標準，讓我們可以很容易使用 SPI 介面來連結 ATtiny85 開發板與周邊裝置，以進行資料傳輸。ATtiny85 開發板（主控裝置）SPI 介面 MOSI/DI、MISO/DO、SCK/USCK 三條線分別連接在接腳 PB0、PB1、PB2。tinySPI 函式庫下載步驟如下：

STEP 1

1. 輸入下載網址 https://github.com/JChristensen/tinySPI。
2. 點選【Code】【Download ZIP】下載 tinySPI-master.zip 檔案。

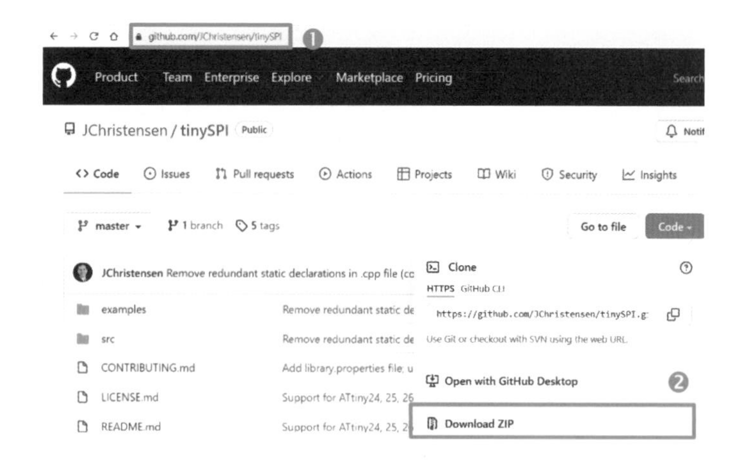

STEP 2

1. 開啟 Arduino IDE 軟體。
2. 點選【草稿碼】【匯入程式庫】【加入.ZIP 程式庫...】，加入 tinySPI-master 函式庫。

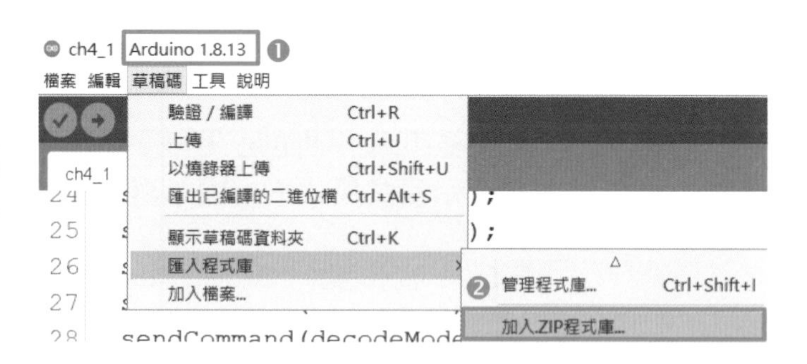

tinySPI **函式庫內建物件名稱** SPI，如表 5-10 所示 tinySPI 函式庫的方法（Methods），包含 begin( )、end( )、transfer( ) 等三種方法。

表 5-10　tinySPI 函式庫的方法

方法	功用	參數
begin( )	初始化 SPI 匯流排，設置 USCK 和 DO 接腳為輸出，DI 接腳為輸入。	無。
end( )	除能 SPI 匯流排。	無。
transfer(uint8_t data)	傳送資料到 SPI 匯流排。	data：8 位元資料。

5-4 實作練習

5-4-1 8×8 矩陣型 LED 顯示靜態字元實習

一 功能說明

如圖 5-4 所示電路接線圖，使用 ATtiny85 開發板控制 8×8 矩陣型 LED 顯示模組，靜態顯示如圖 5-3(c) 所示字元 A。

二 電路接線圖

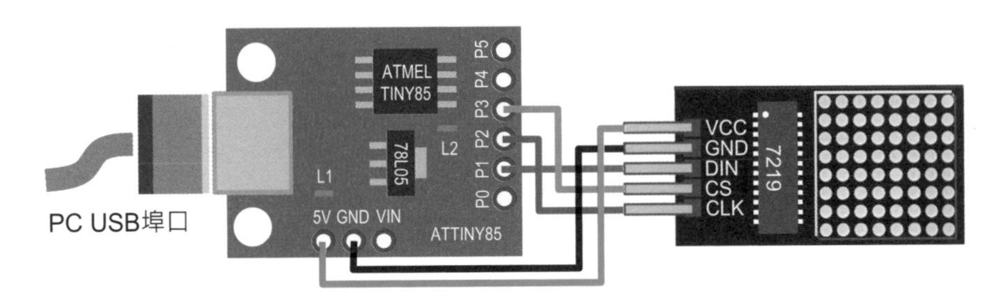

圖 5-4 8×8 矩陣型 LED 顯示靜態字元實習電路圖

三 程式：ch5_1.ino

```
#include <tinySPI.h>                    //使用 tinySPI 函式庫。
const int slaveSelect=PB3;              //MAX7219 致能腳。
const int decodeMode=9;                 //MAX7219 解碼模式暫存器。
const int intensity=10;                 //MAX7219 亮度控制暫存器。
const int scanLimit=11;                 //MAX7219 掃描限制暫存器。
const int shutDown=12;                  //MAX7219 關閉模式暫存器。
const int dispTest=15;                  //MAX7219 顯示測試暫存器。
byte i;                                 //迴圈變數。
const byte character[8]=
    {   B00000000,B11111100,            //C1(DIG0)及 C2(DIG1)資料。
        B00010010,B00010001,            //C3(DIG2)及 C4(DIG3)資料。
        B00010001,B00010010,            //C5(DIG4)及 C6(DIG5)資料。
        B11111100,B00000000 };          //C7(DIG6)及 C8(DIG7)資料。
//初值設定
void setup()
{
    SPI.begin();                        //初始化 SPI 介面。
```

```
    pinMode(slaveSelect, OUTPUT);              //設定 PB3 為輸出模式。
    digitalWrite(slaveSelect, HIGH);           //除能 MAX7219。
    sendCommand(shutDown, 1);                  //設定 MAX7219 為正常模式。
    sendCommand(dispTest, 0);                  //設定 MAX7219 為正常模式。
    sendCommand(intensity, 1);                 //設定 MAX7219 最小亮度。
    sendCommand(scanLimit,7);                  //設定 MAX7219 掃描行數為 8 行。
    sendCommand(decodeMode, 0);                //設定 MAX7219 不解碼。
    for(i=0;i<8;i++)                           //清除顯示器畫面。
        sendCommand(i+1,0);
}
//主迴圈
void loop()
{
    for(i=0;i<8;i++)                           //顯示靜態字元 A。
        sendCommand(i+1,character[i]);
}
//SPI 寫入函式
void sendCommand(byte command,byte value)
{
    digitalWrite(slaveSelect, LOW);            //致能 MAX7219。
    SPI.transfer(command);                     //傳送位址給 MAX7219。
    SPI.transfer(value);                       //傳送資料給 MAX7219。
    digitalWrite(slaveSelect, HIGH);           //除能 MAX7219。
}
```

練習

1. 使用 ATtiny85 開發板控制 8×8 矩陣型 LED 顯示器靜態顯示如圖 5-5(a) 所示字元 B。
2. 使用 ATtiny85 開發板控制 8×8 矩陣型 LED 顯示器閃爍顯示如圖 5-5(b) 所示小紅人。

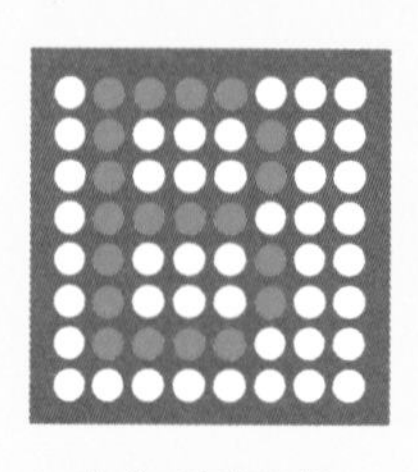

(a) 字元 B

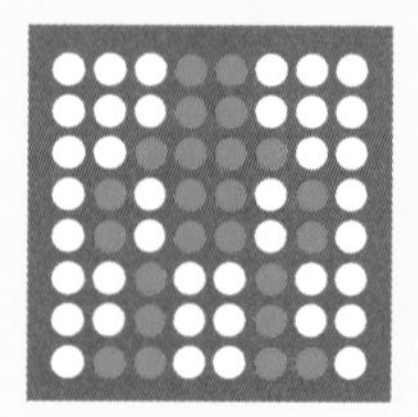

(b) 小紅人

圖 5-5　字元 B 及小紅人

5-4-2 8×8 矩陣型 LED 顯示數字 0 ~ 9 實習

一 功能說明

如圖 5-4 所示電路接線圖，使用 ATtiny85 開發板控制 8×8 矩陣型 LED 顯示器顯示如圖 5-6 所示數字 0~9，每秒上數加 1。

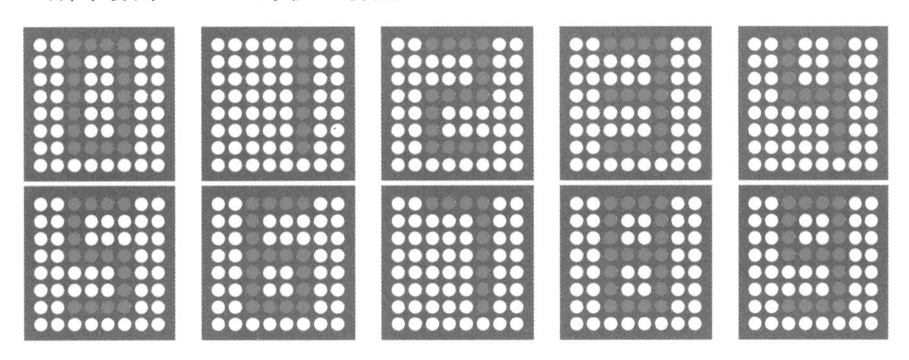

圖 5-6 數字 0~9 顯示畫面

二 電路接線圖

如圖 5-4 所示電路圖。

三 程式：ch5_2.ino

```
#include <tinySPI.h>                        //使用 tinySPI 函式庫。
const int slaveSelect=PB3;                  //MAX7219 致能腳。
const int decodeMode=9;                     //MAX7219 解碼模式暫存器。
const int intensity=10;                     //MAX7219 亮度控制暫存器。
const int scanLimit=11;                     //MAX7219 掃描限制暫存器。
const int shutDown=12;                      //MAX7219 關閉模式暫存器。
const int dispTest=15;                      //MAX7219 顯示測試暫存器。
byte i,j;                                                //迴圈變數。
const byte character[10][8]=
  { {0x00,0x00,0x7f,0x41,0x41,0x7f,0x00,0x00},          //數字 0
    {0x00,0x00,0x00,0x00,0x00,0x7f,0x00,0x00},          //數字 1
    {0x00,0x00,0x79,0x49,0x49,0x4f,0x00,0x00},          //數字 2
    {0x00,0x00,0x49,0x49,0x49,0x7f,0x00,0x00},          //數字 3
    {0x00,0x00,0x0f,0x08,0x08,0x7f,0x00,0x00},          //數字 4
    {0x00,0x00,0x4f,0x49,0x49,0x79,0x00,0x00},          //數字 5
    {0x00,0x00,0x7f,0x49,0x49,0x79,0x00,0x00},          //數字 6
    {0x00,0x00,0x01,0x01,0x01,0x7f,0x00,0x00},          //數字 7
    {0x00,0x00,0x7f,0x49,0x49,0x7f,0x00,0x00},          //數字 8
```

```
    {0x00,0x00,0x4f,0x49,0x49,0x7f,0x00,0x00} };     //數字 9
//初值設定
void setup() {
    SPI.begin();                               //初始化 SPI 介面。
    pinMode(slaveSelect, OUTPUT);              //設定 PB3 為輸出模式。
    digitalWrite(slaveSelect, HIGH);           //除能 MAX7219。
    sendCommand(shutDown, 1);                  //MAX7219 正常工作。
    sendCommand(dispTest, 0);                  //關閉 MAX7219 顯示測試。
    sendCommand(intensity, 1);                 //設定 MAX7219 最小亮度。
    sendCommand(scanLimit, 7);                 //設定 MAX7219 掃描位數為 8 位。
    sendCommand(decodeMode, 0);                //設定 MAX7219 不解碼。
    for(i=0;i<8;i++)                           //顯示數字 0。
        sendCommand(i+1,character[0][i]);
}
//主迴圈
void loop()
{
    for(i=0;i<10;i++)                          //顯示數字 0~9。
    {
        for(j=0;j<8;j++)                       //每個數字 8 行資料。
            sendCommand(j+1,character[i][j]);
        delay(1000);                           //每秒加 1。
    }
}
//SPI 寫入函式
void sendCommand(byte command,byte value)
{
    digitalWrite(slaveSelect,LOW);             //致能 MAX7219。
    SPI.transfer(command);                     //傳送位址至 MAX7219。
    SPI.transfer(value);                       //傳送資料至 MAX7219。
    digitalWrite(slaveSelect,HIGH);            //除能 MAX7219。
}
```

練習

1. 使用 ATtiny85 開發板控制 8×8 矩陣型 LED 顯示器閃爍顯示數字 0~9，每個數字亮 0.5 秒，暗 0.5 秒。
2. 設計 ATtiny85 開發板控制 8×8 矩陣型 LED 顯示器閃爍顯示今日日期，例如 2022 年 04 月 25 日，每秒變換依序顯示 2、0、2、2、0、4、2、5。

5-4-3 8×8 矩陣型 LED 顯示動態字元實習

一 功能說明

如圖 5-4 所示電路接線圖，使用 ATtiny85 開發板控制 8x8 矩陣型 LED 顯示器顯示動態左移字元 A。常見的 8x8 矩陣型 LED 顯示器動態字元變化如左移、右移、上移、下移等四種。如圖 5-7 所示字元資料與記憶體對映圖，使用 8 位元組陣列 character[8]儲存 8 行資料，對於 8x8 矩陣型 LED 顯示器而言，左、右移動 8 行即重複相同畫面，上、下移動 8 列即重複相同畫面。

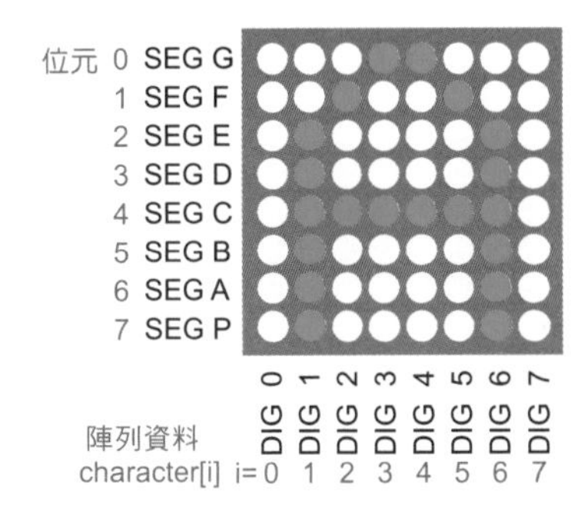

圖 5-7 字元資料與記憶體對映圖

1. 字元左移

如圖 5-8 所示字元左移變化，小括號內的數字標示移動順序，先將陣列資料 character[0]移入 temp 變數，再依序將 character[1] 內容移入 character[0]，character[2] 內容移入 character[1]…等，最後將 temp 內容移入 character[7]，畫面即會左移一行。

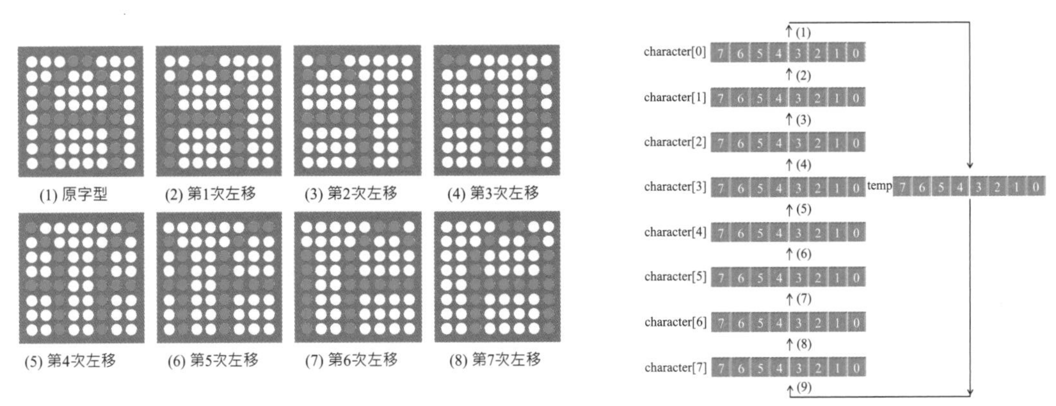

(a) 畫面變化　(b) 陣列資料內容對映

圖 5-8 字元左移變化

2. 字元右移

如圖 5-9 所示字元右移變化，小括號內的數字標示移動順序，先將陣列資料 character[7] 內容移入 temp 變數，再依序將 character[6] 內容移入 character[7]，character[5] 內容移入 character[6]…等，最後將 temp 內容移入 character[0]，畫面即會右移一行。

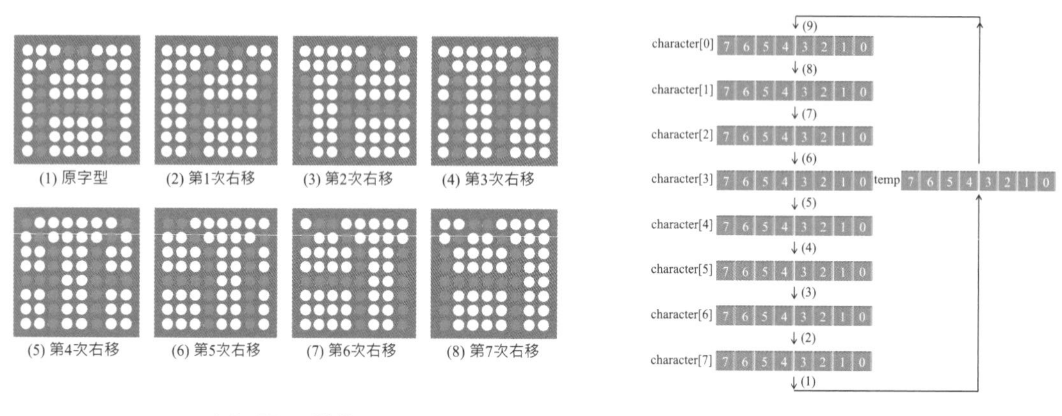

(a) 畫面變化　　(b) 陣列資料內容對映

圖 5-9　字元右移變化

3. 字元上移

如圖 5-10 所示字元上移變化，將每行陣列資料的位元組內容右移一位元，即位元 0 移入 temp，位元 1 移入位元 0，…位元 7 移入位元 6，temp 移入位元 7，畫面即會上移一列。

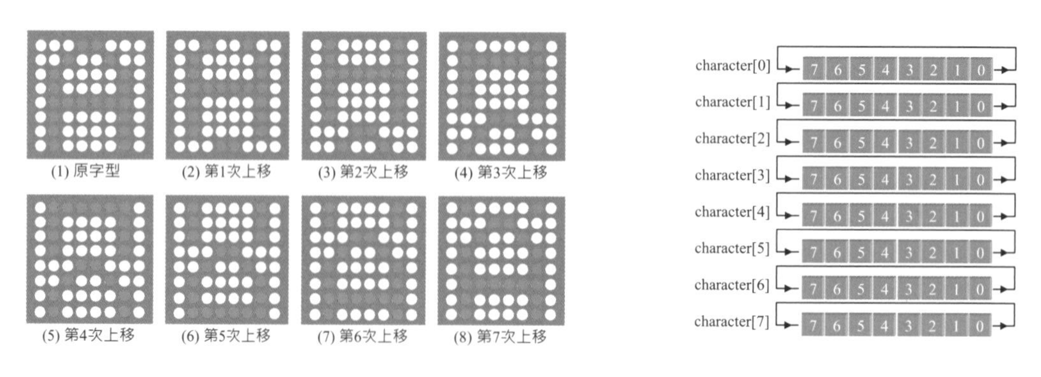

(a) 畫面變化　　(b) 陣列資料內容對映

圖 5-10　字元上移變化

4. 字元下移

如圖 5-11 所示字元下移變化，將每行陣列資料的位元組內容左移一位元，即位元 7 移入 temp，位元 6 移入位元 7，…位元 0 移入位元 1，temp 移入位元 0，畫面即會下移一列。

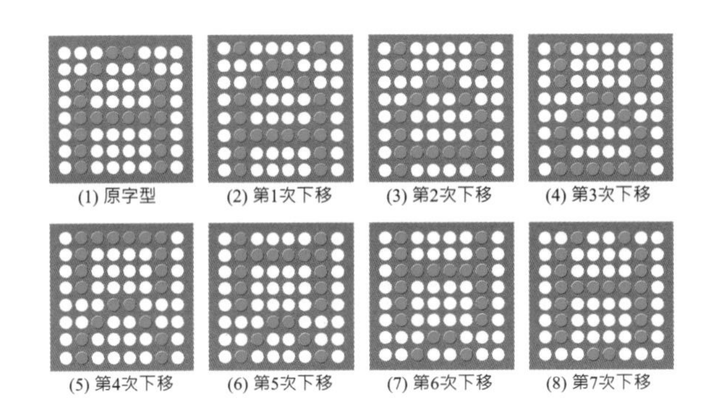

(a) 畫面變化

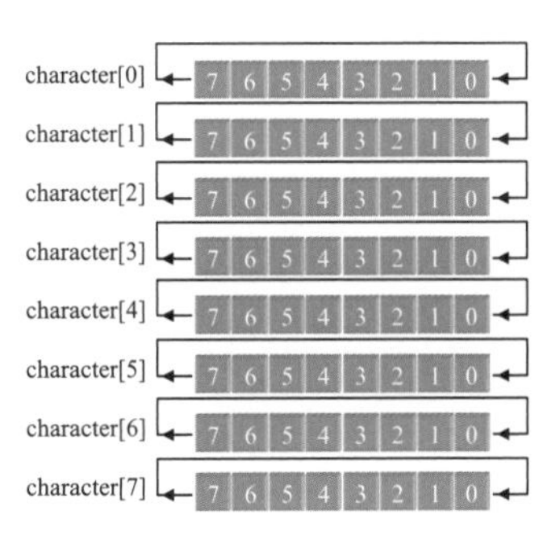

(b) 陣列資料內容對映

圖 5-11　字元下移變化

二 電路接線圖

如圖 5-4 所示電路。

三 程式：ch5_3.ino

```
#include <tinySPI.h>                          //使用 tinySPI 函式庫。
const int slaveSelect=PB3;                    //MAX7219 致能腳。
const int decodeMode=9;                       //MAX7219 解碼模式暫存器。
const int intensity=10;                       //MAX7219 亮度控制暫存器。
const int scanLimit=11;                       //MAX7219 掃描限制暫存器。
const int shutDown=12;                        //MAX7219 關閉模式暫存器。
const int dispTest=15;                        //MAX7219 顯示測試暫存器。
byte i,temp;                                  //迴圈變數。
byte temp;                                    //位元組資料暫存區。
byte character[8]={0x00,0xfc,0x12,0x11,0x11,0x12,0xfc,0x00};//字元 A。
//初值設定
void setup()
{
    SPI.begin();                              //初始化 SPI 介面。
    pinMode(slaveSelect, OUTPUT);             //設定 PB3 為輸出模式。
    digitalWrite(slaveSelect, HIGH);          //除能 MAX7219。
    sendCommand(shutDown,1);                  //MAX7219 正常工作。
```

```
    sendCommand(dispTest,0);                //關閉 MAX7219 顯示測試。
    sendCommand(intensity,1);               //設定 MAX7219 亮度為 1。
    sendCommand(scanLimit,7);               //設定 MAX7219 掃描位數為 8 位。
    sendCommand(decodeMode,0);              //設定 MAX7219 不解碼。
    for(i=0;i<8;i++)                        //顯示字元 A。
        sendCommand(i+1,character[i]);
}
//主迴圈
void loop()
{
  temp=character[0];                        //將 character[0]移入 temp 中。
  for(i=0;i<7;i++)                          //依序左移位。
    character[i]=character[i+1];
  character[7]=temp;                        //將 temp 移入 character[7]中。
  for(i=0;i<8;i++)                          //更新顯示器畫面。
    sendCommand(i+1,character[i]);
  delay(200);                               //移位速度每 0.2 秒 1 行。
}
//SPI 寫入函式
void sendCommand(byte command,byte value)
{
    digitalWrite(slaveSelect,LOW);          //致能 MAX7219。
    SPI.transfer(command);                  //傳送位址給 MAX7219。
    SPI.transfer(value);                    //傳送資料給 MAX7219。
    digitalWrite(slaveSelect,HIGH);         //除能 MAX7219。
}
```

練習

1. 使用 ATtiny85 開發板控制 8×8 矩陣型 LED 顯示器動態右移字元 A。
2. 使用 ATtiny85 開發板控制 8×8 矩陣型 LED 顯示器動態上移字元 A。
3. 使用 ATtiny85 開發板控制 8×8 矩陣型 LED 顯示器動態下移字元 A。
4. 使用 ATtiny85 開發板，配合觸摸開關（連接於 PB0），控制 8×8 矩陣型 LED 顯示器動態移位顯示字元 A，手指觸摸相應位置，移位方向改變，動作依序為左移➔右移➔上移➔下移➔左移。

5-4-4 專題實作：字幕機

一 功能說明

使用 ATtiny85 開發板控制 8×8 矩陣型 LED 顯示器，完成字幕機專題。顯示器動態左移顯示如圖 5-12 所示字串 A、B、C、D 等四個字元。

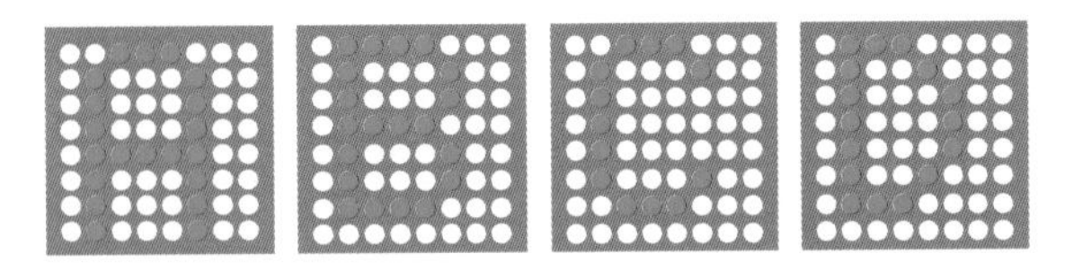

圖 5-12　字串 A、B、C、D 顯示畫面

字串移動與字元移動的基本原理相同，不同之處是**字元移動是一個字元重複移動變化**，**字串移動是多個字元移動變化**。控制字串移動需要兩個資料陣列或指標，一個指向作用中字元資料區（**顯示區**），一個指向下一個準備移入顯示區的字元資料區（**緩衝區**）。

如圖 5-13 所示字串左移工作原理，定義兩個陣列 ptr1 及 ptr2，陣列 ptr1 儲存顯示區的字元資料區，陣列 ptr2 儲存緩衝區的的字元資料區。

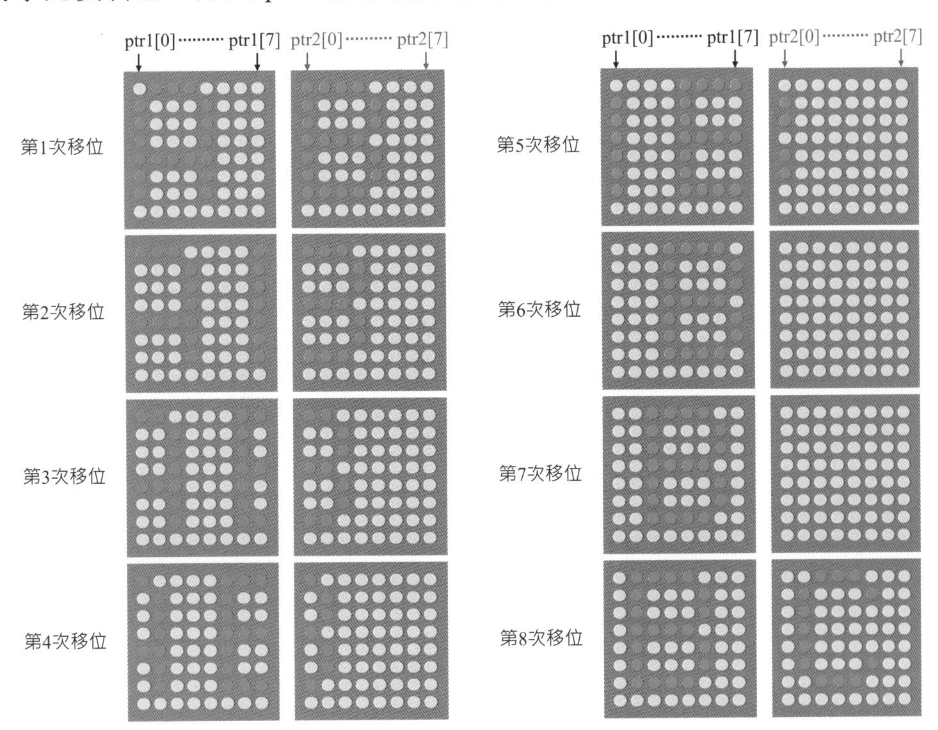

圖 5-13　字串左移工作原理

1. 字串左移

如圖 5-14 所示**字串左移程序**，先將第 n 個字元資料內容存入 ptr1 陣列中，第 n+1 個字元資料內容存入 ptr2 陣列中，顯示器顯示第 n 個字元。小括號數字表示執行的順序，先將 ptr2[0] 保存於 temp 變數中，接著將 ptr1 及 ptr2 陣列內容同時左移一行（1 **位元組**），最後再將 temp 變數內容移入 ptr1[7] 中。

進行左移程序 8 次即完成一個字元的左移，此時 8×8 矩陣列 LED 顯示器會顯示第 n+1 個字元，而且 ptr1 陣列已存入第 n+1 個字元的資料內容。接著將 n+2 個字元資料內容存入 ptr2 陣列中，再進行相同的左移程序。當顯示器完整顯示字串最後一個字元時，ptr2 陣列重新載入第一個字元的資料。

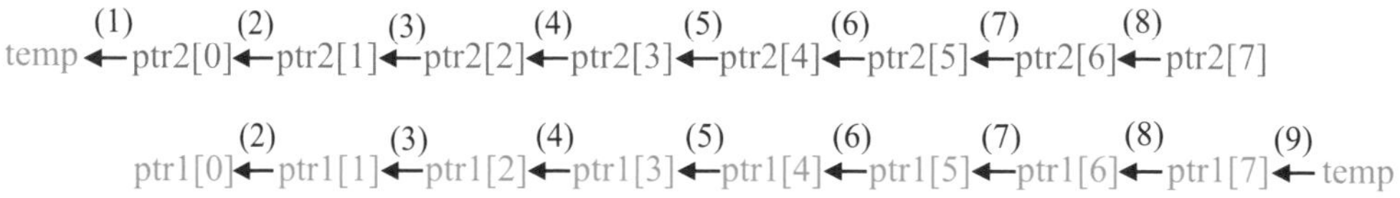

temp ←(1)– ptr2[0] ←(2)– ptr2[1] ←(3)– ptr2[2] ←(4)– ptr2[3] ←(5)– ptr2[4] ←(6)– ptr2[5] ←(7)– ptr2[6] ←(8)– ptr2[7]

ptr1[0] ←(2)– ptr1[1] ←(3)– ptr1[2] ←(4)– ptr1[3] ←(5)– ptr1[4] ←(6)– ptr1[5] ←(7)– ptr1[6] ←(8)– ptr1[7] ←(9)– temp

圖 5-14　字串左移程序

2. 字串右移

如圖 5-15 所示**字串右移程序**，先將第 n 個字元資料內容存入 ptr1 陣列中，第 n+1 個字元資料內容存入 ptr2 陣列中，顯示器顯示第 n 個字元。小括號數字表示執行的順序，先將 ptr1[7] 保存於 temp 變數中，接著將 ptr1 及 ptr2 陣列內容同時右移一行（1 **位元組**），最後再將 temp 變數內容移入 ptr2[0] 中。進行右移程序 8 次即完成一個字元的左移，其原理與字串左移相同。

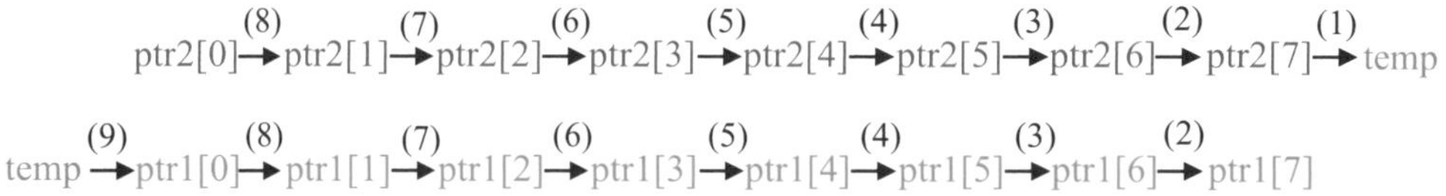

ptr2[0] –(8)→ ptr2[1] –(7)→ ptr2[2] –(6)→ ptr2[3] –(5)→ ptr2[4] –(4)→ ptr2[5] –(3)→ ptr2[6] –(2)→ ptr2[7] –(1)→ temp

temp –(9)→ ptr1[0] –(8)→ ptr1[1] –(7)→ ptr1[2] –(6)→ ptr1[3] –(5)→ ptr1[4] –(4)→ ptr1[5] –(3)→ ptr1[6] –(2)→ ptr1[7]

圖 5-15　字串右移程序

3. 字串上移

如圖 5-16 所示**字串上移程序**，先將第 n 個字元資料內容存入 ptr1 陣列中，第 n+1 個字元資料內容存入 ptr2 陣列中，顯示器顯示第 n 個字元。小括號數字表示執行順序，先將 ptr2[0]~ptr2[7] 各行的位元 0 分別保存於 temp 變數中，接著將 ptr1 及 ptr2 陣列內容同時上移一列（1 **位元**），最後再將 temp 變數內容移入 ptr1[0]~ptr1[7] 各行的**位元** 7 中。

進行上移程序 8 次即完成一個字元上移，此時顯示器會顯示第 n+1 個字元，而且 ptr1 陣列已存入第 n+1 個字元的資料內容。接著將 n+2 個字元資料內容存入 ptr2 陣列中，再進行相同的上移程序，重複不斷完成字串上移動作。當顯示畫面已是字串的最後一個字元時，ptr2 陣列必須重新載入第一個字元資料。

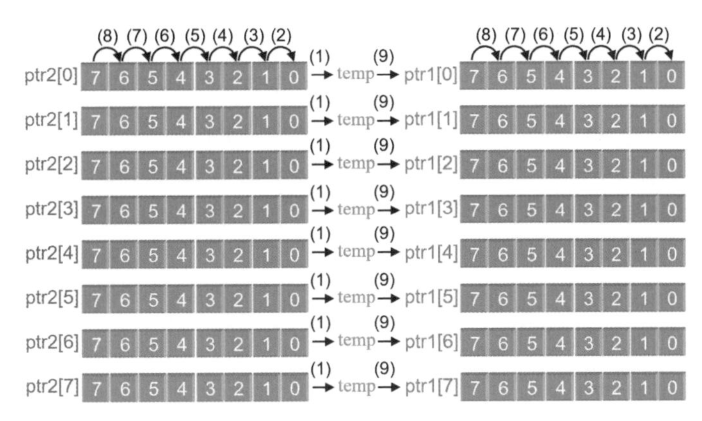

圖 5-16　字串上移程序

4. 字串下移

如圖 5-17 所示**字串下移程序**，先將第 n 個字元資料內容存入 ptr1 陣列中，第 n+1 個字元資料內容存入 ptr2 陣列，顯示器顯示第 n 個字元。小括號數字表示執行順序，先將 ptr2[0]~ptr2[7] 各行位元 7 分別保存於 temp 變數中，接著將 ptr1 及 ptr2 陣列內容同時下移一列（1 **位元**），最後將 temp 變數內容移入 ptr1[0]~ptr1[7] 各行**位元** 0。

進行下移程序 8 次即完成一個字元下移，此時顯示器會顯示第 n+1 個字元，而且 ptr1 陣列已存入第 n+1 個字元的資料內容。接著將 n+2 個字元資料內容存入 ptr2 陣列中，再進行相同的下移程序，如此重複不斷，即可完成字串下移動作。當顯示畫面已是字串的最後一個字元時，ptr2 陣列必須重新載入第一個字元資料。

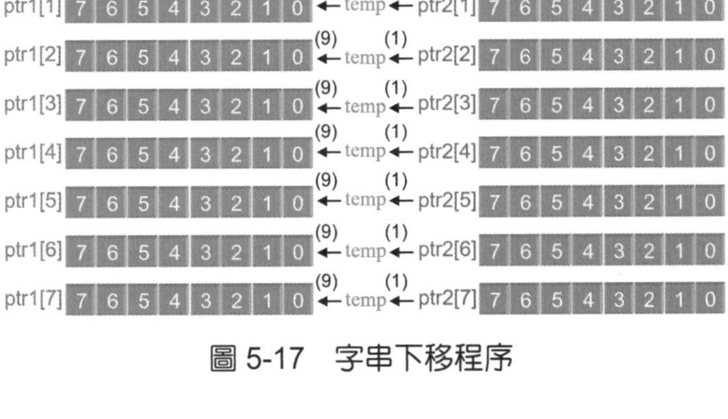

圖 5-17　字串下移程序

二 電路接線圖

如圖 5-4 所示電路。

三 程式：ch5_4.ino

```
#include <tinySPI.h>                    //使用 tinySPI 函式庫。
const int slaveSelect=PB3;              //MAX7219 致能腳。
const int decodeMode=9;                 //MAX7219 解碼模式暫存器。
const int intensity=10;                 //MAX7219 亮度控制暫存器。
const int scanLimit=11;                 //MAX7219 掃描限制暫存器。
const int shutDown=12;                  //MAX7219 關閉模式暫存器。
const int dispTest=15;                  //MAX7219 顯示測試暫存器。
const int charNums=4;                   //字串總字元數。
byte i, j, k=1;                         //陣列指標。
byte temp;                              //暫存區。
byte ptr1[8];                           //儲存第 n 個字元資料。
byte ptr2[8];                           /儲存第 n+1 個字元資料。
byte character[charNums][8]=            //字元資料區。
    { {0x00,0x7e,0x11,0x11,0x11,0x7e,0x00,0x00},     //字元 A 資料。
      {0x00,0x7f,0x49,0x49,0x49,0x36,0x00,0x00},     //字元 B 資料。
      {0x00,0x3e,0x41,0x41,0x41,0x22,0x00,0x00},     //字元 C 資料。
      {0x00,0x7f,0x41,0x41,0x41,0x3e,0x00,0x00} };   //字元 D 資料。
//初值設定
void setup()
{
    SPI.begin();                        //初始化 SPI 介面。
    pinMode(slaveSelect,OUTPUT);        //設定 PB3 為輸出模式。
    digitalWrite(slaveSelect,HIGH);     //除能 MAX7219。
    sendCommand(shutDown,1);            //MAX7219 正常工作。
    sendCommand(dispTest,0);            //關閉 MAX7219 顯示測試。
    sendCommand(intensity,1);           //設定 MAX7219 亮度為 1。
    sendCommand(scanLimit,7);           //設定 MAX7219 掃描位數為 8 位。
    sendCommand(decodeMode,0);          //設定 MAX7219 不解碼。
    for(i=0;i<8;i++)                    //載入字串第 1 個字元資料至 ptr1 陣列中。
        ptr1[i]=character[0][i];
}
//主迴圈
void loop()
{
    for(i=0;i<8;i++)                    //載入第 k 個字元的資料至 ptr2 陣列中。
```

```
        ptr2[i]=character[k][i];
    for(i=0;i<8;i++)                    //每個字元左移 8 行。
    {
        display();                      //顯示字元。
        delay(200);                     //延遲 0.2 秒。
        shiftLeft();                    //左移 1 行。
    }
    if(k==charNums-1)                   //已顯示最後一個字元?
        k=0;                            //重設 k 值指向第 1 個字元。
    else
        k++;                            //不是最後字元，指向下一個字元。
}
//顯示函式
void display(void)                      //顯示字元函式。
{
    for(j=0;j<8;j++)                    //更新顯示器內容。
        sendCommand(j+1, ptr1[j]);
}
void shiftLeft(void)                    //左移函式。
{
    temp=ptr2[0];                       //保存 ptr2[0]位元組資料至變數 temp 中。
    for(j=0;j<7;j++)
    {
        ptr1[j]=ptr1[j+1];              //左移 7 次。
        ptr2[j]=ptr2[j+1];              //左移 7 次。
    }
    ptr1[7]=temp;                       //將變數 temp 內容移入 ptr1[7]中。
}
//SPI 寫入函式
void sendCommand(byte command,byte value)
{
    digitalWrite(slaveSelect,LOW);      //致能 MAX7219。
    SPI.transfer(command);              //傳送位址給 MAX7219。
    SPI.transfer(value);                //傳送資料給 MAX7219。
    digitalWrite(slaveSelect,HIGH);     //除能 MAX7219。
}
```

1. 使用 ATtiny85 開發板控制 8×8 矩陣型 LED 顯示器動態右移顯示字串 A、B、C、D。
2. 使用 ATtiny85 開發板控制 8×8 矩陣型 LED 顯示器動態上移顯示字串 A、B、C、D。
3. 使用 ATtiny85 開發板控制 8×8 矩陣型 LED 顯示器動態下移顯示字串 A、B、C、D。
4. 使用 ATtiny85 開發板及觸摸開關（連接於 PB0），控制 8×8 矩陣型 LED 顯示器動態移位顯示字串 A、B、C、D，手指觸摸相應位置，移位方向改變，動作依序為左移➔右移➔上移➔下移➔左移。

七段顯示器互動設計

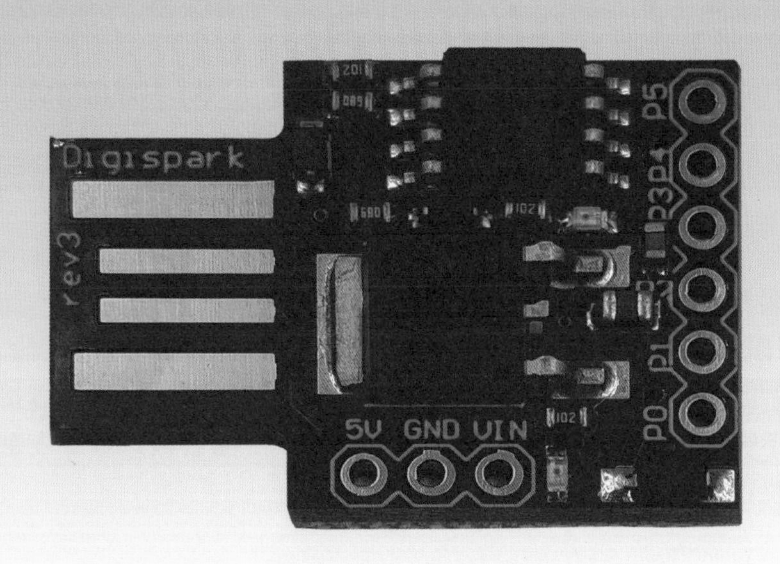

6-1 認識七段顯示器

如圖 6-1(a) 所示七段顯示器，由 8 個 LED 所組成，因此特性與 LED 相同。如圖 6-1(b) 所示七段顯示器正面腳位，依**順時針方向命名**為 a、b、c、d、e、f、g 及小數點 p。

(a) 元件

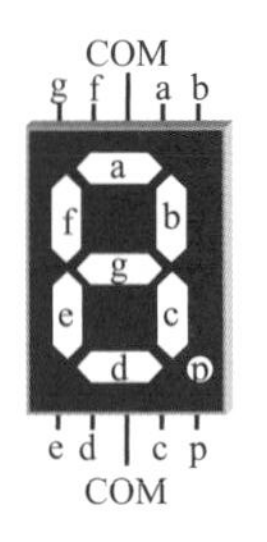

(b) 正面腳位

圖 6-1　七段顯示器

如圖 6-2 所示七段顯示器內部結構可分成兩種型式：如圖 6-2(a) 所示**共陽極**（common anode，簡記 CA）結構七段顯示器，各段陽極相連；如圖 6-2(b) 所示**共陰極**（common cathode，簡記 CC）結構七段顯示器，各段陰極相連。

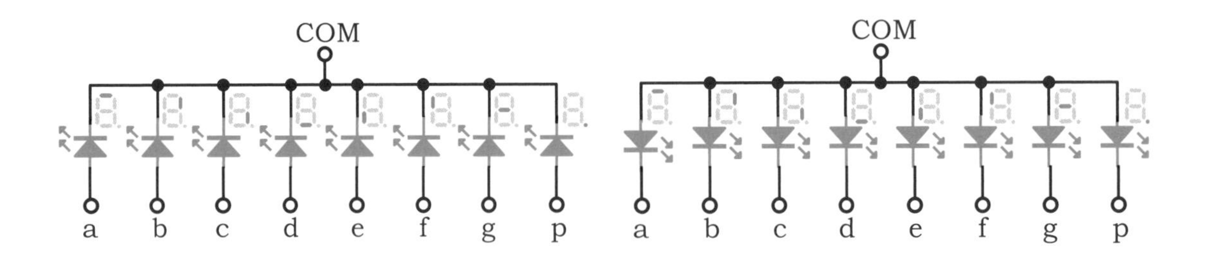

(a) 共陽極結構　　(b) 共陰極結構

圖 6-2　七段顯示器內部結構

6-1-1　共陽極七段顯示器顯示原理

驅動共陽極七段顯示器的方法是將 COM 接腳加上+5V 電源，各段連接一個 220Ω 限流電阻接地即會發亮，限流電阻是為了避免過大電流燒毀該段 LED。使用 Arduino 開發板的 8 支輸出埠腳分別連接 a、b、c、d、e、f、g、p 等接腳，輸出邏輯 1 則該段不亮，輸出邏輯 0 則該段點亮。ATtiny85 **開發板只有 6 支數位腳，無法控制一位七段顯示器**。

6-1-2 共陰極七段顯示器顯示原理

驅動共陰極七段顯示器的方法是將 COM 接腳接地，各段連接一個 220Ω 限流電阻接 +5V 電源即會發亮。使用 Arduino 板的 8 支輸出埠腳分別連接 a、b、c、d、e、f、g、p 等接腳，輸出邏輯 1 則該段點亮，輸出邏輯 0 則該段不亮。

6-2 串列式八位七段顯示模組

如圖 6-3 所示串列式八位七段顯示模組，內部使用 MAX7219 IC，可以驅動**八個共陰極七段顯示器**，或是一個**共陰極 8×8 點矩陣 LED 顯示器**。MAX7219 的 DIG0~DIG7 接腳，依序分別控制八位七段顯示器的驅動電流 COM 接腳，由右而左依序為 DIG0~DIG7。另外，MAX7219 的 SEG DP（MSB）、SEG A、SEG B、SEG C、SEG D、SEG E、SEG F、SEG G（LSB）則依序分別連接在七段顯示器的小數點 p 及 a、b、c、d、e、f、g 各段。**當 DIG 為低電位且 SEG 為高電位時，所對應七段顯示器位數的該段即會點亮**。MAX7219 介面 IC 相關說明請參考第 5 章。

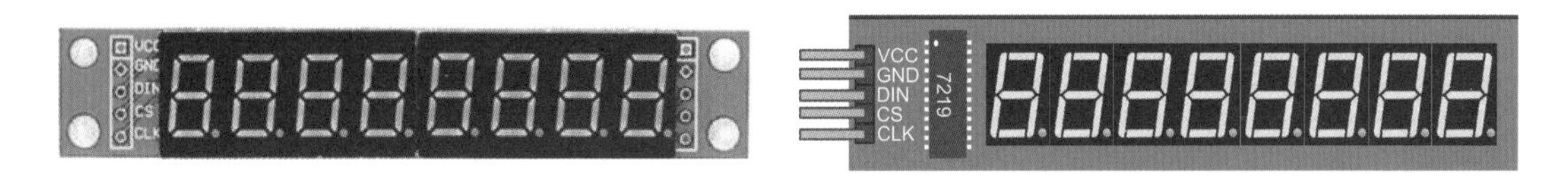

(a) 外觀　　(b) 接腳

圖 6-3　串列式八位七段顯示模組

6-3 實作練習

6-3-1 串列式八位七段顯示模組顯示數字實習

一 功能說明

如圖 6-4 所示電路圖，使用 ATtiny85 開發板控制串列式八位七段顯示模組，由左而右依序顯示數字 1、2、3、4、5、6、7、8。因為是顯示數字，可以設定解碼模式暫存器為 **BCD 解碼模式**。只要將數字 1~8 的 BCD 值依序存入資料暫存器 Digit7~Digit0（位址 0x08~0x01），即可正常顯示。

二 電路接線圖

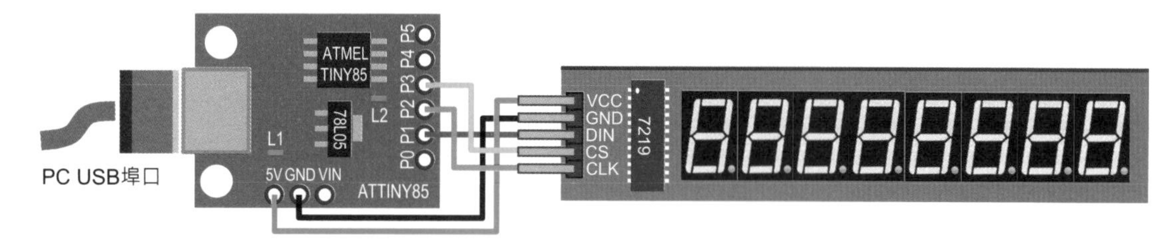

圖 6-4　串列八位七段顯示模組顯示實習電路圖

三 程式：ch6_1.ino

```
#include <tinySPI.h>                          //使用 tinySPI 函式庫。
const int slaveSelect=PB3;                    //MAX7219 致能腳。
const int decodeMode=9;                       //MAX7219 解碼模式暫存器。
const int intensity=10;                       //MAX7219 亮度控制暫存器。
const int scanLimit=11;                       //MAX7219 掃描限制暫存器。
const int shutDown=12;                        //MAX7219 關閉模式暫存器。
const int dispTest=15;                        //MAX7219 顯示測試暫存器。
unsigned long count=12345678;                 //顯示數據資料。
//初值設定
void setup()
{
    SPI.begin();                              //初始化 SPI 介面。
    pinMode(slaveSelect, OUTPUT);             //設定數位腳 10 為輸出埠。
    digitalWrite(slaveSelect, HIGH);          //除能 MAX7219。
    sendCommand(shutDown, 1);                 //設定 MAX7219 正常工作。
    sendCommand(dispTest, 0);                 //關閉 MAX7219 顯示測試。
    sendCommand(intensity, 7);                //中階亮度。
    sendCommand(scanLimit, 7);                //掃描八位七段顯示器。
    sendCommand(decodeMode, 255);             //設定八位顯示器皆為 BCD 解碼模式。
 }
//主迴圈
void loop()
{
    sendCommand(8,count/10000/100/10);        //顯示數字 1。
    sendCommand(7,count/10000/100%10);        //顯示數字 2。
    sendCommand(6,count/10000%100/10);        //顯示數字 3。
    sendCommand(5,count/10000%100%10);        //顯示數字 4。
    sendCommand(4,count%10000/100/10);        //顯示數字 5。
    sendCommand(3,count%10000/100%10);        //顯示數字 6。
```

```
    sendCommand(2,count%10000%100/10);        //顯示數字 7。
    sendCommand(1,count%10000%100%10);        //顯示數字 8。
 }
//SPI 寫入函式
void sendCommand(byte command, byte value)   //SPI 函式。
{
    digitalWrite(slaveSelect, LOW);           //致能 MAX7219。
    SPI.transfer(command);                    //傳送命令至 MAX7219。
    SPI.transfer(value);                      //傳送資料至 MAX7219。
    digitalWrite(slaveSelect, HIGH);          //除能 MAX7219。
}
```

練習

1. 設計一組八位計數器，使用 ATtiny85 開發板控制串列式七段顯示模組，每秒上數計數 00000000~99999999。
2. 設計兩組四位計數器，使用 ATtiny85 開發板控制串列式七段顯示模組，左邊四位數每秒上數計數 0000~9999，右邊四位數每秒下數計數 9999~0000。

6-3-2 串列式八位七段顯示模組顯示英數字實習

一 功能說明

如圖 6-5 所示電路接線圖，使用 ATtiny85 開發板控制串列式八位七段顯示模組，左邊四位顯示如表 6-1 所示英文字母 H、E、L、P，右邊四位每秒上數計數 0000~9999。**英文字母設定為不解碼模式，數字設定為 BCD 解碼模式。**

表 6-1 英文字母字碼表

位數	英字母	p	a	b	c	d	e	f	g
DIG7	H	0	0	1	1	0	1	1	1
DIG6	E	0	1	0	0	1	1	1	1
DIG5	L	0	0	0	0	1	1	1	0
DIG4	P	0	1	1	0	0	1	1	1

二 電路接線圖

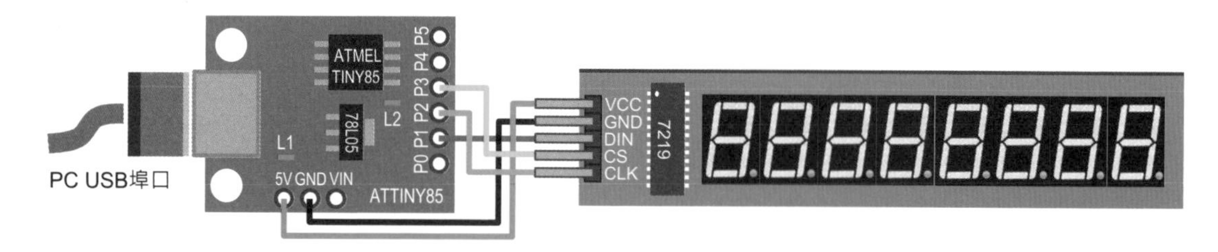

圖 6-5　串列八位七段顯示模組顯示英數字實習電路圖

三 程式：ch6_2.ino

```
#include <tinySPI.h>                          //使用 tinySPI 函式庫。
const int slaveSelect=PB3;                    //MAX7219 致能腳。
const int decodeMode=9;                       //MAX7219 解碼模式暫存器。
const int intensity=10;                       //MAX7219 亮度控制暫存器。
const int scanLimit=11;                       //MAX7219 掃描限制暫存器。
const int shutDown=12;                        //MAX7219 關閉模式暫存器。
const int dispTest=15;                        //MAX7219 顯示測試暫存器。
int i;                                        //迴圈變數。
int help[4]={B00110111,B01001111,B00001110,B01100111};//英文字 HELP。
int num[4];                                   //四位數字暫存區。
unsigned int count=0;                         //四位計數值。
初值設定
void setup()
{
    SPI.begin();                              //初始化 SPI 介面。
    pinMode(slaveSelect,OUTPUT);              //設定 PB3 為輸出埠。
    digitalWrite(slaveSelect, HIGH);          //除能 MAX7219。
    sendCommand(shutDown, 1);                 //設定 MAX7219 正常工作。
    sendCommand(dispTest, 0);                 //關閉 MAX7219 顯示測試。
    sendCommand(intensity, 7);                //中階亮度。
    sendCommand(scanLimit, 7);                //掃描八位七段顯示器。
    sendCommand(decodeMode,B00001111);        //設定左邊四位不解碼，右邊四位解碼。
}
主迴圈
void loop()
{
    for(i=0;i<4;i++)                          //四位英文字母。
        sendCommand(8-i,help[i]);             //顯示英文 H、E、L、P。
```

```
    num[0]=count/100/10;                    //轉換數值。
    num[1]=count/100%10;
    num[2]=count%100/10;
    num[3]=count%100%10;
    for(i=0;i<4;i++)                        //顯示計數值 0000~9999。
        sendCommand(4-i,num[i]);
    delay(1000);                            //每秒上數加 1。
    count++;
    if(count>9999)                          //最大顯示值 9999。
        count=0;
}
//SPI 寫入函式
void sendCommand(byte command,byte value)
{
    digitalWrite(slaveSelect, LOW);         //致能 MAX7219。
    SPI.transfer(command);                  //傳送命令至 MAX7219。
    SPI.transfer(value);                    //傳送資料至 MAX7219。
    digitalWrite(slaveSelect, HIGH);        //除能 MAX7219。
}
```

練習

1. 使用 ATtiny85 開發板控制八位串列式七段顯示模組，左邊四位顯示如表 6-1 所示英文字 H、E、L、P，右邊四位每秒下數減 1 計數顯示 9999~0000。
2. 設計電子碼表，使用 ATtiny85 開發板控制八位串列式七段顯示模組。電子碼表顯示格式如圖 6-6 所示 SS.NN，SS 為 00~59 秒，NN 為 00~99 百分秒，小數點每秒閃爍一次。

圖 6-6 碼表格式

6-3-3 專題實作：電子碼表

一 功能說明

如圖 6-7 所示電路接線圖，使用 ATtiny85 開發板、觸摸開關、串列式八位七段顯示模組，完成 60 秒電子碼表專題。電源重置時，電子碼表顯示格式如圖 6-6 所示。觸摸開控制碼表計時 / 停止，當手指觸摸相應位置一下，碼表狀態改變，原來停止則開始計時，原來計時則停止，動作依序為停止➔計時➔停止。

二 電路接線圖

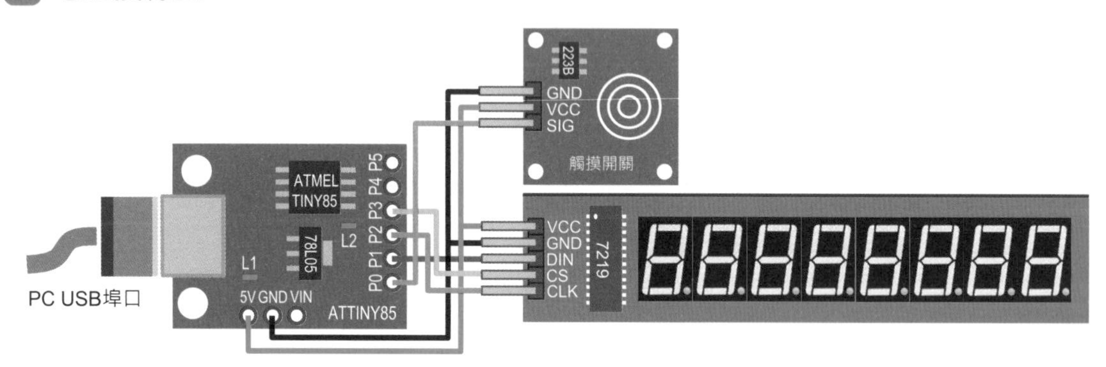

圖 6-7　電子碼表實習電路圖

三 程式：ch6_3.ino

```
#include <tinySPI.h>                    //使用 tinySPI.h 函式庫。
const int sw=PB0;                       //PB0 連接觸摸開關。
const int slaveSelect=PB3;              //PB3 連接串列七段顯示模組 CS 致能腳。
const int decodeMode=9;                 //MAX7219 解碼模式暫存器。
const int intensity=10;                 //MAX7219 亮度控制暫存器。
const int scanLimit=11;                 //MAX7219 掃描限制暫存器。
const int shutDown=12;                  //MAX7219 關閉模式暫存器。
const int dispTest=15;                  //MAX7219 顯示測試暫存器。
int i;                                  //迴圈變數。
unsigned long msec;                     //系統時間。
bool point=0;                           //小數點顯示，point=0/1：暗/亮。
bool toggle=0;                          //碼表狀態，toggle=0/1：停止/計時。
bool val;                               //觸摸開關狀態。
int flash=0;                            //小數點閃爍控制。
int sec,nn;                             //秒及百分秒數據。
int hint[4]={B01011011,B01001111,B01001110,B00000001};   //顯示 S、E、C、-
```

```
int cent[4]={0};                      //秒及百分秒數據。
//初值設定
void setup() {
    SPI.begin();                          //初始化 SPI 介面。
    pinMode(slaveSelect,OUTPUT);          //設定 PB3 為輸出埠。
    digitalWrite(slaveSelect, HIGH);      //除能 MAX7219。
    sendCommand(shutDown, 1);             //設定 MAX7219 正常工作。
    sendCommand(dispTest, 0);             //關閉 MAX7219 顯示測試。
    sendCommand(intensity, 7);            //中階亮度。
    sendCommand(scanLimit, 7);            //掃描八位七段顯示器。
    sendCommand(decodeMode,B00001111);    //設定左邊四位不解碼，右邊四位解碼。
    pinMode(sw,INPUT_PULLUP);             //設定 PB0 為輸入模式，含上升電阻。
}
//主迴圈
void loop() {
    for(i=0;i<4;i++)                      //顯示 S、E、C、-四個字元。
        sendCommand(8-i,hint[i]);
    for(i=0;i<4;i++)                      //顯示秒及百分秒
        sendCommand(4-i,cent[i]);
    val=digitalRead(sw);                  //檢測觸摸開關狀態。
    if(val==HIGH)                         //手指觸摸相應位置?
    {
        while(digitalRead(sw)==HIGH)      //等待手指放開。
            ;
        toggle=!toggle;                   //切換模式，toggle=0/1:停止/計時
    }
    if(toggle==1)                         //計時?
    {
        if(millis()-msec>=10)             //經過 10ms(百分秒)?
        {
            msec=millis();                //儲存系統時間。
            flash++;                      //flash 加 1。
            if(flash>=50)                 //經過 0.5 秒(50×10ms)?
            {
                flash=0;                  //清除 flash。
                point=!point;             //切換小數點 point=0/1:暗/亮。
            }
            nn++;                         //百分秒 nn 加 1。
            if(nn>=100)                   //經過 1 秒?
```

```
                {
                    nn=0;                       //清除百分秒 nn=0。
                    sec++;                      //秒 sec 加 1。
                    if(sec>=60)                 //經過 60 秒?
                        sec=0;                  //清除秒 sec=0。
                }
                disp(sec,nn);                   //更新顯示。
            }
        }
}
//顯示函式
void disp(int sec,int nn) {
    cent[0]=sec/10;                             //更新十位秒數據。
    cent[1]=sec%10;                             //更新個位秒數據。
    if(point==0)
        cent[1]=cent[1]|0x80;                   //小數點亮。
    else
        cent[1]=cent[1]&0x7f;                   //小數點暗。
    cent[2]=nn/10;                              //更新十位百分秒數據。
    cent[3]=nn%10;                              //更新個位百分秒數據。
}
//SPI 寫入函式
void sendCommand(byte command,byte value) {
    digitalWrite(slaveSelect, LOW); //致能 MAX7219。
    SPI.transfer(command);                      //傳送命令至 MAX7219。
    SPI.transfer(value);                        //傳送資料至 MAX7219。
    digitalWrite(slaveSelect, HIGH);//除能 MAX7219。
}
```

練習

1. 使用 ATtiny85 開發板、觸摸開關、串列式八位七段顯示模組，設計 60 秒計時碼表。電源重置顯示如圖 6-5 所示碼表格式，手指觸摸相應位置一下，碼表狀態改變，動作依序為歸零➔計時➔停止➔歸零。
2. 承續上題，設計 60 分計時碼表。電源重置顯示如圖 6-5 所示碼表格式，但是秒改為分，百分秒改為秒。手指觸摸相應位置一下，碼表狀態改變，動作依序為歸零➔計時➔停止➔歸零。

液晶顯示器互動設計

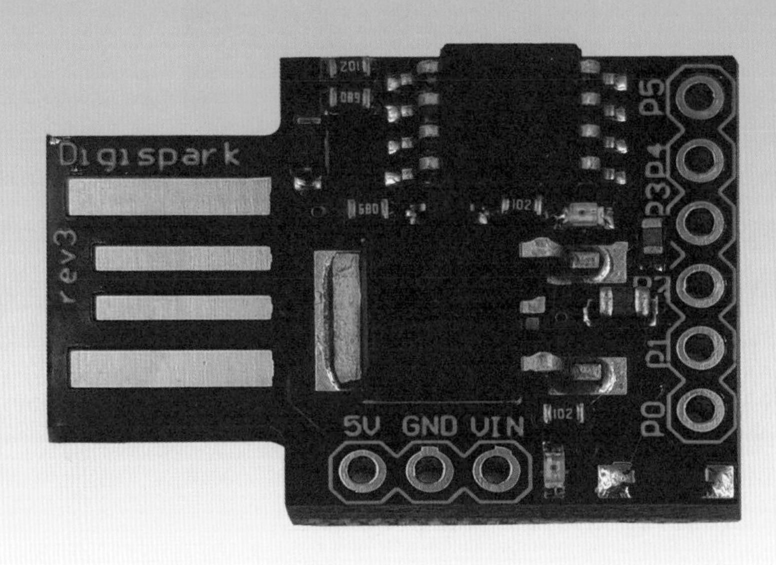

7-1 認識液晶顯示器

液晶顯示器（Liquid Crystal Display，簡記 LCD）是目前使用最廣泛的顯示裝置之一，應用範圍如計算機、電子儀器、事務機器、電器產品、筆記型電腦等。LCD 本身不會發光，必須藉由外界光線的反射才能看見圖像，所以在夜間使用時，需要在 LCD 背面加裝光源，稱為**背光**（back light），一般常使用較省電的 LED 作為背光元件。LCD 以低電壓驅動，消耗功率很小，非常省電。如果要使用 LCD 顯示大小寫英文字、數字及特殊符號等字型，必須將 LCD 以點陣方式排列，再以掃描驅動電路來驅動 LCD 工作。因此，許多 LCD 製造商都會將 LCD 與掃描驅動電路組裝成 **LCD 模組**（LCD module，簡記 LCM）出售。

7-2 並列式 LCD 模組

並列 LCD 模組使用 8 位元匯流排 DB0~DB7，依其功能可以分為**文字型**（character type）與**繪圖型**（graphic type）兩種，雖然文字型 LCD 模組可以讓使用者自行定義字元，但是沒有繪圖能力。如圖 7-1 所示並列式 1602 LCD 模組，常見的兩列 LCD 模組有 1602（16 字×2 列）、2002（20 字×2 列）及 4002（40 字×2 列）三種，均為 16 腳包裝。

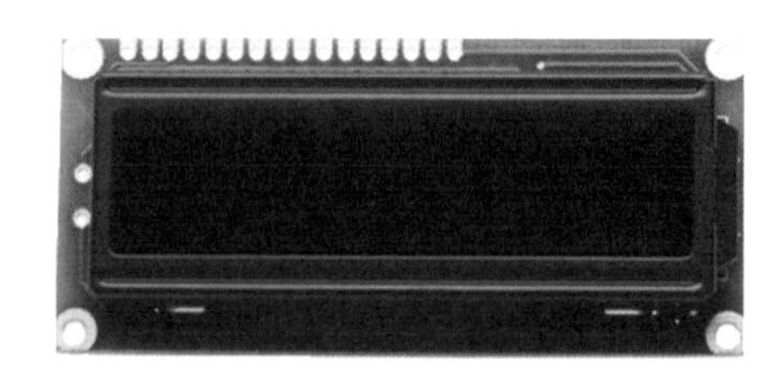

圖 7-1　並列式 1602 LCD 模組

7-2-1 LCM 內部結構

如圖 7-2 所示 LCD 模組內部結構，使用 HD44780 控制晶片控制字型顯示。因為**每個字元大小為 5×8 點陣**，所以 2 列顯示需要使用 16 條行（common）掃描線，而每列 16 字，需要有 80 條節（segment）控制線。

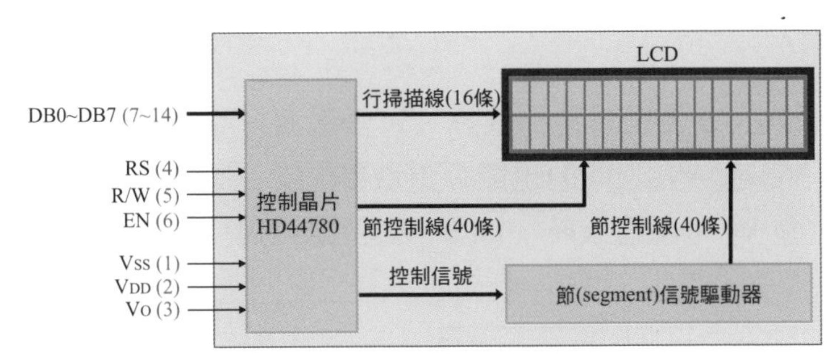

圖 7-2　LCD 模組內部結構

7-2-2　LCM 接腳說明

如表 7-1 所示 LCD 模組接腳說明，包含**電源** V_{DD}、V_{SS} 接腳，**明暗對比控制** V_O 接腳、**控制信號** RS、R/$\overline{W}$、EN，**資料匯流排**（data bus，簡記 DB）DB0~DB7 及**背光** LED 接腳 A、K 等五個部分。

表 7-1　LCD 模組接腳說明

接腳	符號	輸入/輸出(I/O)	功能說明
1	V_{SS}	I	接地腳。
2	V_{DD}	I	+5V 電源。
3	V_O	I	顯示明暗對比控制。
4	RS	I	RS=0：選擇指令暫存器，RS=1：選擇資料暫存器。
5	R/$\overline{W}$	I	R/$\overline{W}$=0：將資料寫入 LCD 模組中。 R/$\overline{W}$=1：自 LCD 模組讀取資料。
6	EN	I	致能(enable)LCD 模組動作。
7	DB0	I / O	資料匯流排(LSB)。
8	DB1	I / O	資料匯流排。
9	DB2	I / O	資料匯流排。
10	DB3	I / O	資料匯流排。
11	DB4	I / O	資料匯流排(四線控制使用)。
12	DB5	I / O	資料匯流排(四線控制使用)。
13	DB6	I / O	資料匯流排(四線控制使用)。
14	DB7	I / O	資料匯流排(四線控制使用)(MSB)。
15	A	I	背光 LED 正極(Anode)。
16	K	I	背光 LED 負極(Cathode)。

1. 電源接腳

如圖 7-3 所示 LCD 模組電源接線圖，包含電源 V_{DD}、接地 V_{SS} 及明暗對比控制腳 V_O。V_O 經由 V_{DD} 與 V_{SS} 之間的電壓分壓取得，當 V_O 電壓愈小，LCD 模組的明暗對比愈強，反之當 V_O 電壓愈大時，LCD 模組的明暗對比愈弱。

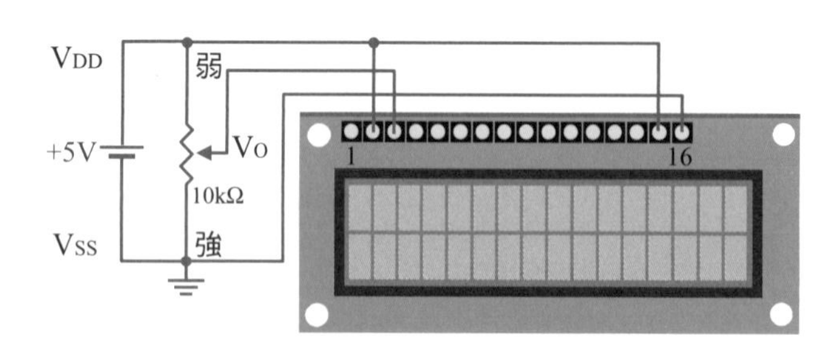

圖 7-3　LCD 模組電源接線圖

2. 控制接腳

如表 7-2 所示 LCD 模組控制接腳的使用，LCD 模組有 EN、RS 及 $R/\overline{W}$ 三支控制信號接腳，EN 為致能腳，當 EN=0 時 LCD 模組不工作，當 EN=1 時 LCD 模組工作。$R/\overline{W}$ 為讀寫控制腳，當 $R/\overline{W}=0$ 時可將指令或資料寫入 LCD 模組中，當 $R/\overline{W}=1$ 時可自 LCD 模組讀取資料。RS 為暫存器選擇，當 RS=0 時選擇指令暫存器，當 RS=1 時選擇資料暫存器。

表 7-2　LCD 模組控制接腳的使用

EN	RS	R/W	功用
1	0	0	將指令碼寫入 LCD 模組的指令暫存器 IR 並執行。
1	0	1	讀取忙碌旗標 BF 及位址計數器 AC 的內容。
1	1	0	將資料寫入 LCD 模組的資料暫存器 DR 中。
1	1	1	從 LCD 模組的資料暫存器 DR 讀取資料。
0	×	×	LCD 模組不工作。

3. 匯流排接腳

LCD 模組包含 8 位元匯流排 DB0~DB7，當微控制器 I/O 接腳不夠時，也可以使用 4 位元匯流排 DB4~DB7 來傳輸指令或資料給 LCD 模組。ATtiny85 **開發板只有 6 支數位腳，無法控制並列式 LCD 模組，可以改用 I2C 串列式 LCD 模組。**

7-2-3 LCM 顯示資料記憶體

在 HD44780 晶片中只有 80 個位元組的顯示資料記憶體（display data RAM，簡記 DD RAM），最多只能顯示 80 個字元。如表 7-3 所示 LCD 模組顯示位置對映，**在 Arduino 語言中只需使用 setCursor(col,row) 函式設定行號 col 及列號 row 即可，不用設定實際位址**。

表 7-3 LCD 模組的 DD RAM 與顯示位置對映

位置	行(col)	0	1	2	3	…	36	37	38	39
列 (row)	0	0x00	0x01	0x02	0x03	…	0x24	0x25	0x26	0x27
	1	0x40	0x41	0x42	0x43	…	0x64	0x65	0x66	0x67

(a) 40 字×2 列

位置	行(col)	0	1	2	3	…	16	17	18	19
列 (row)	0	0x00	0x01	0x02	0x03	…	0x10	0x11	0x12	0x13
	1	0x40	0x41	0x42	0x43	…	0x50	0x51	0x52	0x53

(b) 20 字×2 列

位置	行(col)	0	1	2	3	…	12	13	14	15
列 (row)	0	0x00	0x01	0x02	0x03	…	0x0C	0x0D	0x0E	0x0F
	1	0x40	0x41	0x42	0x43	…	0x4C	0x4D	0x4E	0x4F

(c) 16 字×2 列

7-2-4 LCM 字元產生器

如表 7-4 所示 LCD 模組字型碼，包含**內建字型碼**及**自建字型碼**兩個部。內建字型碼包含大小寫英文字、數字、符號、日文字等共 192 個 5×7 字型，字型資料儲存在字型產生器唯讀記憶體（character generator ROM，簡記 CG ROM）內。**自建字型碼最多可以自建 8 個 5×7 字型，位址 0~7 與位址 8~15 的內容是相同的**。自建字型碼資料儲存在字元產生器隨機存取記憶體（character generator RAM，簡記 CG RAM），每一個自建字型使用 8 位元組的 CG RAM 來儲存字型資料。

表 7-4　LCD 模組字型碼

高四位元

低四位元

	0000	0001	0010	0011	0100	0101	0110	0111	1000	1001	1010	1011	1100	1101	1110	1111
0000	CG RAM (1)			0	@	P	`	p				ー	タ	ミ	α	p
0001	(2)		!	1	A	Q	a	q			。	ア	チ	ム	ä	q
0010	(3)		"	2	B	R	b	r			「	イ	ツ	メ	β	θ
0011	(4)		#	3	C	S	c	s			」	ウ	テ	モ	ε	∞
0100	(5)		$	4	D	T	d	t			、	エ	ト	ヤ	μ	Ω
0101	(6)		%	5	E	U	e	u			・	オ	ナ	ユ	σ	ü
0110	(7)		&	6	F	V	f	v			ヲ	カ	ニ	ヨ	ρ	Σ
0111	(8)		'	7	G	W	g	w			ァ	キ	ヌ	ラ	g	π
1000	(1)		(	8	H	X	h	x			ィ	ク	ネ	リ	√	x̄
1001	(2)		)	9	I	Y	i	y			ゥ	ケ	ノ	ル	⁻¹	y
1010	(3)		*	:	J	Z	j	z			ェ	コ	ハ	レ	j	千
1011	(4)		+	;	K	[	k	{			ォ	サ	ヒ	ロ	ˣ	万
1100	(5)		,	<	L	¥	l	|			ャ	シ	フ	ワ	¢	円
1101	(6)		-	=	M	]	m	}			ュ	ス	ヘ	ン	£	÷
1110	(7)		.	>	N	^	n	→			ョ	セ	ホ	゛	ñ	
1111	(8)		/	?	O	_	o	←			ッ	ソ	マ	゜	ö	█

7-3 串列式 LCD 模組

ATtiny85 開發板只有 PB0~PB5 六支數位腳，使用串列式 LCD 模組才是最佳選擇。常用的串列介面有通用非同步串列介面（Universal Asynchronous Receiver Transmitter，簡記 UART）、積體電路匯流排（Inter-Integrated Circuit，簡記 I2C）及串列周邊介面匯流排（Serial Peripheral Interface Bus，簡記 SPI）三種。**串列式 LCD 模組是在原有的並列式 LCD 模組上再增加一個 UART、I2C 或 SPI 串列介面模組**，與並列式 LCD 模組使用相同的 HD44780 晶片及控制方法。

如圖 7-4 所示 I2C 串列式 LCD 模組，使用 I2C 串列介面，可以顯示 16 字×2 列。I2C 串列式 LCD 模組是在圖 7-1 所示並列式 LCD 模組上，再增加一個如圖 7-4(a) 所示 I2C **轉並列介面模組**，組合成如圖 7-4(b) 所示 I2C 串列式 LCD 模組。

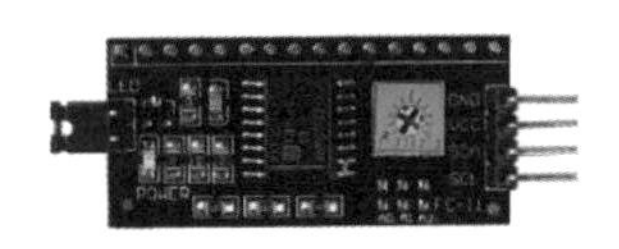

(a) I2C 轉並列介面模組

(b) I2C 串列式 LCD 模組背面

圖 7-4　I2C 串列式 LCD 模組

I2C 轉並列介面模組使用 Philips 公司生產的 PCF8574 晶片，可以將 I2C 介面轉換成 8 位元並列介面，工作電壓 2.5V~6V，待機電流 10μA。PCF8574 晶片的 I2C 介面相容多數的微控制器，而其輸出電流可以直接驅動 LCD。在圖 7-4(a) 所示 I2C 轉並列介面模組的左側短路夾可以控制 LCD 模組背光的開 / 關（ON / OFF），右方電位器可以調整 LCD 模組的顯示明暗對比。

7-4 函式說明

在使用 ATtiny85 開發板控制 I2C 串列式 LCD 模組之前，必須先至圖 7-5 所示網址 https://github.com/SpenceKonde/LiquidCrystal_I2C_Tiny 下載函式庫，這個函式庫是由 Spence Konde (aka Dr. Azzy) 作者所開發及維護。下載完成後，進入 Arduino IDE，點選【草稿碼】【匯入程式庫】【加入 .ZIP 程式庫 ...】，函式庫 LiquidCrystal_I2C_Tiny 將會自動解壓縮，並且加入 Arduino IDE 所設定的 libraries

資料夾中。ATtiny85 開發板所使用的 I2C 串列式 LCD 模組驅動函式庫與 Arduino Uno 開發板 LiquidCrystal_I2C 不同。ATtiny85 開發板 I2C 介面在 PB0 (SDA)及 PB2 (SCL)，I2C **介面為開汲極結構，必須在** PB0 **及** PB2 **分別連接上升電阻至電源端，才能正常工作。上升電阻值介於** 1~10kΩ **之間，常用電阻值為** 2.2kΩ、4.7kΩ。

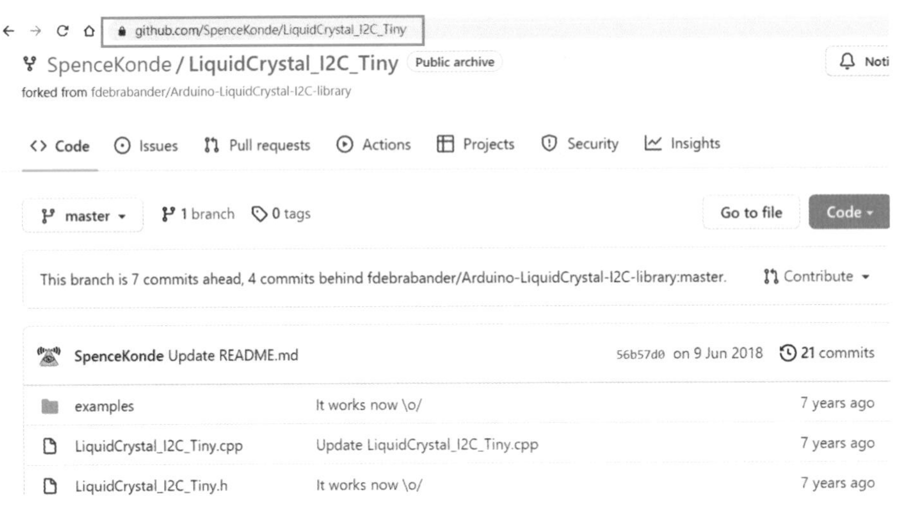

圖 7-5　I2C 串列式 LCD 模組函式庫

在使用 LiquidCrystal_I2C_Tiny 函式庫內的函式功能前，必須先利用 LiquidCrystal_I2C_Tiny 函式庫建立一個 LiquidCrystal_I2C 資料型態的物件，物件名稱可以任意更改，此處設定物件名稱 lcd。所建立的物件 lcd 內容包含 I2C 介面的**位址** addr、**行數** cols 及**列數** rows 三個參數，其中 I2C 介面位址的出廠設定為 0x27，不可更改，cols 為 LCD 的總行數，而 rows 為 LCD 的總列數。

格式 `LiquidCrystal_I2C lcd(addr, cols, rows)`

如表 7-5 所示為 I2C 串列式 LCD 模組函式功能說明，基本使用方法與並列式 LCD 模組使用的函式庫大致相同，可以參考 Arduino 官網上並列式 LCD 模組的相關說明。官網位址：https://www.arduino.cc/en/Reference/LiquidCrystal。

表 7-5　I2C 串列式 LCD 模組函式功能說明

方法	功用	參數
begin( )	初始化 LCD、函式庫，清除顯示器	無。
clear( )	1. 清除顯示器。 2. 設定游標在第 0 列、第 0 行。	無。
home( )	設定游標在第 0 列、第 0 行。	無。

方法	功用	參數
setCursor(uint8_t col, uint8_t row)	設定游標位置。	col：0~3，row：0~19。
print(const char val)	顯示字元或字串。	val：字元或字串。
write(uint8_t val)	顯示字元。	val：ASCII 碼或字元。
backlight( )	開啟 LCD 背光（預設）。	無。
noBacklight( )	關閉 LCD 背光。	無。
display( )	開啟 LCD 顯示器（預設）。	無。
noDisplay( )	關閉 LCD 顯示器，但不改變 RAM 內容。	無。
cursor( )	顯示線型（line）游標。	無。
noCursor( )	不顯示線型游標(預設)。	無。
blink( )	顯示閃爍（blink）塊狀游標。	無。
noBlink( )	不顯示閃爍塊狀游標(預設)。	無。
scrollDisplayLeft( )	向左捲動一行，但不改變 RAM 內容。	無。
scrollDisplayRight( )	向右捲動一行，但不改變 RAM 內容。	無。
leftToRight( )	設定寫入 LCD 的文字方向為由左至右。	無。
rightToLeft( )	設定寫入 LCD 的文字方向為由右至左。	無。
autoscroll( )	設定輸入文字前自動捲動一行。 **只改變顯示字元位置，但不改變游標位置。**	無。 1. 若目前顯示文字方向是由左而右，執行函式後，會自動先向左捲動一行後再顯示文字。 2. 若目前顯示文字方向是由右而左，執行函式後，會自動先向右捲動一行後再顯示文字。
noAutoscroll( )	停止自動捲動功能（預設）。	無。
createChar(uint8_t location, uint8_t map[])	定義自建字元。	location：0~7。 map[]：8 位元組字型資料。

7-5 實作練習

7-5-1 顯示內建字元實習

一 功能說明

如圖 7-6 所示電路接線圖，使用 ATtiny85 開發板 I2C 介面，控制串列式 LCD 模組，在第 0 行（x 座標）、第 0 列（y 座標）顯示字串「Hello, ATtiny85!」。

在表 7-4 所示 LCD 模組字型碼 0x20~0x7F 的大小寫英文字母及數字等字元與 ASCII 碼內容相同，可以直接由電腦鍵盤輸入，所以使用 print( ) 函式顯示字元或字串即可，例如 print('a') 顯示字元 a，print("Hello")，顯示字串 Hello。在表 7-4 所示 LCD 模組字型碼 0xA0~0xFF 的日文字、數學符號等字元，無法直接由電腦鍵盤輸入，必須使用 write( ) 函式顯示字元，例如 write(0xB1)，顯示日文字ァ。

二 電路接線圖

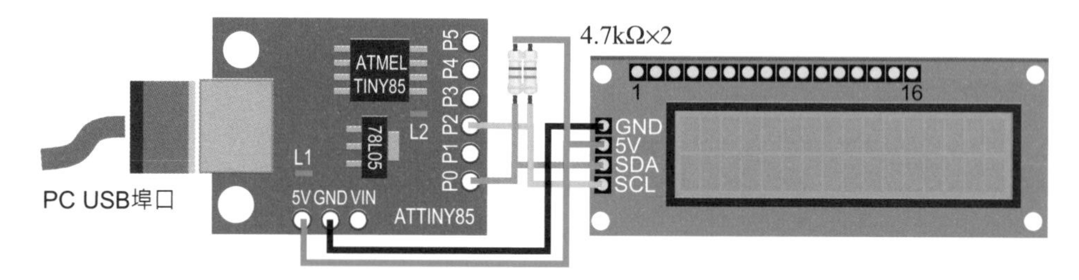

圖 7-6 顯示內建字元實習電路圖

三 程式：ch7_1.ino

```
#include <LiquidCrystal_I2C_Tiny.h> //使用 LiquidCrystal_I2C_Tiny 函式庫。
LiquidCrystal_I2C lcd(0x27, 16, 2); //宣告物件 lcd，使用 1602 串列式 LCD 模組。
const char str[]="Hello, ATtiny85!";//顯示字串。
//初值設定
void setup() {
    lcd.begin();                          //初始化 LCD 模組。
    lcd.setCursor(0,0);                   //設定座標(X,Y)=(0,0)。
    lcd.print(str);                       //顯示字串。
}
//主迴圈
void loop() {
}
```

練習

1. 使用 Attiny85 開發板 I2C 介面，控制串列式 LCD 模組，在第 0 行、第 0 列顯示學號「1234567890」，第 0 行、第 1 列顯示字串「hello, ATtiny85!」。
2. 使用 Attiny85 開發板 I2C 介面，控制串列式 LCD 模組顯示 0x20~0x7F 的 ASCII 碼及字元。第 0 行、第 0 列顯示 ASCII 碼，第 0 行、第 1 列顯示相對應的字元，每秒變換一個 ASCII 字元。

7-5-2 動態跑馬燈實習

一 功能說明

如圖 7-6 所示電路接線圖，使用 ATtiny85 開發板 I2C 介面，控制串列式 LCD 模組。在第 0 列的中間位置顯示自己的學號「1234567890」，在第 1 列顯示左右來回移動字串「ATtiny85」。字串先左移再右移，每 0.2 秒移動一個字元。

二 電路接線圖

如圖 7-6 所示電路。

三 程式：ch7_2.ino

```
#include <LiquidCrystal_I2C_Tiny.h> //使用 LiquidCrystal_I2C_Tiny 函式庫。
LiquidCrystal_I2C lcd(0x27, 16, 2); //宣告物件 lcd，使用 1602 串列式 LCD 模組。
char str[]="ATtiny85";              //移位字串。
char buf[16];                       //字串緩衝區。
int i;                              //迴圈變數。
int n;                              //字串長度。
//初值設定
void setup()
{
    lcd.begin();                    //初始化 LCD 模組。
    lcd.setCursor(3,0);             //設定座標(X,Y)=(3,0)。
    lcd.print("1234567890");        //顯示字串。
    lcd.setCursor(0,1);             //設定座標(X,Y)=(0,1)。
    n=sizeof(str);                  //計算 str 字串長度。
    n=n-1;                          //減去結尾字元。
    for(i=0;i<n;i++)                //將 str 字串存入 buf 緩衝區中。
        buf[i]=str[i];
    for(i=n;i<16;i++)               //清空剩餘緩衝區空間。
```

```
        buf[i]=' ';
    lcd.print(buf);                         //顯示字串內容。
}
//主迴圈
void loop()
{
    for(i=0;i<16-n;i++)                     //右移 16-n 次，n 為字串長度。
    {
        shiftRight();                       //每 0.2 秒右移一個字元。
        lcd.setCursor(0,1);
        lcd.print(buf);
        delay(200);
    }
    for(i=0;i<16-n;i++)                     //左移 16-n 次，n 為字串長度。
    {
        shiftLeft();                        //每 0.2 秒左移一個字元。
        lcd.setCursor(0,1);
        lcd.print(buf);
        delay(200);
    }
}
//字串右移函式
void shiftRight(void)
{
    int i;                                  //設定區域變數。
    for(i=14;i>=0;i--)                      //緩衝區字串內容右移 1 字元。
        buf[i+1]=buf[i];
    buf[0]=' ';
}
//字串左移函式
void shiftLeft(void)
{
    int i;                                  //設定區域變數。
    for(i=0;i<=14;i++)                      //緩衝區字串內容左移 1 字元。
        buf[i]=buf[i+1];
    buf[15]=' ';
}
```

練習

1. 使用 ATtiny85 開發板 I2C 介面，控制串列式 LCD 模組。在第 0 列的中間位置顯示自己的學號「1234567890」，在第 1 列顯示右旋捲移動的字串「ATtiny85」，每 0.2 秒右移一個字元。
2. 承上題，第 1 列改為顯示左旋捲移動的字串「ATtiny85」，每 0.2 秒左移一個字元。

7-5-3 顯示自建字元實習

一 功能說明

如圖 7-6 所示電路接線圖，使用 ATtiny85 開發板 I2C 介面，控制串列式 LCD 模組，顯示今天日期「2022 年 5 月 6 日」。

如圖 7-7 所示中文自建字元年、月、日定義，每個字元使用 8 個位元組，使用位元對映方式顯示，位元 5~7 不使用，位元值為 1 點亮，位元值為 0 不亮。

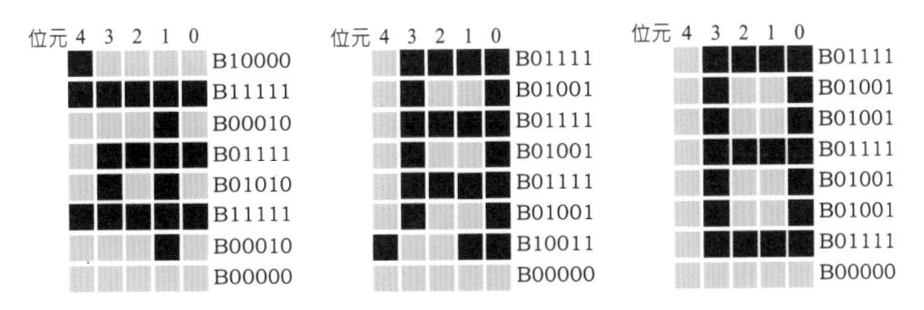

圖 7-7 中文自建字型年、月、日定義

二 電路接線圖

如圖 7-6 所示電路。

三 程式：ch7_3.ino

```
#include <LiquidCrystal_I2C_Tiny.h> //使用 LiquidCrystal_I2C_Tiny 函式庫。
LiquidCrystal_I2C lcd(0x27, 16, 2); //宣告物件 lcd，使用 1602 串列式 LCD 模組。
byte yChar[8]={B10000,B11111,B00010,B01111,B01010,B11111,B00010,B00000}; //年
byte mChar[8]={B01111,B01001,B01111,B01001,B01111,B01001,B11101,B00000}; //月
byte dChar[8]={B01111,B01001,B01001,B01111,B01001,B01001,B01111,B00000}; //日
int yy=2022;                        //年。
int mm=5;                           //月。
int dd=6;                           //日。
//初值設定
```

```
void setup() {
    lcd.begin();                    //初始化串列式 LCD 模組。
    lcd.createChar(0,yChar);        //定義自建字型碼：年，ASCII 碼 0。
    lcd.createChar(1,mChar);        //定義自建字型碼：月，ASCII 碼 1。
    lcd.createChar(2,dChar);        //定義自建字型碼：日，ASCII 碼 2。
    lcd.setCursor(0,0);             //設定座標(X,Y)=(0,0)。
    lcd.print(yy);                  //顯示年數據。
    lcd.write(byte(0));             //顯示中文字「年」。
    lcd.print(mm);                  //顯示月數據。
    lcd.write(byte(1));             //顯示中文字「月」。
    lcd.print(dd);                  //顯示日。
    lcd.write(byte(2));             //顯示中文字「日」。
}
//主迴圈
void loop() { }
```

練習

1. 使用 ATtiny85 開發板 I2C 介面，控制串列式 LCD 模組，第 0 行、第 0 列顯示今天日期，第 0 行、第 1 列顯示字串「I ♥ ATtiny85」，愛心符號「♥」如圖 7-8 所示。
2. 承上題，第 1 列改成左旋捲顯示字串「I ♥ ATtiny85」。

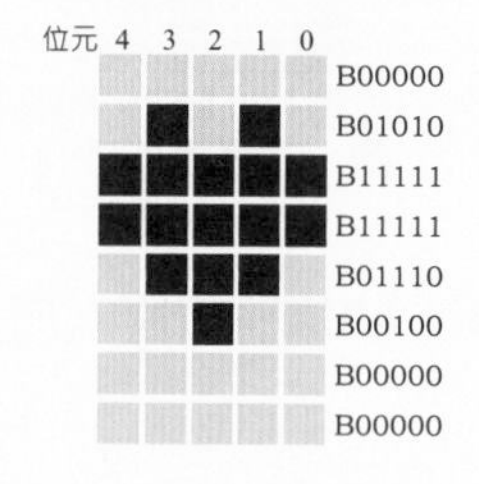

圖 7-8 自建愛心♥字型

7-5-4 專題實作：60 秒計時器

一 功能說明

如圖 7-9 所示電路接線圖，使用 ATtiny85 開發板 I2C 介面及觸摸開關，控制串列式 LCD 模組，完成 60 秒計時器專題。第 0 列、第 5 行顯示字串「Timer」，第 1 列、第 5 行顯示計時值，顯示格式 SS.CC，SS 為秒 0~59，CC 為百分秒 00~99，電源重置初始狀態 00.00。手指觸摸相應位置動作依序為歸零➔計時➔停止➔歸零。

二 電路接線圖

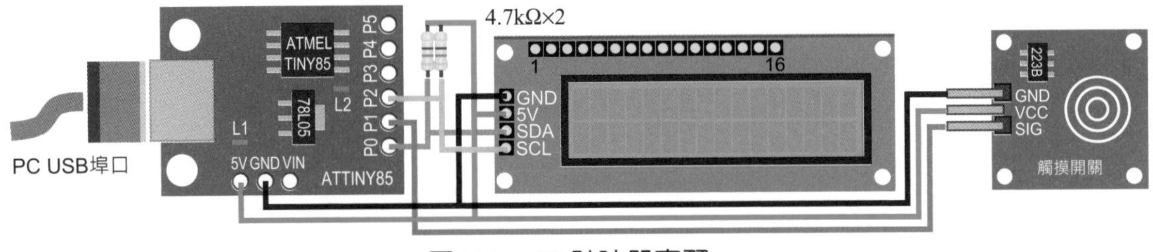

圖 7-9　60 計時器實習

三 程式：ch7_4.ino

```
#include <LiquidCrystal_I2C_Tiny.h> //使用 LiquidCrystal_I2C_Tiny 函式庫
const int sw=PB1;                   //PB1 連接觸摸開關 SIG 腳。
LiquidCrystal_I2C lcd(0x27, 16, 2); //宣告物件 lcd，使用 1602 串列式 LCD 模組。
unsigned long msec=0;               //系統經過時間(單位：ms)。
unsigned int sec=0;                 //秒 00~59。
unsigned int csec=0;                //百分秒 00~99。
bool key;                           //觸摸開關狀態。
unsigned int val=0;                 //觸摸次數。
//初值設定
void setup()
{
    pinMode(sw,INPUT_PULLUP);       //設定 PB1 為輸入模式，使用內部上升電阻。
    lcd.begin();                    //初始化串列式 LCD 模組。
    lcd.setCursor(5,0);             //設定座標(X,Y)=(5,0)。
    lcd.print("TIMER");             //顯示字串 TIMER。
}
//主迴圈
void loop()
{
    key=digitalRead(sw);            //檢測觸摸開關狀態。
    if(key==HIGH)                   //手指觸摸相應位置?
    {
        while(digitalRead(sw)==HIGH)//等待手指離開觸摸位置。
            ;
        val++;                      //觸摸次數加 1。
        if(val>2)                   //val=0/1/2:歸零/計時/停止。
            val=0;
    }
    if(val==0)                      //val=0，歸零。
    {
```

```
        lcd.setCursor(5,1);              //設定座標(X,Y)=(0,0)。
        lcd.print("00.00");              //清除計時值為 00.00。
        sec=0;                           //清除秒數據。
        csec=0;                          //清除百分秒數據。
    }
    else if(val==1)                      //val=1,開始計時。
    {
        if(millis()-msec>=10)            //經過 10ms(百分秒)?
        {
            msec=millis();               //存入 msec。
            csec++;                      //百分秒加 1。
            if(hsec>99)                  //已經過 1 秒?
            {
                csec=0;                  //清除百分秒數據。
                sec++;                   //秒數加 1。
                if(sec>59)               //已經過 60 秒?
                    sec=0;               //清除秒數資料。
            }
            lcd.setCursor(5,1);          //設定座標(X,Y)=(0,0)。
            if(sec<10)                   //秒數小於 10 則前面補 0。
                lcd.print('0');
            lcd.print(sec);              //顯示秒數。
            lcd.print('.');              //顯示間隔符號.。
            if(csec<10)                  //百分秒數小於 10 則前面補 0。
                lcd.print('0');
            lcd.print(csec);             //顯示百分秒數。
        }
    }
    else if(val==2)                      //val=2,停止計時。
    { }
}
```

練習

1. 設計 60 分計時器，使用 ATtiny85 開發板 I2C 介面及觸摸開關，控制串列式 LCD 模組在第 5 行、第 0 列顯示字串「Timer」，第 5 行、第 1 列顯示 60 秒計時器，顯示格式 MM:SS.CC，MM 為分 00~59、SS 為秒 0~59、CC 為百分秒 00~99，電源重置初始狀態 00:00.00。手指觸摸相應位置動作依序為歸零➔計時➔停止➔歸零。
2. 承上題，設計 24 小時計時器，顯示格式 HH:MM:SS.CC，SS 為時 0~23、MM 為分 00~59、CC 為百分秒 00~99，電源重置初始狀態 00:00.00。手指觸摸相應位置動作依序為歸零➔計時➔停止➔歸零。

8

OLED 顯示器互動設計

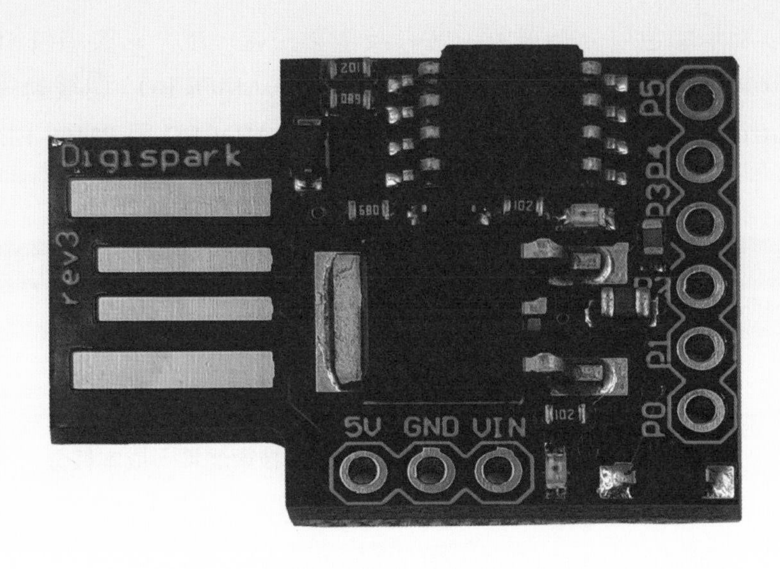

8-1 認識 OLED 顯示器

有機發光二極體（Organic Light-Emitting Diode，簡記 OLED）最早於 1950 年代由法國人所研發，其後由美國柯達及英國劍橋大學加以演進。日本 SONY、韓國三星和 LG 等公司於 21 世紀開始量產。

OLED 與 LED 的驅動方式相近，但使用的材料完全不同。OLED 是在透明基板上放置銦錫氧化物（ITO）正極及金屬負極，並且在兩極中間夾入非常薄的有機材料塗層。**通電後，正極電洞與負極電子在有機塗層中結合，產生能量並發出光**。如表 8-1 所示 OLED 與 LCD 特性比較，OLED 具有自發光、高亮度、省電、面板厚度薄、可彎曲、視角大、反應速度快等優點。OLED 不需使用背光，可降低成本，但是 OLED 使用的有機材料塗層，光學性質不穩定，壽命較短且產品良率低。

表 8-1　OLED 與 TFT-LCD 比較

特性	OLED	LCD
發光方式	自發光	LED 或 mini-LED 背光源
消耗功率	較低	較高
面板厚度	1~2mm，可彎曲、較輕	5~10mm，不可彎曲、較重
可視角度	水平 170 度以上	水平 120 度
反應速度	快，μs 級	慢，ms 級
色彩還原	較高	較低
產品壽命	較低	較高

OLED 依顯示顏色可分為單色、區彩及全彩三種，以全彩製造技術最困難。依驅動方式可分為主動式矩陣 OLED（Active Matrix，AMOLED）與被動式矩陣 OLED（Passive Matrix，PMOLED）兩種，如表 8-2 所示 AMOLED 與 PMOLED 特性比較。

表 8-2　AMOLED 與 PMOLED 特性比較

特性	AMOLED	PMOLED
反應速度	較快	較慢
顯示顏色	全彩	單色或區彩
消耗功率	較高	較低
技術成本	技術複雜、成本較高	技術簡單、成本較低

8-2 OLED 顯示模組

8-2-1 128×64 OLED 模組

如圖 8-1 所示 OLED 模組，內部使用晶門科技（SOLOMON SYSTECH）所生產製造的 SSD1306 晶片，常用規格為 0.96 吋及 1.3 吋。本章使用 0.96 吋 OLED 模組，屬單色 PMOLED，最大解析度 128 節（Segment，簡記 SEG）× 64 行（Common，簡記 COM），內含 128×64 位元 SRAM 記憶體用來儲存顯示內容。

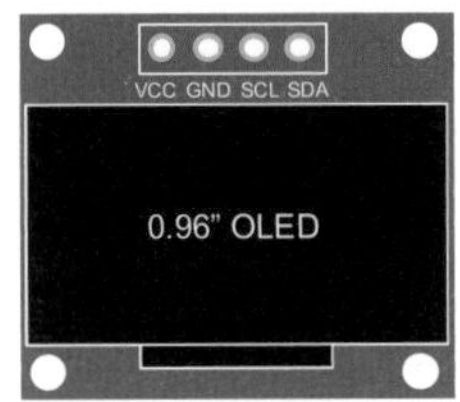

(a) I2C 介面　　(b) SPI 介面

圖 8-1　OLED 模組

SSD1306 晶片常見的串列介面如圖 8-1(a) 所示 I2C **介面** OLED 模組及圖 8-1(b) 所示 SPI **介面** OLED 模組等兩種。SSD1306 需要兩種電源，一為邏輯電路電源 V_{DD}（1.65V~3.3V），一為面板驅動電源 V_{CC}（7V~15V），內部電路將 V_{DD} 升壓至 7.5V 供給面板所需電源。如圖 8-2 所示 SSD1306 圖形顯示資料記憶體（Graphic Display Data RAM，簡記 GDDRAM），使用位元對映（bitmap）方式，最大可驅動 128 節（SEG）×64 行（COM）的 OLED 面板。SSD1306 **使用共陰驅動方式，當** SEG **為高電位且** COM **為低電位時，所對應的點才會亮**。SEG 最大輸出電流 100μA，COM 最大輸入電流 15mA，足夠驅動 128 SEG 所需的輸出電流。

		列 re-mapping
Page 0 (COM00 ~ COM07)	Page 0	Page 7 (COM63 ~ COM56)
Page 1 (COM08 ~ COM15)	Page 1	Page 6 (COM55 ~ COM48)
Page 2 (COM16 ~ COM23)	Page 2	Page 5 (COM47 ~ COM40)
Page 3 (COM24 ~ COM31)	Page 3	Page 4 (COM39 ~ COM32)
Page 4 (COM32 ~ COM39)	Page 4	Page 3 (COM31 ~ COM24)
Page 5 (COM40 ~ COM47)	Page 5	Page 2 (COM23 ~ COM16)
Page 6 (COM48 ~ COM55)	Page 6	Page 1 (COM15 ~ COM08)
Page 7 (COM56 ~ COM63)	Page 7	Page 0 (COM07 ~ COM00)
	SEG 0 ------------------------------ SEG 127	
行 re-mapping	SEG 127 ------------------------------ SEG 0	

圖 8-2　SSD1306 圖形顯示資料記憶體 GDDRAM

如圖 8-3 所示 SSD1306 GDDRAM 的頁對映方式，是將 64 行（COM0~COM63）分成 8 頁（Page 0~Page 7），每頁由 8 行組成。以 Page 2 為例，是由 COM16~COM23 組成，每行對映一位元資料。

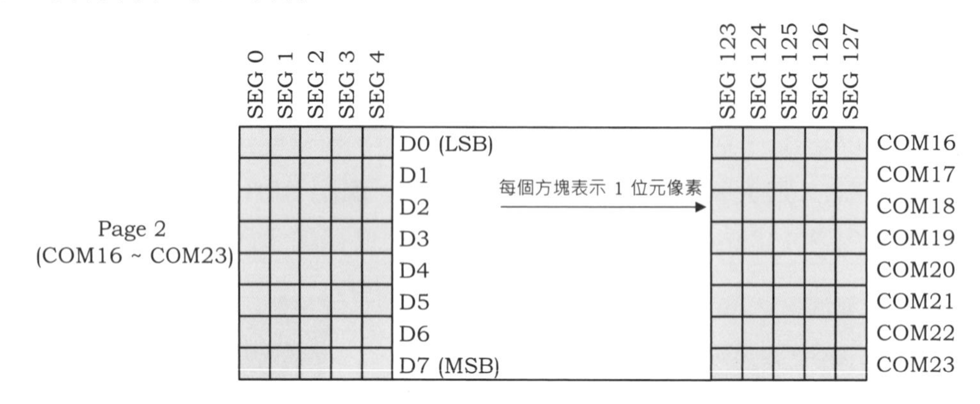

圖 8-3　SSD1306 GDDRAM 的頁對映方式

8-3 函式說明

在使用 ATtiny85 開發板控制 I2C 串列式 OLED 模組之前，必須先至圖 8-4 所示網址 https://github.com/SensorsIot/TinyOzOled 下載函式庫。函式庫由作者 Oscar Liang 所開發及維護，下載完成後，開啟 Arduino IDE，點選【草稿碼】【匯入程式庫】【加入.ZIP 程式庫...】，將函式庫自動解壓縮並且加入 Arduino IDE 所設定的 libraries 資料夾中。TinyOzOled 函式庫內建 96 個 8×8 字形的 ASCII 字元 20H~7FH 及 12 個 24×32 字形的數字 0~9、冒號「:」、小數點「.」。ATtiny85 開發板的 I2C 介面，連接在 PB0 (SDA)及 PB2 (SCL)，連接至 OLED 模組 SDA、SCL 接腳即可。

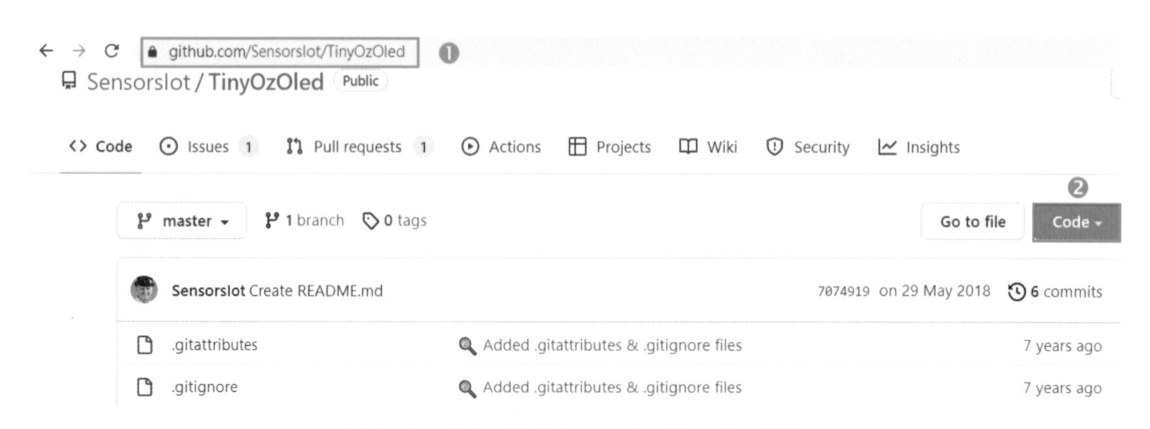

圖 8-4　I2C 串列式 OLED 模組函式庫

TinyOzOLED 函式庫**預設物件名稱** OzOled，可以使用的方法（Method）如表 8-3 所示，使用指令格式為**物件.方法**，例如要初始化顯示器，其指令格式如下：

格式 `OzOled.init( )`

表 8-3 TinyOzOLED 函式庫方法說明

方法	功能	參數說明
init( )	OLED 初始化	無。初始化開啟顯示器、設定正常顯示、清除顯示器、設定座標在第 0 行、第 0 頁。
clearDisplay( )	清除顯示器	無。 清除顯示器並設定座標在第 0 行、第 0 頁。
setNormalDisplay( )	設定正常顯示	無。黑底白字。
setInverseDisplay( )	設定反白顯示	無。白底黑字。
setPowerOn( )	開啟顯示器	無。
setPowerOff( )	關閉顯示器	無。
setBrightness(byte Brightness)	設定亮度	Brightness：0 (最暗) ~ 255 (最亮)。
setCursorXY(byte X, byte Y)	設定座標	X：0~15 (1 單位=8 pixel columns)(以下皆同) Y：0~7 (1 單位=1 page) (以下皆同)
printChar(char C, byte X, byte Y)	顯示 8×8 字元	C：ASCII 碼或字元。
printString(const char *String, byte X, byte Y, byte numChar)	顯示字串	String：字串資料。X、Y 同上說明。 numChar：字串長度。
printNumber(long long_num, byte X, byte Y)	顯示長整數	long_num：長整數。X、Y 同上說明。
printNumber(float float_num, byte prec, byte X, byte Y)	顯示浮點數	float_num：浮點數。 prec：小數點位數。X、Y 同上說明。
printBigNumber(const char *number, byte X, byte Y, byte numChar)	顯示 24×32 數字	number：數字 0~9 或冒號：。 numChar：數字長度。X、Y 同上說明。
drawBitmap(const byte *bitmaparray, byte X, byte Y, byte width, byte height)	顯示點陣圖形	Bitmaparray：點陣圖形資料陣列。 width：寬度 1~16 (1 單位=8 pixel columns)。 height：高度 1~8 (1 單位=1 page)。
scrollRight(byte start, byte end, byte speed)	右旋捲	start：開始頁 0~7。end：結束頁 0~7。 speed：右旋捲速度 0~7。由快而慢設定值，依序為 7 (快)、4、5、0、6、1、2、3 (慢)。
scrollLeft(byte start, byte end, byte speed)	左旋捲	同右旋捲說明。

8-4 實作練習

8-4-1 顯示 ASCII 字元實習

一 功能說明

如圖 8-5 所示電路接線圖，使用 ATtiny85 開發板 I2C 介面，控制 128×64 OLED 顯示模組，顯示 8×8 字型 ASCII 字元 0x20~0x7F 共 96 個字元，每頁顯示 16 字元。

二 電路接線圖

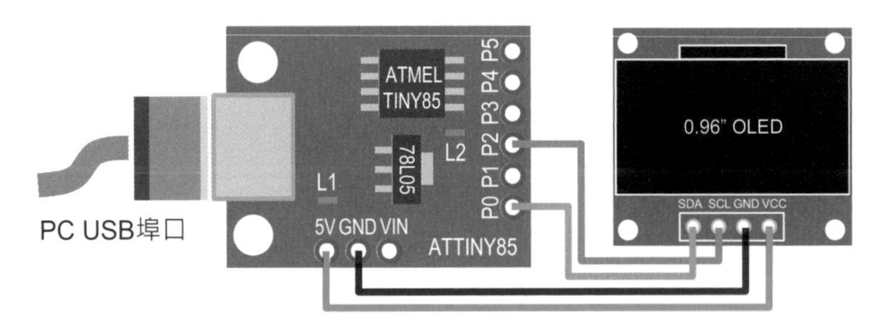

圖 8-5 顯示 ASCII 字元實習電路圖

三 程式：ch8_1.ino

```
#include <TinyOzOLED.h>                      //使用 TinyOzOLED 函式庫。
byte ascii;                                  //ASCII 字碼。
byte X=0,Y=0;                                //顯示座標。
//初值設定
void setup()
{
    OzOled.init();                           //OLED 初始化。
    for(ascii=0x20;ascii<0x80;ascii++)       //顯示 ASCII 字元 20H~7FH。
    {
        OzOled.printChar(ascii, X, Y);       //顯示 ASCII 字元。
        X++;                                 //X 加 1。
        if(X>15)                             //每頁顯示 16 個 ASCII 字元。
        {
            X=0;                             //清除 X=0。
            Y++;                             //下一頁。
        }
    }
```

```
}
//主迴圈
void loop() {
}
```

練習

1. 使用 ATtiny85 開發板 I2C 介面，控制 128×64 OLED 顯示模組，反白顯示 8×8 字型 ASCII 字元 0x20~0x7F，每頁顯示 16 個 ASCII 字元。
2. 使用 ATtiny85 開發板 I2C 介面，控制 128×64 OLED 顯示模組，顯示 24×32 字型字元 0~9。24×32 字型字元，每個字元佔 4 頁，0~3 頁顯示 0~4，4~7 頁顯示 5~9。

8-4-2 自動抽號機實習

一 功能說明

如圖 8-6 所示電路接線圖，使用 ATtiny85 開發板 I2C 介面及觸控開關模組，控制 128×64 OLED 顯示模組。電源重啟顯示如圖 8-6(b) 畫面，第 0 頁顯示 8×8 字型「No」，第 2 頁顯示 24×32 字型亂數。每觸摸一次開關，產生 01~40 二位亂數。

二 電路接線圖

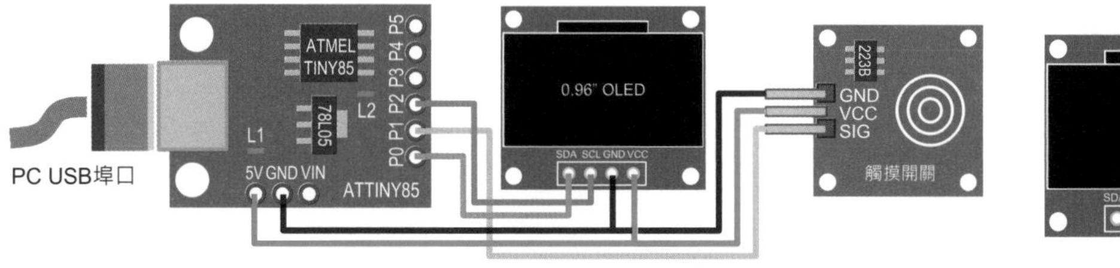

(a) 電路圖　　(b) 顯示畫面

圖 8-6　自動抽號機實習電路圖

三 程式：ch8_2.ino

```
#include <TinyOzOLED.h>               //使用 TinyOzOLED 函式庫。
#include <stdlib.h>                   //亂數相關函式庫。
const int sw=PB1;                     //PB1 連接觸摸開關 SIG 腳。
bool key;                             //觸摸開關狀態。
byte num;                             //亂數。
const char *n="0123456789";           //數值轉字元。
byte width=16;                        //每頁顯示 16 個 8×8 字元。
```

```
char str1[]="No";                              //字串 str1(8×8 字型)。
char str2[]="01";                              //字串 str2(24×32 字型)。
byte xPos1=(width-(sizeof(str1)-1))/2;         //計算 str1 的 X 座標。
byte xPos2=(width-(sizeof(str2)-1)*3)/2;       //計算 str2 的 X 座標。
byte page1=0;                                  //str1 顯示頁。
byte page2=2;                                  //str2 顯示頁。
//初值設定
void setup()
{
    pinMode(sw,INPUT_PULLUP);                  //設定 PB1 為輸入模式。
    OzOled.init();                             //OLED 初始化。
    OzOled.printString(str1,xPos1,page1,2);       //顯示 8×8 字形字串 str1。
    OzOled.printBigNumber(str2,xPos2,page2,2);    //顯示 24×32 字形字串 str2。
}
//主迴圈
void loop()
{
    key=digitalRead(sw);                       //讀取觸摸開關狀態。
    if(key==HIGH)                              //手指觸摸相應位置?
    {
        while(digitalRead(sw)==HIGH)           //等待手指離開相應位置。
            ;
        srand(millis());                       //設定亂數因子。
        num=rand()%40+1;                       //產生介於 1~40 的亂數。
        OzOled.printBigNumber(n+num/10,xPos2,page2,1);   //顯示十位亂數。
        OzOled.printBigNumber(n+num%10,xPos2+3,page2,1); //顯示個位亂數。
    }
}
```

練習

1. 使用 ATtiny85 開發板 I2C 介面及觸控開關模組，控制 128×64 OLED 顯示模組。第 0 頁顯示 8×8 字型「No」，第 2 頁顯示 24×32 字型亂數。手指每觸摸開關一次，產生 0001~9999 四位亂數。
2. 承上題，手指每觸摸開關一次，在第 2 頁顯示兩組 24×32 字型 01~40 二位亂數。

8-4-3 電子碼表實習

一 功能說明

如圖 8-7 所示電路接線圖，使用 ATtiny85 開發板 I2C 介面及觸控開關模組，控制 128×64 OLED 顯示模組，電源重啟 OLED 顯示如圖 8-7(b) 所示畫面，第 0 頁顯示 8×8 字型「Timer」，第 2 頁顯示 24×32 字型 SS.CC。其中 SS 為秒 00~59，CC 為百分秒 00~99。手指觸摸相應位置，碼表動作依序為歸零➔計時➔停止➔歸零。

二 電路接線圖

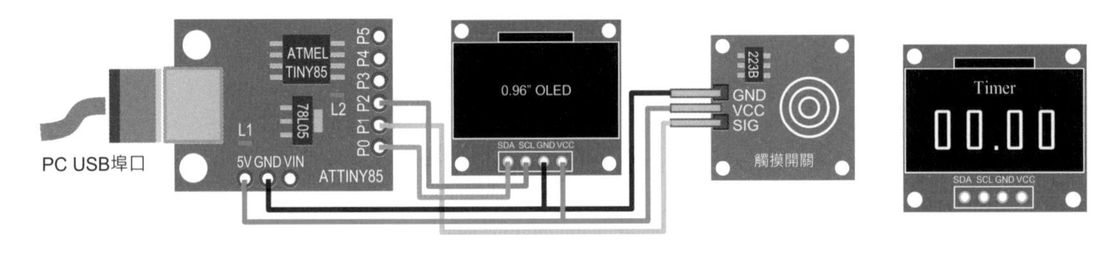

(a) 電路圖　　(b) 顯示畫面

圖 8-7　電子碼表實習電路圖

三 程式：ch8_3.ino

```
#include <TinyOzOLED.h>                         //使用 TinyOzOLED 函式庫。
const int sw=PB1;                               //PB1 連接觸摸開關 SIG 腳。
const char *n="0123456789";                     //數字轉字元。
byte width=16;                                  //每頁 16 個 8x8 字形字元。
char str1[]="Timer";                            //字串 str1 （8x8 字形）。
char str2[]="00:00";                            //字串 str2 （24x32 字形）。
byte xPos1=(width-(sizeof(str1)-1))/2;          //計算 str1 的 X 座標。
byte xPos2=(width-(sizeof(str2)-1)*3)/2;        //計算 str2 的 X 座標。
byte page1=0;                                   //str1 顯示頁。
byte page2=2;                                   //str2 顯示頁。
unsigned long msec;                             //毫秒。
int sec=0,csec=0;                               //秒及百分秒。
int val=0;                                      //觸摸開關次數。
bool key;                                       //觸摸開關狀態。
//初值設定
void setup()
{
    pinMode(sw,INPUT_PULLUP);                   //設定 PB1 為輸入模式。
```

```
    OzOled.init();                                //初始化。
    OzOled.printString(str1,xPos1,page1,5);          //顯示 8×8 字形的 str1 字串。
    OzOled.printBigNumber(str2,xPos2,page2,5);    //顯示 24×32 字形的計時值。
}
//主迴圈
void loop() {
    key=digitalRead(sw);                          //讀取觸摸開關狀態。
    if(key==HIGH)                                 //手指觸摸開關相應位置。
    {
        while(digitalRead(sw)==HIGH)              //等待手指離開開關相應位置。
            ;
        val++;                                    //val 加 1。
        if(val>2)                                 //val=0、1 或 2。
            val=0;
    }
    if(val==0)                                    //val=0：計時器歸零。
    {
        sec=0;
        csec=0;
        OzOled.printBigNumber(str2,xPos2,page2,5);
    }
    else if(val==1)                               //val=1：開始計時。
    {
        if(millis()-msec>=10)                     //已達 10ms(百分秒)?
        {
            msec=millis();
            csec++;                               //百分秒變數加 1。
            if(csec>=100)                         //已達 1 秒?
            {
                csec=0;                           //清除百分秒 csec=0。
                sec++;                            //秒加 1。
                if(sec>=60)                       //已達 60 秒?
                    sec=0;                        //清除秒 sec=0。
            }
            OzOled.printBigNumber(n+sec/10,xPos2,page2,1);    //顯示 sec。
            OzOled.printBigNumber(n+sec%10,xPos2+3,page2,1);
            OzOled.printBigNumber(n+csec/10,xPos2+9,page2,1);//顯示 csec
            OzOled.printBigNumber(n+csec%10,xPos2+12,page2,1);
        }
    }
```

```
    else if(val==2) {                                //val=2：停止計時。
    }
}
```

練習

1. 使用 ATtiny85 開發板 I2C 介面及觸控開關模組，控制 128×64 OLED 顯示模組，第 0 頁顯示 8×8 字型「Timer CC」，第 2 頁顯示 24×32 字型 MM:SS。其中 MM 為分 00~59，SS 為秒 00~59，CC 為百分秒 00~99。手指觸摸開關相應位置，動作依序為歸零➔計時➔停止➔歸零。
2. 使用 ATtiny85 開發板 I2C 介面及觸控開關模組，控制 128×64 OLED 顯示模組，第 0 頁顯示 8×8 字型「Timer SS:CC」，第 2 頁顯示 24×32 字型 HH:MM。其中 HH 為時 00~23，MM 為分 00~59，SS 為秒 00~59，CC 為百分秒 00~99。手指觸摸開關相應位置，動作依序為歸零➔計時➔停止➔歸零。

8-4-4 BMP 圖形顯示實習

一 功能說明

如圖 8-5 所示電路接線圖，使用 ATtiny85 開發板 I2C 介面，控制 128×64 OLED 顯示模組，顯示如圖 8-8 所示解析度 64×64 米老鼠 BMP 圖形 1。

圖 8-8 解析度 64×64 米老鼠 BMP 圖形 1 (圖片來源：迪士尼公司)

如果圖檔格式為 JPG、PNG，可以使用『Windows **小畫家**』或圖形轉檔程式，將其轉成適當大小的 BMP 圖檔。PNG 圖形品質比 JPEG 好，使用 PNG 圖檔轉 BMP 圖檔，效果較佳。

轉成 BMP 圖檔後，再使用『LCD Assistant 程式』將 BMP 檔轉成『Byte 文字陣列檔』，最後將『Byte 文字陣列檔』更名為『mickey1.h』，**與 OLED 草稿碼放置在相同資料夾中，並且於 OLED 草稿碼中加入『#include "mickey1.h"』即可**。以上說明的相關操作步驟如下：

STEP 1

1. 開啟 Windows『小畫家』。
2. 點選【檔案】【開啟舊檔(O)】，點選 PNG 圖檔 mickey1.png。
3. 按【開啟(O)】載入 mickey1.png 圖檔。

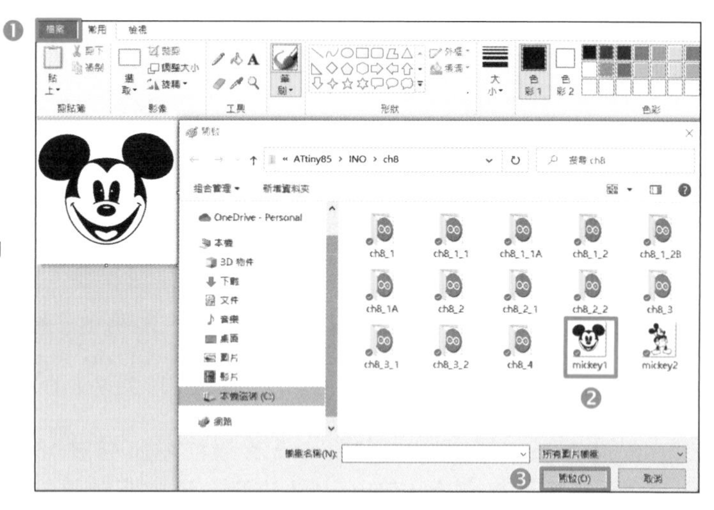

STEP 2

1. 點選【調整大小】，開啟『調整大小及扭曲』視窗。
2. 依照(B)：『像素』，調整解析度為 64×64 像素。
3. 按【確定】結束設定。

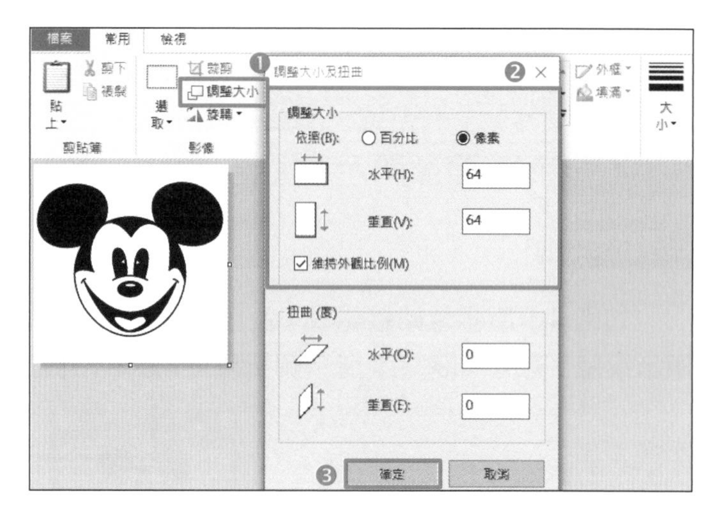

STEP 3

1. 點選【檔案】【內容】，開啟『影像內容』視窗。
2. 因為是使用單色 OLED 顯示器，所以必須將影像色彩改為【黑色(B)】。
3. 按【確定】結束設定。

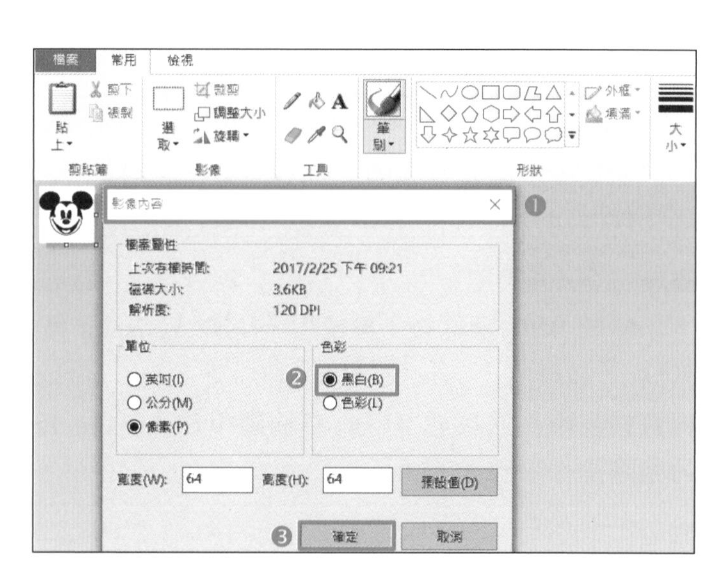

STEP 4

1. 點選【檔案】【另存新檔】，開啟『另存新檔』視窗。
2. 檔案名稱輸入『mickey1』，存檔類型選擇『單色點陣圖』。
3. 按【存檔(S)】結束。

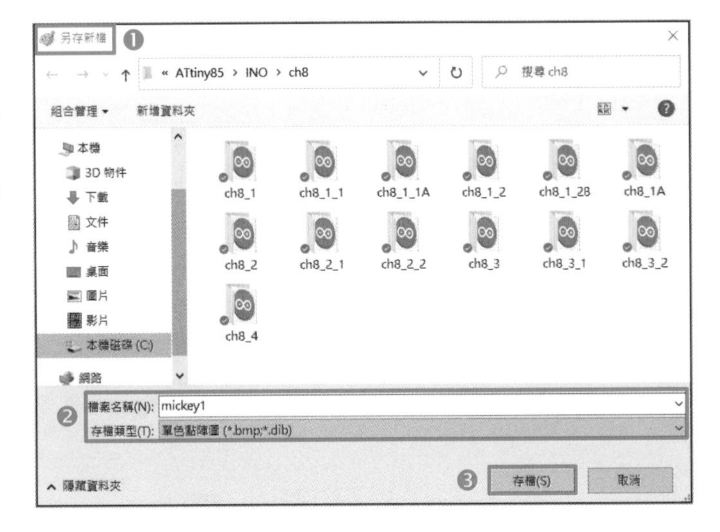

STEP 5

1. 下載並開啟『LCD Assistant』圖形轉檔程式。
2. 點選【File】【Load image】，開啟 mickey1.bmp 圖檔。
3. 按【開啟(O)】載入 mickey1.bmp 圖檔。

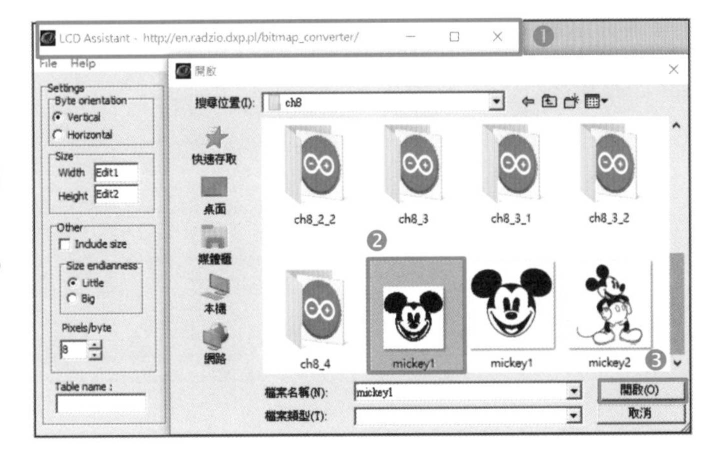

STEP 6

1. 在 TinyOzOLED.h 函式庫中的 drawBitmap( ) 函式，其顯示方式是依序由上而下，再由左而右。所以 Byte orientation 選擇『Vertical』。
2. 其他設定不用更改。

STEP 7

1. 點選【File】【Save output】，開啟『另存新檔』視窗。
2. 在『檔案名稱(N)』欄位中輸入 mickey1，『存檔類型(T)』不用輸入。
3. 按【存檔(S)】，將 BMP 圖檔轉成 Byte 文字陣列檔。

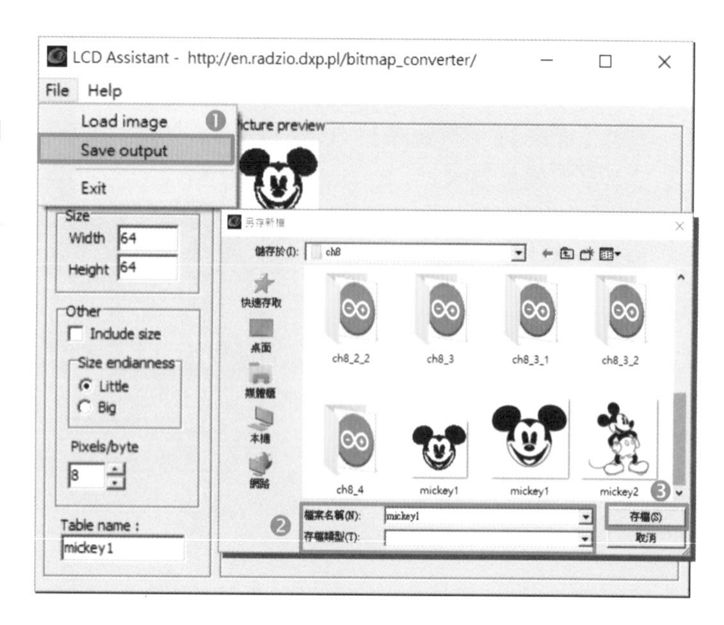

STEP 8

1. 使用 Windows『記事本』開啟 mickey1 文字陣列檔。
2. 將 mickey1 文字陣列檔另存新檔為 mickey1.h。

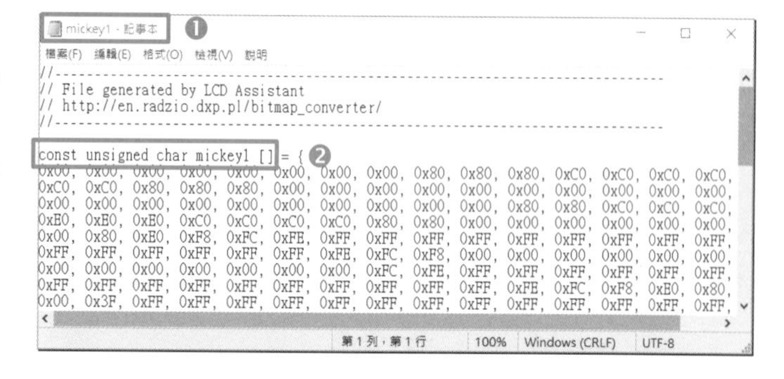

STEP 9

1. 將 mickey1.h、ch8-4.ino 放置在相同資料夾中。
2. 因為 ATtiny85 微控制器 SRAM 記憶體只有 512Bytes，所以將圖形檔資料存在 8KB 的 Flash 記憶體（PROGMEM）中。
3. 在 ch8_4.ino 草稿檔中，加入 #include “mickey1.h”，將圖形資料檔含括進來。

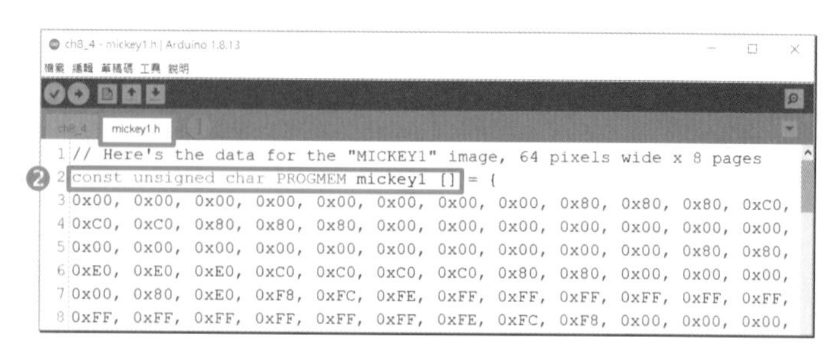

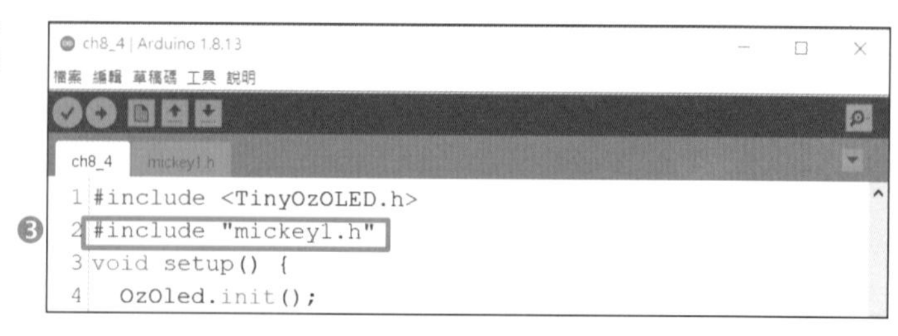

二 電路接線圖

如圖 8-5 所示電路接線圖。

三 程式：ch8_4.ino

```
#include <TinyOzOLED.h>                 //使用 TinyOzOLED 函式庫。
#include "mickey1.h"                    //點陣圖形檔。
//初值設定
void setup() {
    OzOled.init();                      //OLED 初始化。
    OzOled.drawBitmap(mickey1,4,0,8,8); //在(X,Y)=(4,0)顯示 64×64 點陣圖形
}
//主迴圈
void loop() {
}
```

練習

1. 使用 ATtiny85 開發板 I2C 介面，控制 128×64 OLED 顯示器模組，顯示如圖 8-9 所示解析度 64×64 米老鼠 BMP 圖形 2。

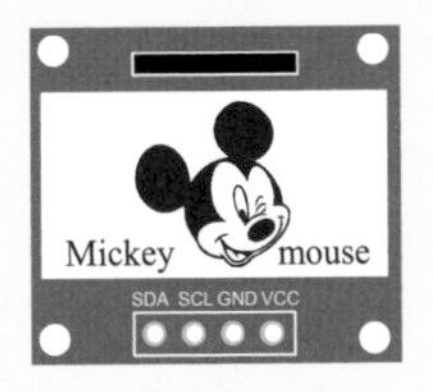

圖 8-9　解析度 64×64 米老鼠 BMP 圖形 2（圖片來源：迪士尼公司）

2. 使用 ATtiny85 開發板 I2C 介面，控制 128×64 OLED 顯示器模組，顯示如圖 8-8 及圖 8-9 所示米老鼠 BMP 圖形，每 2 秒變換一個圖形。

8-4-5　專題實作：觸控調光燈

一 功能說明

如圖 8-11 所示電路接線圖，使用 ATtiny85 開發板 I2C 介面及觸控開關，控制 16 位串列式全彩 LED 模組。亮度等級由低而高依序為 1、2、3 三種。如圖 8-10 所示觸控調光燈選單，當手指觸控相應位置，白線由左而右在數字上方移動，同時調整燈光亮度，動作依序為 0（關閉）➔1➔2➔3➔0（關閉）。

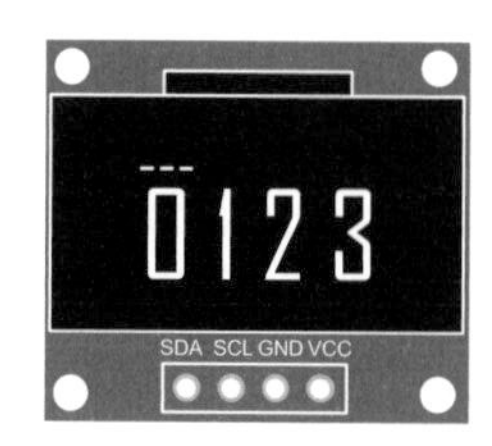

圖 8-10　觸控調光燈選單

二 電路接線圖

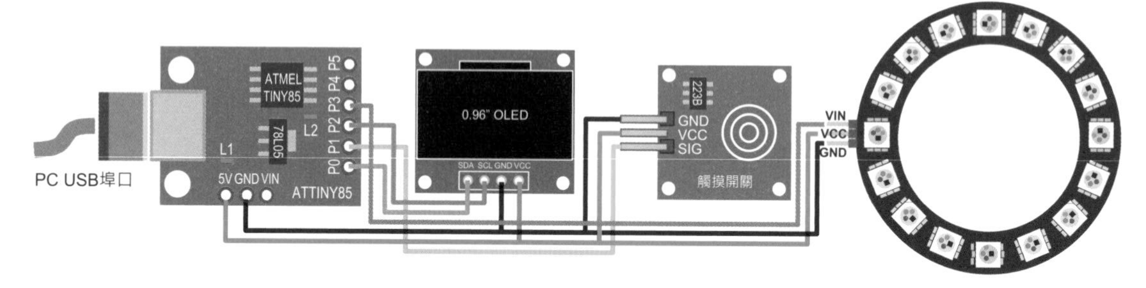

圖 8-11　觸控調光燈實習電路圖

三 程式：ch8_5.ino

```
#include <TinyOzOLED.h>                    //使用 TinyOzOLED 函式庫。
#include <Adafruit_NeoPixel.h>             //使用 Adafruit_NeoPixel 函式庫。
#define NUMS 16                            //16 位串列全彩 LED 模組。
const int sw=PB1;                          //PB1 連接觸摸開關 SIG。
const int pin=PB3;                         //PB3 連接串列全彩 LED 模組 VIN。
unsigned int brightness=255;               //全彩 LED 亮度。
Adafruit_NeoPixel pixels = Adafruit_NeoPixel(NUMS,pin,NEO_GRB + NEO_KHZ800);
byte width=16;                             //OLED 每頁顯示 16 個字元。
int val=0;                                 //觸摸開關次數。
int temp=0;                                //按鍵值。
bool key;                                  //觸摸開關狀態。
char str1[]="---";                         //亮度指示棒。
char str2[]="0123";                        //亮度等級。
byte xPos=(width-(sizeof(str2)-1)*3)/2;    //X 座標。
byte page=2;                               //Y 座標。
//初值設定
void setup()
{
    pinMode(sw,INPUT_PULLUP);              //設定 PB1 為輸入模式，含上升電阻。
    pixels.begin();                        //初始化串列全彩 LED 模組。
    pixels.setBrightness(brightness);      //設定串列全彩 LED 亮度。
```

```
    OzOled.init();                             //初始化 OLED。
    displayMenu(0);                            //OLED 顯示亮度指示棒。
    adjBrightness(0);                          //依選項調整全彩 LED 亮度。
    OzOled.printBigNumber(str2,xPos,page,4);   //OLED 亮度選單。
}
//主迴圈
void loop()
{
    key=digitalRead(sw);                       //讀取觸摸開關狀態。
    if(key==HIGH)                              //手指觸摸開關相應位置?
    {
        while(digitalRead(sw)==HIGH)           //等待手指離開相應位置。
            ;
        val++;                                 //val 加 1。
        if(val>3)                              //val=0~3。
            val=0;
    }
    if(temp!=val)                              //val 已改變?
    {
        temp=val;
        displayMenu(val);                      //重新設定亮度指示棒位置。
        adjBrightness(val);                    //重新設定全彩 LED 亮度。
    }
}
//選單函式
void displayMenu(int x)
{
    for(byte i=0;i<12;i++)                     //清除亮度指示棒。
    {
        OzOled.setCursorXY(xPos+i,1);
        OzOled.printChar(' ');
    }
    byte xPos1=xPos+x*3;                       //計算亮度指示棒顯示座標。
    OzOled.printString(str1,xPos1,1,3);        //顯示亮度指示棒。
}
//調整亮度函式
void adjBrightness(int level)
{
    pixels.setBrightness(level*50);            //設定全彩 LED 亮度。
    for(int i=0;i<NUMS;i++)                    //更新全彩 LED 亮度。
```

```
        pixels.setPixelColor(i,255,255,255);
    pixels.show();
}
```

1. 使用 ATtiny85 開發板 I2C 介面及觸控開關，控制 16 位串列式全彩 LED 模組。亮度等級由低而高依序為 1、2、3、4 四種。如圖 8-12(a) 所示觸控調光燈選單，當手指觸控相應位置，白線由左而右在數字上方移動，同時調整燈光亮度，動作依序為 0（關閉）➔1➔2➔3➔4➔0（關閉）。

(a) 練習 1 選單

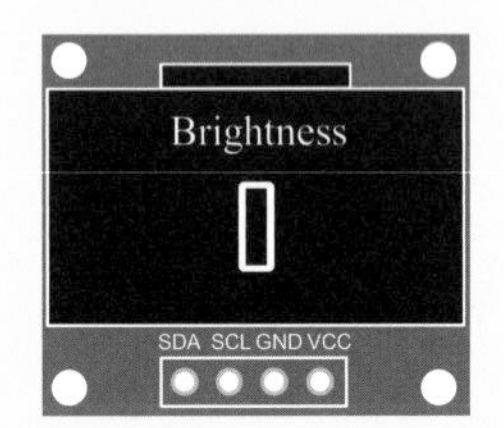

(b) 練習 2 選單

圖 8-12　觸控調光燈選單

2. 使用 ATtiny85 開發板 I2C 介面及觸控開關，控制 16 位串列式全彩 LED 模組。亮度等級由低而高依序為 1、2、3、4 四種。如圖 8-12(b) 所示觸控調光燈選單，當手指觸控相應位置，數字由 0~4 依序改變，同時調整燈光亮度，動作依序為 0（關閉）➔1➔2➔3➔4➔0（關閉）。

聲音元件互動設計

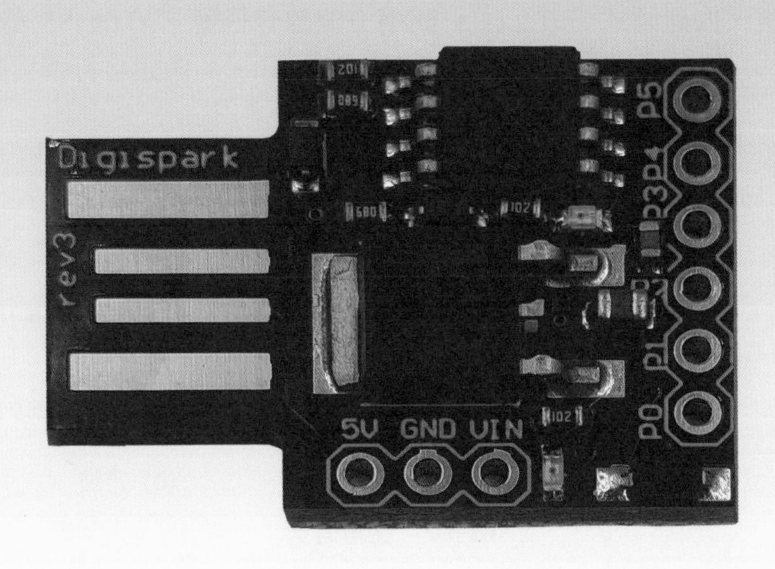

9-1 認識聲音元件

聲音是一種**波動**，聲音的振動會引起空氣分子有節奏的振動，使周圍的空氣產生疏密變化，形成疏密相間的縱波，因而產生了聲波。人耳可以聽到的聲音頻率範圍在 20Hz~20kHz 之間。常用來將電能轉換成聲能的元件有蜂鳴器及喇叭，如圖 9-1 所示蜂鳴器及喇叭，依其驅動方式可以分成**有源**及**無源**兩種，如圖 9-1(a) 所示有源蜂鳴器，內含振盪電路且底部被密裝起來，加上直流電壓可以產生**固定頻率**輸出。如圖 9-1(b) 所示無源蜂鳴器內部不含振盪電路，底部明顯可以看到電路板，依所加的交流信號頻率不同，所發出的音調也不同。如果要用來產生音樂輸出，就必須使用無源蜂鳴器。如圖 9-1(c) 所示喇叭，與無源蜂鳴器相同，可以加上不同頻率的交流信號來產產生不同的音調。微控制器必須加上驅動電路，才能驅動無源蜂鳴器。

(a) 有源蜂鳴器

(b) 無源蜂鳴器

(c) 喇叭

圖 9-1　蜂鳴器及喇叭

如圖 9-2(a) 所示正弦波是組成聲音的基本波形，音量與波形振幅成正比，而音調與波形週期成反比。在 Arduino Uno 開發板上的 ATmega328 微控制器內部具有三個計時器，Arduino 利用計時器 Timer 2 寫成內建函式 tone( ) 產生如圖 9-2(b) 所示方波聲音信號，內建函式 noTone( ) 關閉方波聲音信號。ATtiny85 微控制器沒有 Timer 2 可以支援 tone( ) 函式，必須使用 digitalWrite( ) 函式自行撰寫聲音函式。

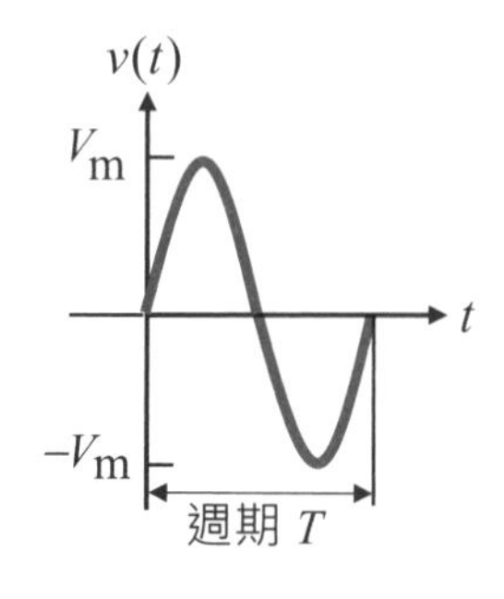

(a) 正弦波

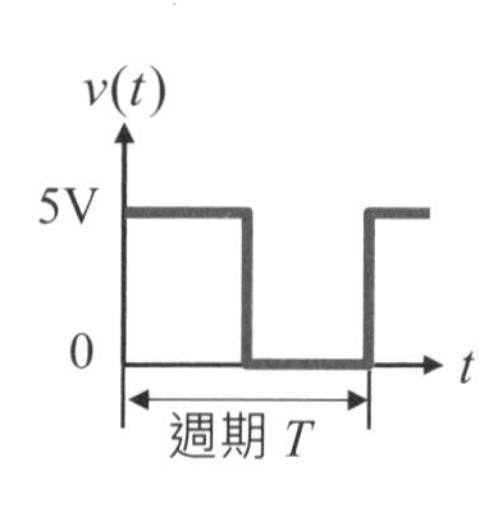

(b) 方波

圖 9-2　聲音信號

9-1-1 音符

在音樂中的每個音符是由音調（tone）**及節拍**（beat）**兩個元素所組成，音調是指頻率的高低，而節拍是指聲音的長度**。如表 9-1 所示 C 調音符表，每一個音階可以分成八音度，共有 12 個音符，而每個八音度之間的頻率相差一倍，每個音符間的頻率 f 大約相差 1.06 倍，計算公式如下：

$$f(n)=2^{1/12}\times f(n-1)=1.06\times f(n-1)\text{，}1\le n\le 12$$

表 9-1 C 調音符表

音階 n	1	2	3	4	5	6	7	8	9	10	11	12
簡符	C	C#	D	D#	E	F	F#	G	G#	A	A#	B
音符	Do	Do#	Re	Re#	Mi	Fa	Fa#	So	So#	La	La#	Si
低音	262	277	294	311	330	349	370	392	415	440	466	494
中音	523	554	587	622	659	698	740	784	831	880	932	988
高音	1046	1109	1175	1245	1318	1397	1480	1568	1661	1760	1865	1976

9-1-2 鋼琴鍵

鋼琴鍵的數量是 88 個鍵，分成 52 個白鍵和 36 個黑鍵。如圖 9-3 所示鋼琴鍵的排列方式，以一個八音度範圍來說，有 7 個白鍵和 5 個黑鍵，使用白鍵、黑鍵兩種對比強烈的顏色，比較容易識辨。**白鍵是全音** Do、Re、Mi、Fa、So、La、Si，簡符為 C、D、E、F、G、A、B。**黑鍵是半音** Do#、Re#、Fa#、So#、La#，簡符為 C#、D#、F#、G#、A#，**半音是介於兩個全音之間的音符**。

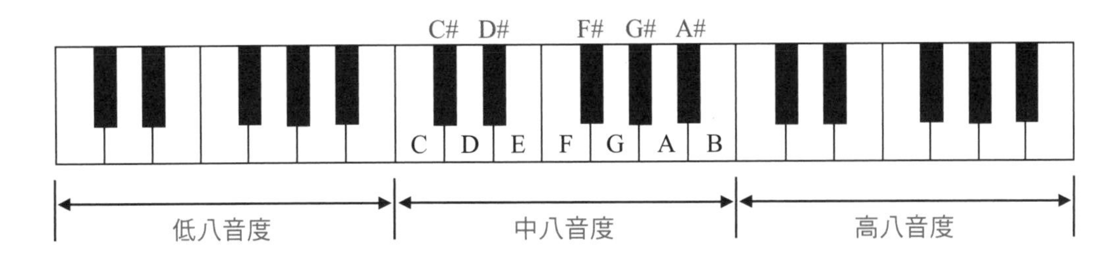

圖 9-3 鋼琴鍵的排列方式

9-1-3 頻率與週期

在表 9-1 中的數字代表該音符的頻率 f，單位赫芝（Hz）。如圖 9-4 所示音符波形，使用微控制器產生音符輸出時，必須先將音符的頻率換算成週期 T，週期等於頻率的倒數，即 $T=1/f$。每半週 $T/2$ 變換一次邏輯準位輸出，即可產生所需音符。

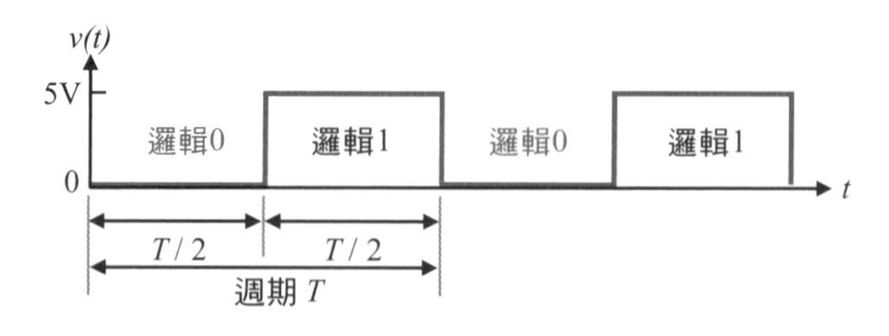

圖 9-4　音符波形

ATtiny85 開發板並不支援 Arduino 的 tone( ) 函式，因此我們必須自行撰寫**函式** tinyTone(frequency,length) 來產生所需音符，frequency 為音符頻率，length 為發音長度，單位毫秒。不同音符的發音週數不同，音符頻率大，週期小，發音週數大；反之音符頻率小，週期大，發音週數小，如此相同節拍的不同音符才能有相同音長。

音符週期 $T=\frac{1}{\text{frequency}}(\text{sec})=\frac{1000000}{\text{frequency}}(\mu\text{s})$

發音週數 $n=\frac{\text{length(ms)}}{\text{T}(\mu\text{s})}=\frac{\text{length}\times 1000}{\text{T}}$

9-2 蜂鳴器模組

市售蜂鳴器模組可分為有源式及無源式，因為我們要產生不同頻率的聲音輸出，所以必須使用如圖 9-5 所示無源式蜂鳴器模組，模組使用一個 NPN 或 PNP 電晶體將 ATtiny85 開發板數位輸出埠腳的電流放大，以驅動蜂鳴器發聲。

(a) 外觀

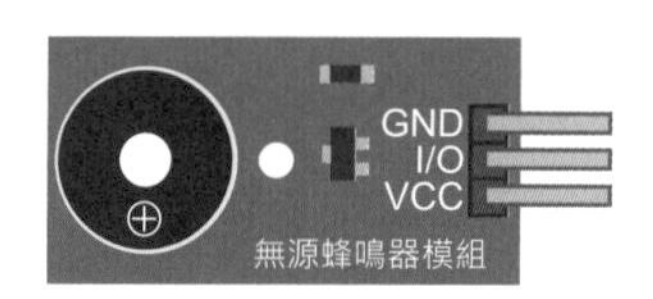

(b) 接腳圖

圖 9-5　無源式蜂鳴器模組

9-3 實作練習

9-3-1 電話聲實習

一 功能說明

如圖 9-7 所示電路接線圖，使用 ATtiny85 開發板控制蜂鳴器模組，輸出電話聲音。如圖 9-6 所示電話聲音波形，由兩種不同頻率的信號組合成一次振鈴（ringer），經過多次振鈴後再靜音一段時間，重複不斷即可模擬產生電話聲音。

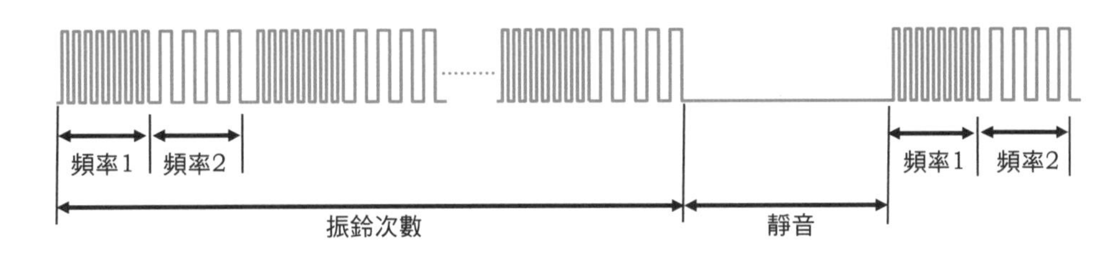

圖 9-6 電話聲音波形

二 電路接線圖

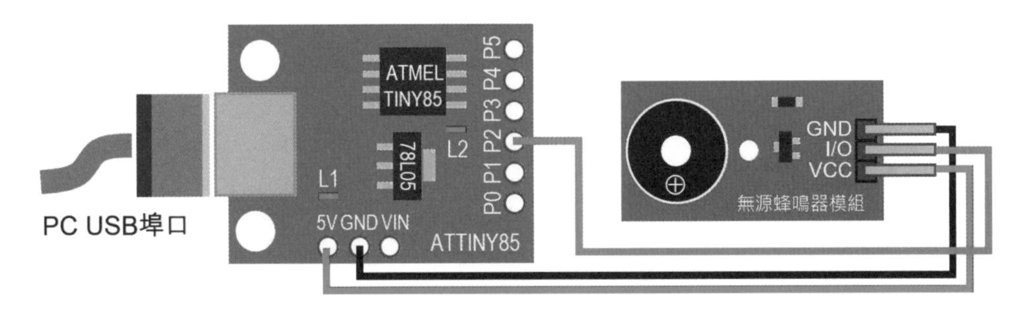

圖 9-7 電話聲實習電路圖

三 程式：ch9_1.ino

```
const int buzzer=PB2;                //PB2 連接蜂鳴器輸出。
int i;                               //迴圈變數。
//初值設定
void setup()
{
    pinMode(PB2,OUTPUT);             //設定 PB2 為輸出模式。
}
//主迴圈
```

```
void loop()
{
    for(i=0;i<10;i++)                       //振鈴 10 次。
    {
        tinyTone(1000,50);                  //輸出頻率 1kHz 方波信號，音長 50ms。
        tinyTone(500,50);                   //輸出頻率 500Hz 方波信號，音長 50ms。
    }
    delay(2000);                            //靜音 2 秒。
}
//聲音輸出函式
void tinyTone(unsigned int frequency,unsigned int length)
{
    unsigned long period;                       //週期。
    unsigned long n;                            //方波週數。
    period=1000000/frequency;                   //計算方波週期，單位μs。
    n=1000*(long)length/period;                 //計算方波週數。
    for(int i=0;i<n;i++)
    {
        digitalWrite(buzzer,HIGH);              //輸出半週期高電位。
        delayMicroseconds(period/2);
        digitalWrite(buzzer,LOW);               //輸出半週期低電位。
        delayMicroseconds(period/2);
    }
}
```

練習

1. 使用 ATtiny85 開發板，控制蜂鳴器輸出如圖 9-8 所示警車聲音，警車聲音的頻率是由低至高，再由高至低組合而成。

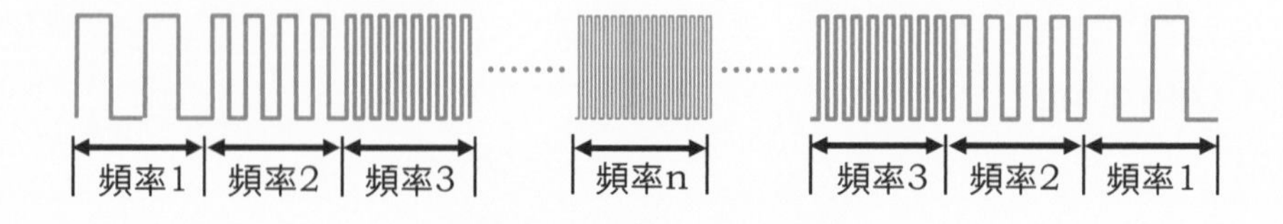

圖 9-8　警車聲音波形

2. 使用 ATtiny85 開發板，控制蜂鳴器輸出嗶！嗶！嗶！警報聲音。

9-3-2　播放音符實習

一 功能說明

如圖 9-7 所示電路接線圖，使用 ATtiny85 開發板控制蜂鳴器模組，依序播放中音階 C、D、E、F、G、A、B 及高音階 C 等 8 個音符，每一個音符播放時間為 0.5 秒。

二 電路接線圖

如圖 9-7 所示電路。

三 程式：ch9_2.ino

```
const int buzzer=PB2;                          //PB2 連接蜂鳴器。
const int toneTable[8]={523,587,659,694,784,880,988,1046};//音符。
int i;                                         //迴圈變數。
//初值設定
void setup() {
    pinMode(PB2,OUTPUT);                       //設定 PB2 為輸出模式。
}
//主迴圈
void loop() {
    for(i=0;i<8;i++)                           //輸出八個音符。
    {
        tinyTone(toneTable[i],1000);           //每個音符發音 1 秒。
        delay(50);                             //音符間隔 50ms。
    }
    delay(2000);                               //靜音 2 秒。
}
//聲音輸出函式
void tinyTone(unsigned int frequency,unsigned int length)
{
    unsigned long period;                      //週期。
    unsigned long n;                           //週數。
    period=1000000/frequency;                  //計算音符週期。
    n=1000*(long)length/period;                //計數週數。
    for(int i=0;i<n;i++)
    {
        digitalWrite(buzzer,HIGH);             //半週高電位輸出。
```

```
        delayMicroseconds(period/2);
        digitalWrite(buzzer,LOW);        //半週低電位輸出。
        delayMicroseconds(period/2);
    }
}
```

練習

1. 使用 ATtiny85 開發板控制蜂鳴器模組，依序播放低音階 C、D、E、F、G、A、B 及中音階 C 等 8 個音符，每一個音符播放時間為 0.5 秒。
2. 使用 ATtiny85 開發板及觸控開關控制蜂鳴器模組，手指觸摸開關相應位置，可以切換中音階 8 個音符及低音階 8 個音符的播放。

9-3-3 播放歌曲實習

一 功能說明

如圖 9-7 所示電路接線圖，使用 ATtiny85 開發板控制蜂鳴器模組，播放如表 9-2 所示鋼琴入門音樂—小蜜蜂（Little Bee）。小蜜蜂簡譜每一段有 4 小節，每小節有 4 拍，如果演奏速度是每分鐘 180 拍，則每拍時間是 60/180 秒=60000/180 毫秒。

表 9-2 小蜜蜂簡譜

小節 1	小節 2	小節 3	小節 4
5 3 3 –	4 2 2 –	1 2 3 4	5 5 5 –
5 3 3 –	4 2 2 –	1 3 5 5	3 – – –
2 2 2 2	2 3 4 –	3 3 3 3	3 4 5 –
5 3 3 –	4 2 2 –	1 3 5 5	1 – – –

二 電路接線圖

如圖 9-7 所示電路。

三 程式：ch9_3.ino

```
const int buzzer=PB2;                          //PB2 連接蜂鳴器。
char toneName[]="CDEFGAB";                     //簡符。
unsigned int freq[7]={523,587,659,694,784,880,988}; //音符。
```

```
char beeTone[]="GEEFDDCDEFGGGGEEFDDCEGGEDDDDDEFEEEEEFGGEEFDDCEGGC";
byte beeBeat[]={1,1,2,1,1,2,1,1,1,1,1,1,2,1,1,2,1,1,2,1,1,1,1,4,
           1,1,1,1,1,1,2,1,1,1,1,1,1,2,1,1,2,1,1,2,1,1,1,1,4};
const int beeLen=sizeof(beeTone);          //樂曲長度。
unsigned long tempo=180;                   //每分鐘 180 拍。
int no;                                    //目前播放音符索引值。
//初值設定
void setup() {
    pinMode(buzzer,OUTPUT);                //設定 PB2 為輸出模式。
}
//主迴圈
void loop() {
    for(no=0;no<beeLen;no++)               //播放小蜜蜂樂曲。
        playTone(beeTone[no],beeBeat[no]);
  delay(3000);                             //間隔 3 秒再重複播放。
}
//音符播放函式
void playTone(char toneNo,byte beatNo) {
    unsigned long duration=beatNo*60000/tempo;   //計算節拍時間(毫秒)。
    for(int i=0;i<7;i++)
    {
        if(toneNo==toneName[i])            //查音符表。
        {
            tinyTone(freq[i],duration);    //播放音符。
            delay(20);                     //音符間隔 20ms。
        }
    }
}
//聲音輸出函式
void tinyTone(unsigned int frequency,unsigned int length)
{
    unsigned long period;                  //週期。
    unsigned long n;                       //週數。
    period=1000000/frequency;              //計算音符週期。
    n=1000*(long)length/period;            //計數週數。
    for(int i=0;i<n;i++)
    {
        digitalWrite(buzzer,HIGH);         //半週高電位輸出。
        delayMicroseconds(period/2);
```

```
        digitalWrite(buzzer,LOW);          //半週低電位輸出。
        delayMicroseconds(period/2);
    }
}
```

練習

1. 使用 ATtiny85 開發板控制蜂鳴器，播放如表 9-3 所示鋼琴入門音樂—小星星（Little Star）。小星星簡譜每一段有 4 小節，每小節有 4 拍，演奏速度是每分鐘 120 拍。

表 9-3 小星星簡譜

1 1 5 5	6 6 5 –	4 4 3 3	2 2 1 –
5 5 4 4	3 3 2 –	5 5 4 4	3 3 2 –
1 1 5 5	6 6 5 –	4 4 3 3	2 2 1 –

2. 接續上題，在 PB0 增加 1 個 LED，播放音符時 LED 亮，間奏 LED 不亮。

9-3-4 專題實作：音樂盒

一 功能說明

如圖 9-9 所示電路接線圖，使用 ATtiny85 開發板及觸控開關控制無源蜂鳴器模組，播放兩首鋼琴入門音樂—小蜜蜂及小星星，演奏速度均為每分鐘 180 拍。手指每觸摸開關相應位置一下，依序切換輸出音樂為小蜜蜂➔小星星➔靜音。

二 電路接線圖

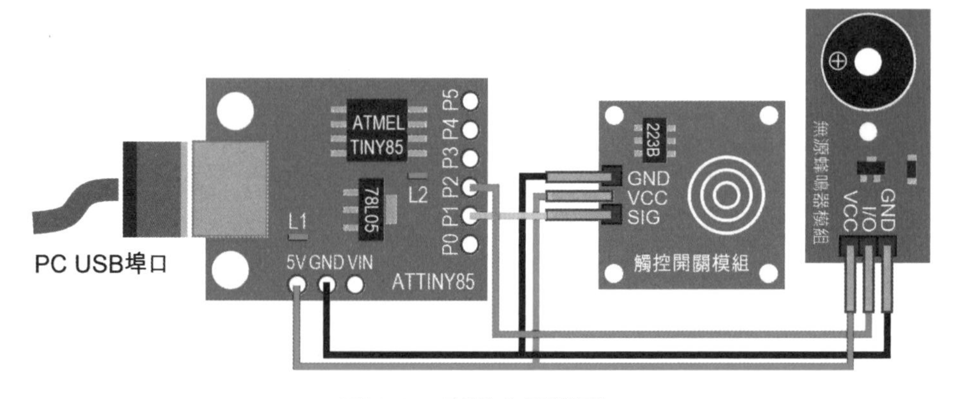

圖 9-9 音樂盒電路圖

三 程式：ch9_4.ino

```
const int sw=PB1;                       //PB1 連接觸摸開關 SIG 腳。
const int buzzer=PB2;                   //PB2 連接蜂鳴器模組輸出。
char toneName[]="CDEFGAB";              //簡符。
unsigned int freq[7]={523,587,659,694,784,880,988}; //音符。
char beeTone[]="GEEFDDCDEFGGGGEEFDDCEGGEDDDDDEFEEEEEFGGEEFDDCEGGC";
char starTone[]="CCGGAAGFFEEDDCGGFFEEDGGFFEEDCCGGAAGFFEEDDC";
byte beeBeat[]={1,1,2,1,1,2,1,1,1,1,1,1,2,   //小蜜蜂節拍。
            1,1,2,1,1,2,1,1,1,1,4,
            1,1,1,1,1,1,2,1,1,1,1,1,1,2,
            1,1,2,1,1,2,1,1,1,1,4};
byte starBeat[]={1,1,1,1,1,1,2,1,1,1,1,1,1,2,    //小星星節拍。
            1,1,1,1,1,1,2,1,1,1,1,1,1,2,
            1,1,1,1,1,1,2,1,1,1,1,1,1,2};
unsigned long tempo=180;                //每秒 180 拍。
const int beeLen=sizeof(beeTone);       //小蜜蜂樂曲長度。
const int starLen=sizeof(starTone);     //小星星樂曲長度。
int len=0;                              //樂曲長度。
bool key;                               //觸摸開關狀態。
int val=0;                              //開關觸模次數。
int no=0;
//初值設定
void setup() {
    pinMode(sw,INPUT_PULLUP);           //設定 PB1 為輸入模式，使用內建上升電阻。
    pinMode(buzzer,OUTPUT);             //設定 PB2 為輸出模式。
}
//主迴圈
void loop() {
    key=digitalRead(sw);                //檢測觸摸開關狀態。
    if(key==HIGH)                       //手指觸摸開關相應位置?
    {
        while(digitalRead(sw)==HIGH)    //等待手指放開。
            ;
        val++;                          //觸摸次數加 1。
        if(val>2)                       //val=0/1/2：靜音/小蜜蜂/小星星。
            val=0;
        no=0;                           //重新播放。
        if(val==1)                      //val=1：播放小蜜蜂。
            len=beeLen;                 //小蜜蜂樂曲長度。
```

```
        else if(val==2)                    //val=2：播放小星星。
            len=starLen;                   //小星星樂曲長度。
    }
    if(val==1 && len>0)                    //播放小蜜蜂樂曲至最後一個音符。
    {
        playTone(beeTone[no],beeBeat[no]);
        no++;
        len--;
    }
    else if(val==2 && len>0)               //播放小星星樂曲至最後一個音符。
    {
        playTone(starTone[no],starBeat[no]);
        no++;
        len--;
    }
}
//音符播放函式
void playTone(char toneNo,byte beatNo)
{
    unsigned long duration=beatNo*60000/tempo;   //計算節拍時間(毫秒)。
    for(int i=0;i<7;i++)
    {
        if(toneNo==toneName[i])                  //查音符表。
        {
            tinyTone(freq[i],duration);          //播放音符。
            delay(20);                           //音符間隔 20ms。
        }
    }
}
//聲音輸出函式
void tinyTone(unsigned int frequency,unsigned int length)
{
    unsigned long period;                        //週期。
    unsigned long n;                             //週數。
    period=1000000/frequency;                    //計算音符週期。
    n=1000*(long)length/period;                  //計數週數。
    for(int i=0;i<n;i++)
    {
        digitalWrite(buzzer,HIGH);               //半週高電位輸出。
        delayMicroseconds(period/2);
```

```
        digitalWrite(buzzer,LOW);                //半週低電位輸出。
        delayMicroseconds(period/2);
    }
}
```

練習

1. 使用 ATtiny85 開發板及觸控開關，控制蜂鳴器及串列式全彩 LED 模組，播放三首鋼琴入門音樂—小蜜蜂、小星星及火車快飛，演奏速度均為每分鐘 180 拍。手指每觸摸開關相應位置，依序切換輸出音樂為小蜜蜂➔小星星➔火車快飛➔靜音。火車快飛簡譜如表 9-4 所示。

表 9-4　火車快飛簡譜

5 5 3 1	5 5 3 1	2 3 4 4	3 4 5 5
5 3 5 3	2 3 1 –	4 2 2 2	3 1 1 1
2 3 4 2	1 7̣ 1 –		

2. 使用 ATtiny85 開發板及觸控開關，控制如圖 9-10 所示蜂鳴器及串列式全彩 LED 模組，播放兩首鋼琴入門音樂—小蜜蜂及小星星，演奏速度均為每分鐘 180 拍。手指每觸摸開關相應位置，依序切換輸出音樂為小蜜蜂➔小星星➔靜音，不同音符輸出對應不同全彩 LED 顏色，C➔紅、D➔橙、E➔黃、F➔綠、G➔藍、A➔靛、B➔紫。

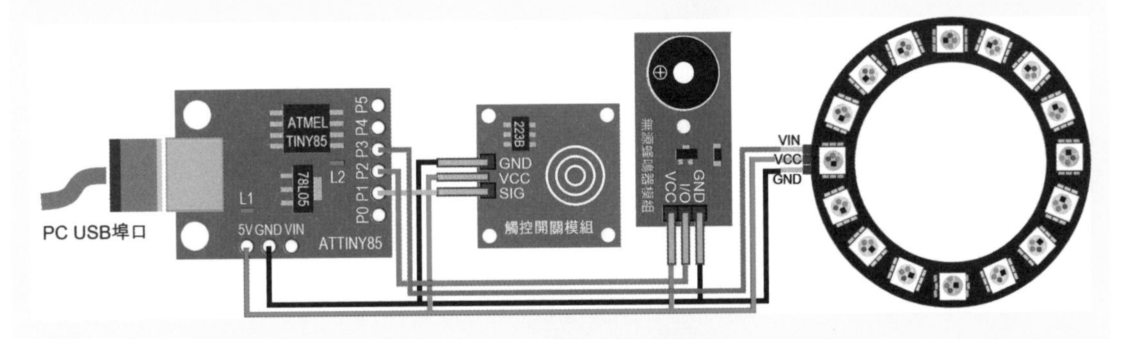

圖 9-10　燈光音樂盒電路圖

10 感測器互動設計

10-1 認識類比/數位（A/D）轉換

在自然界中諸如光、溫度、溼度、壓力、流量、位移等物理量，必須透過**感測器**（sensor）先將其轉換成電壓或電流等電氣信號，而感測器的輸出電氣信號通常很小，只有數 μV 或數 μA，必須再經過放大整形、溫度補償等，才能反應物理量的變化。

現代電腦都已數位化，因此放大後的類比信號必須再經由類比 / 數位轉換器（Analog to Digital Converter，簡記 ADC）轉換成數位信號後，才能送到微電腦來運算處理，以達到監控、測量、記錄等目的。這種數位應用系統如圖 10-1 所示，已經相當廣泛應用於日常生活中，諸如數位電錶、數位電子儀器、數位溫度計、數位溼度計、數位電子秤、3C 電子產品等。

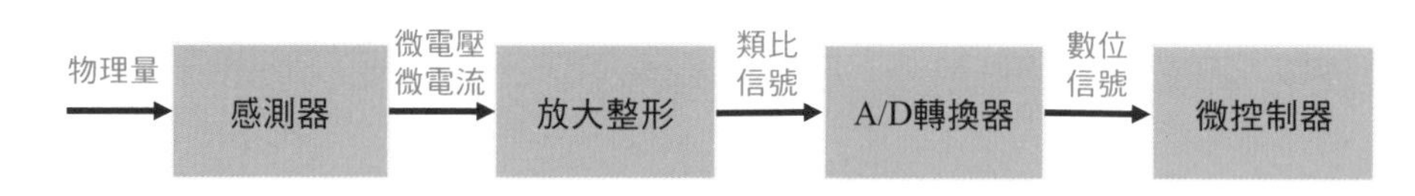

圖 10-1　數位應用系統

10-1-1　感測器

感測器的功用是**將物理量轉換成電氣信號**，注重轉換特性、精確度、線性度與可靠性。隨著不同的環境與應用而有不同的形狀，感測輸出有**電壓**、**電流**或**電阻**三種形式，如果是電流或電阻輸出，必須先轉換成電壓信號。

10-1-2　放大整形

通常由感測器轉換輸出的電壓或電流都很小且易受雜訊干擾，必須再將輸出信號放大、整形及溫度補償等，才能得到準位明確的信號。**常使用的放大整形元件為運算放大器**（operational amplifier，**簡記** OPA）。

10-1-3　A/D 轉換器

A/D 轉換器的功用是將類比信號（通常是電壓）轉換成數位信號，注重精確度、解析度與轉換速度。**在** ATtiny85 **開發板上有** 4 **個類比輸入接腳** ADC0~ADC3，**內建** 10 **位元** A/D **轉換器**，將輸入電壓 0~5V 轉換成 0~1023 階的數位值，每階解析度為 $5V/2^{10} \cong 4.9mV$，可以使用 Arduino 的 analogRead() 函式將輸入電壓轉成數位值。

10-2 感測器模組

感測器如同人體的神經末梢，可以感測外界物理量的變化，如表 10-1 所示常用感測器分類，依所感測的物理量可分成**溫度**、**溼度**、**氣體**、**水**、**光**、**運動**、**壓力**、**聲音**、**距離**等。依感測器的種類可分成溫度感測器、溼度感測器、瓦斯感測器、水位感測器、光度感測器、加速度感測器、電子陀螺儀、壓力感測器、聲音感測器、距離感測器等。感測器的品質會決定感測的靈敏度及精確度，市售感測器模組是將感測器元件加上電源電路、放大電路、比較電路及底板並引出接腳，以方便使用者進行專題實驗及實作。

表 10-1 常用感測器分類

物理量	感測器	物理量	感測器	物理量	感測器
溫度	DHT11 溫度感測器 	溫度	LM35 溫度感測器 	溫度	GY-906 溫度感測器 
溼度	DHT11 溼度感測器 	水	水位感測器 	水	土壤溼度感測器 
光	光度感測器 	壓力	HX711 壓力感測器 	壓力	FSR402 壓力感測器 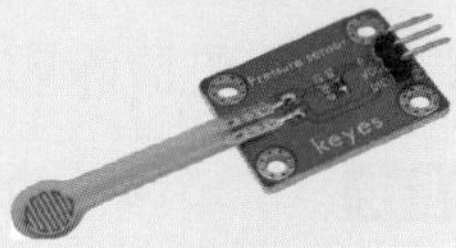
運動	ADXL345 加速度計 	運動	L3G4200 陀螺儀 	運動	GY271 電子羅盤 
氣體	煙霧感測器 	距離	超音波感測器 	距離	紅外線避障感測器 

10-3 實作練習

10-3-1 四位七段顯示模組計時實習

一 功能說明

如圖 10-3 所示電路接線圖，使用 ATtiny85 開發板，控制圖 10-2 所示 TM1637 四位七段顯示模組，顯示 0000~9999，每秒上數加 1。ATtiny85 **開發板** PB1 **內建** LED **串接** 200Ω **電阻接地，會影響** CLK **及** DIO **的邏輯準位，不可用來控制** TM1637 **顯示模組**。但如果是直接使用 ATtiny85 微控制器來連接電路，則無此限制。

(a) 外觀

(b) 接腳

圖 10-2　TM1637 四位七段顯示模組

四位七段顯示模組使用天微（Titan Micro）電子公司所開發設計的 TM1637 晶片，可以**驅動** 8 **段**×6 **位共陽極七段顯示器**，具八種亮度調整功能。顯示模組有小數及冒號兩種版本。在使用顯示模組前，須先下載 TM1637Display 函式庫，下載完成後於 Arduino IDE 中點選【草稿碼】【匯入程式庫】【加入.ZIP 程式庫】將其加入。如表 10-2 所示 TM1637Display 函式庫的方法（method）說明，指令格式為**物件**.**方法**，例如要清除顯示器內容且物件名稱為 display，其指令格式如下：

格式 `display.clear( )`

表 10-2　TM1637Display 函式庫的方法說明

方法	功能	參數說明
TM1637Display (uint8_t Clk, uint8_t DIO)	初始化物件及設定 CLK、DIO 接腳	Clk：clock 接腳 DIO：data 接腳
setBrightness (uint8_t brightness, bool on)	設定顯示亮度	brightness：0 (最暗) ~ 7 (最亮) on：true 開啟 / false 關閉顯示器。
clear()	清除顯示器	無。

方法	功能	參數說明
showNumberDec(int num, bool leading_zero, uint8_t length, uint8_t pos)	顯示十進數值 (不含小數)	num：十進數值。 leading_zero： 前補零設定，true 有 / false 無。 length：顯示位數，預設 4 位。 pos：開始位置，由左而右依序為 0~3。
showNumberDecEx(int num, uint8_t dots, bool leading_zero, uint8_t length, uint8_t pos)	顯示十進數值 (含小數)	num：十進數值。 dots：(1) 小數： 0.000 (dots=0b10000000) 00.00 (dots=0b01000000) 000.0 (dots=0b00100000) 0.0.0.0 (dots=0b11100000) (2) 冒號： 00:00 (dots=0b01000000) leading_zero： 前補零設定，true 有 / false 無 length：顯示位數，預設 4 位。 pos：開始位置，由左而右依序為 0~3。
showNumberHexEx(uint16_t num, uint8_t dots, bool leading_zero, uint8_t length, uint8_t pos)	顯示十六進數值 (含小數)	num：十六進數值。 其餘參數同前說明。
setSegments (const uint8_t segments[], uint8_t length, uint8_t pos)	顯示位元對映資料	segments[]： (1) 位元組資料陣列。 (2) 位元值為 1 則段亮，0 則段不亮。 (3) 位元 0~6 / 7：段 A~G / 0。 length：顯示位數。 pos：開始位置，由左而右依序為 0~3。。
encodeDigit(uint8_t num)	數值轉位元對映資料	num：十進數值，回傳位元對映資料。

二 電路接線圖

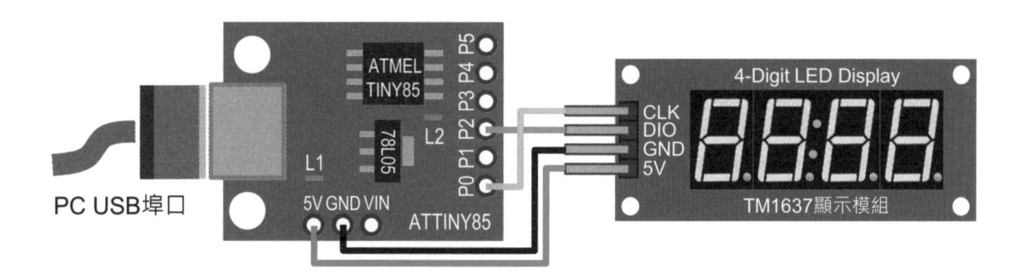

圖 10-3 四位七段顯示模組計時實習電路圖

三 程式：ch10_1.ino

```
#include <TM1637Display.h>                //使用 TM1637Display 函式庫。
#define CLK 0                             //顯示模組 CLK 連接 PB0。
#define DIO 2                             //顯示模組 DIO 連接 PB2。
int count = 0;                            //計時初值為零。
TM1637Display display(CLK, DIO);          //初始化 TM1637，物件名稱 display。
//初值設定
void setup()
{
    display.setBrightness(2);             //設定顯示亮度。
}
//主迴圈
void loop()
{
    display.showNumberDec(count,true);    //顯示前補零計時值。
    count++;                              //計時值加 1。
    if(count>9999)                        //計時值大於 9999 則清除為 0000。
        count=0;
    delay(1000);                          //每秒更新計時值。
}
```

練習

1. 使用 ATtiny85 開發板，控制圖 10-2 所示四位七段顯示模組，計時顯示 00:00~59:59。前兩位顯示分 00~59，後兩位顯示秒 00~59。
2. 使用 ATtiny85 開發板，控制圖 10-2 所示四位七段顯示模組，閃爍顯示 H、E、L、P。

10-3-2　專題實作：數位電壓表

一 功能說明

如圖 10-5 所示電路接線圖，使用 ATtiny85 開發板 ADC3（PB3）類比輸入，讀取直流電壓 0~5V，並將電壓值顯示於 TM1637 顯示模組，格式為 5.000。電壓由圖 10-4 所示**可變電阻**（variable resistance，簡記 VR）或稱為**電位器**來調整輸入，電位器第 1 腳接+5V、第 2 腳接 ADC3（PB3）、第 3 腳接地。當可變電阻旋轉向上時，電壓值增加，最大值為+5V，當可變電阻旋轉向下時，電壓值減少，最小值為 0V。

ATtiny85 **開發板使用** PB3、PB4 **腳當做** USB **串列埠口** USB+、USB-**上傳程式碼。在上傳程式碼前，必須將連接於** PB3 **及** PB4 **的周邊接腳移除，才能順利執行。**

(a) 元件　　　　(b) 符號

圖 10-4　可變電阻

二 電路接線圖

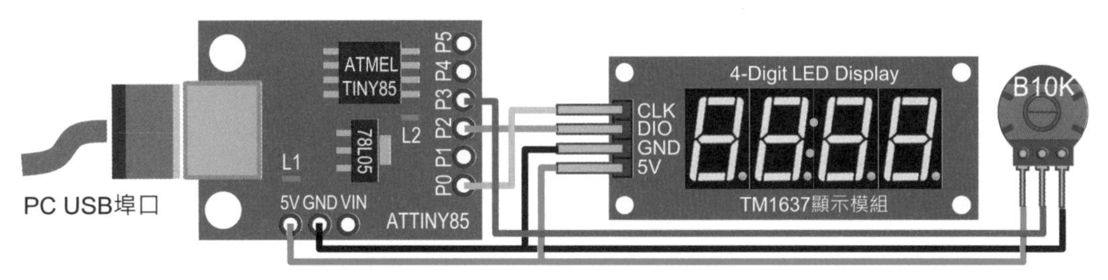

圖 10-5　數位電壓表電路圖

三 程式：ch10_2.ino

```
#include <TM1637Display.h>              //使用 TM1637Display 函式庫。
#define CLK 0                           //顯示模組 CLK 連接 PB0。
#define DIO 2                           //顯示模組 DIO 連接 PB2。
const int ADC3=3;                       //使用 ADC3 輸入(PB3 腳)。
const int refVolts=5;                   //參考電壓 5V,解析度 5/1024=4.88mV。
int digit;                              //ADC 轉換後的數位值 0~1023。
float volts;                            //輸入電壓值。
TM1637Display display(CLK, DIO);        //初始化 TM1637，物件名稱 display。
//初值設定
void setup()
{
    display.setBrightness(2);           //設定顯示亮度。
}
//主迴圈
void loop()
{
    digit=analogRead(ADC3);             //讀取類比輸入電壓並轉換成數位值。
    volts=(float)digit*refVolts/1024;   //依數位值計算輸入電壓值。
```

```
    volts=volts*1000;                        //顯示至 mV。
    display.showNumberDecEx(volts,0x80,true);//顯示格式 5.000。
    delay(1000);                             //每秒更新一次，避免顯示器閃爍。
}
```

練習

1. 使用 ATtiny85 開發板 ADC3（PB3）類比輸入，讀取直流電壓 0~5V，並將轉換後的數位值 0~1023 顯示於 TM1637 顯示模組。
2. 使用 ATtiny85 開發板 ADC3（PB3）類比輸入，讀取直流電壓 0~5V，將數位值顯示於顯示模組，同時控制 LED（PB1）閃爍速度，LED 閃爍速度隨電壓值增加而變快。

10-3-3 專題實作：小夜燈

一 功能說明

如圖 10-8 所示電路接線圖，使用 ATtiny85 開發板，配合圖 10-6 所示光敏電阻或是圖 10-7 所示光敏電阻模組，控制串列全彩 LED 模組。當光度弱（夜晚），則 LED 亮，當光度強（白天），則 LED 滅。

(a) 元件

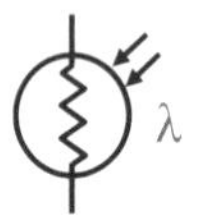

(b) 符號

圖 10-6 光敏電阻

光敏電阻（light dependent resistor，簡記 LDR 或 CdS）是最簡單的光線偵測元件。當光線愈強，光電流愈大，內部電阻愈小，最小電阻稱為**亮電阻**。在完全沒有光線照射狀態下之最大電阻稱為**暗電阻**。

如圖 10-7 所示光敏電阻模組，有數位輸出 DO 及類比輸出 AO 兩種選擇，內含一個光敏電阻及 LM393 比較器，光敏電阻連接於 LM393 正端輸入，光線強則光敏電阻值小，使 LM393 輸出低電位；反之光線弱則光敏電阻值大，使 LM393 輸出高電位。使用數位輸出 DO 時，調整電位器旋鈕可以改變環境光線亮度的設定值。當環境光線亮度未達到設定值時，DO 輸出高電位且開關指示燈暗，**當環境光線亮度已達到設定值時，DO 輸出低電位且開關指示燈亮**。如果要測量更準確的環境光線亮度，可以使用類比輸出 AO。

(a) 模組外觀

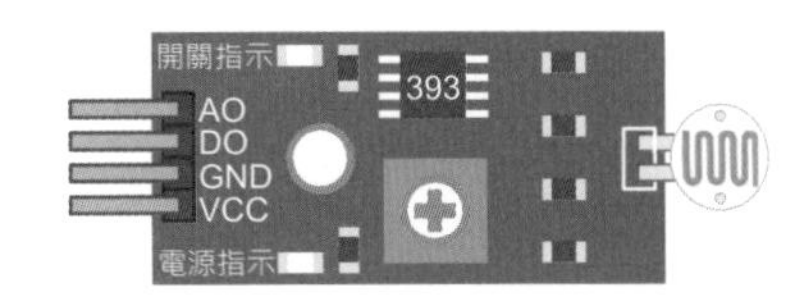

(b) 接腳圖

圖 10-7 光敏電阻模組

二 電路接線圖

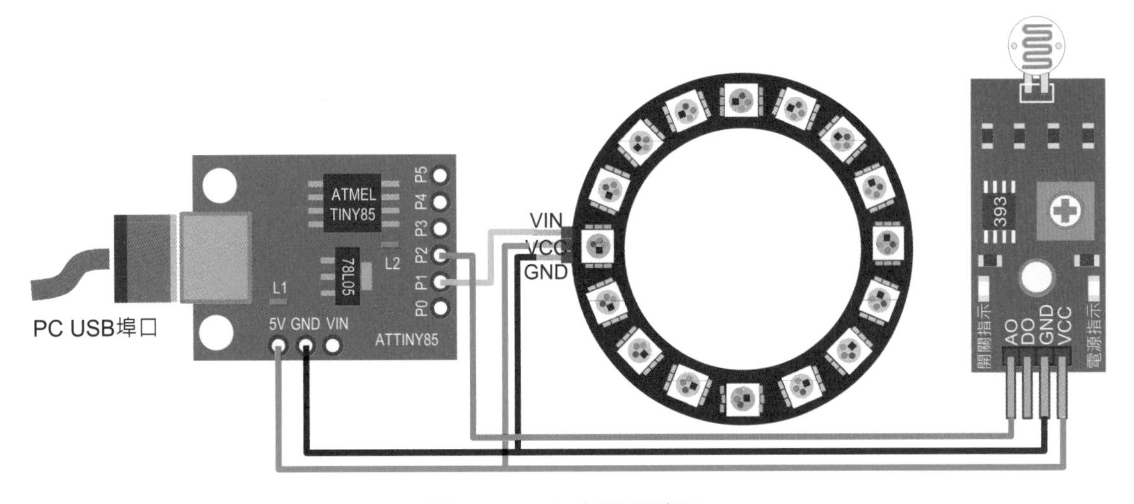

圖 10-8 小夜燈電路圖

三 程式：ch10_3.ino

```
#include <Adafruit_NeoPixel.h>          //使用 Adafruit_NeoPixel 函式庫。
#define PIN PB1                         //PB1 連接全彩 LED 模組。
#define NUMPIXELS 16                    //使用 16 位全彩 LED 模組。
const int CDS=1;                        //ADC1(PB2)連接光敏電阻 CDS。
Adafruit_NeoPixel pixels =              //初始化全彩 LED 模組，物件名稱 pixels。
    Adafruit_NeoPixel(NUMPIXELS,PIN,NEO_GRB + NEO_KHZ800);
int i;                                  //迴圈變數。
int digit;                              //數位值。
int brightness=0;                       //LED 模組亮度。
//初值設定
void setup()
{
    pixels.begin();                     //初始化 LED 模組。
}
```

```
//主迴圈
void loop()
{
    digit=analogRead(CDS);                  //檢測光度。
    if(digit>=512)                          //數位值大於等於 512(夜晚)，LED 亮。
        brightness=255;                     //LED 模組最亮。
    else                                    //數位值小於 512(白天)，LED 暗。
        brightness=0;                       //LED 模組最暗。
    pixels.setBrightness(brightness);       //設定 LED 模組亮度。
    for(i=0;i<NUMPIXELS;i++)                //16 位全彩 LED。
    {
        pixels.setPixelColor(i,255,255,255); //設定第 i 個 LED 為白光。
        pixels.show();                      //更新 LED 模組顯示。
    }
    delay(1000);
}
```

練習

1. 設計小夜燈，使用 ATtiny85 開發板，配合圖 10-7 所示光敏電阻模組偵測光度，當數位值>=600（夜晚），燈點亮；當數位值<400（白天），燈不亮；當數值在 400~600 之間時，燈維持原狀態（避免 LED 在臨界點不穩定的亮、滅變化）。
2. 設計四段自動調光燈，使用 ATtiny85 開發板，配合圖 10-7 所示光敏電阻模組偵測光度，控制全彩 LED 燈模組，當光線漸暗，LED 燈漸亮，當光線漸強，LED 燈漸暗。

10-3-4　專題實作：電子測距計

一 功能說明

如圖 10-12 所示電路接線圖，使用 ATtiny85 開發板，配合 PING)))™ 超音波感測器，測量物體距離（單位：公分），並顯示在 TM1637 四位七段顯示模組。

如圖 10-9 所示 Parallax 公司生產的 PING)))™ 超音波模組，有 SIG、+5V、GND 三支腳，工作電壓+5V，工作電流 30mA，工作溫度範圍 0~70°C。**超音波模組有效測量距離在 2 公分到 3 公尺之間**，物體在 0 公分到 2 公分的範圍內無法測量，傳回值皆為 2 公分。

(a) 元件

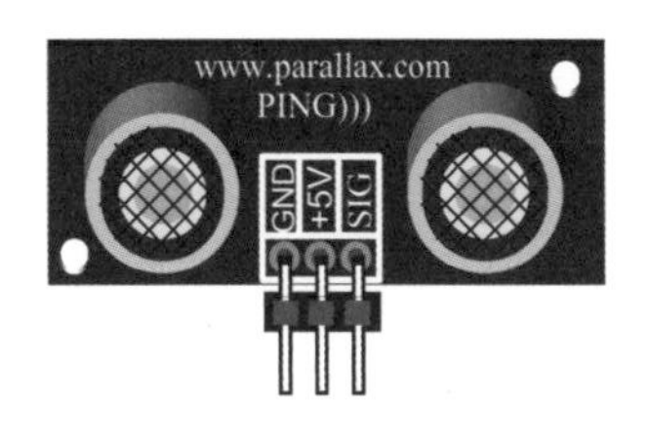

(b) 符號

圖 10-9　PING))) ™ 超音波感測器

1. 工作原理

如圖 10-10 所示超音波模組工作原理，首先微控制器必須先產生至少 2 微秒（典型值 5 微秒）**高電位啟動脈波**至超音波模組的 SIG 腳。當超音波模組接收到啟動脈波後，會發射 200μs@40kHz（頻率 40kHz 脈波連續發射 200μs）超音波訊號至物體端。當超音波訊號經由物體反射回到超音波模組時，超音波模組由 SIG 腳回傳一個 PWM 訊號給微控制器，PWM **回應訊號的脈寬時間與超音波傳遞的來回距離成正比**，最小值 115 微秒，最大值 18500 微秒。因為音波速度每秒 340 公尺，約等於每公分 29 微秒。因此，物體與超音波模組的**距離=脈寬時間**/29/2 **公分**。

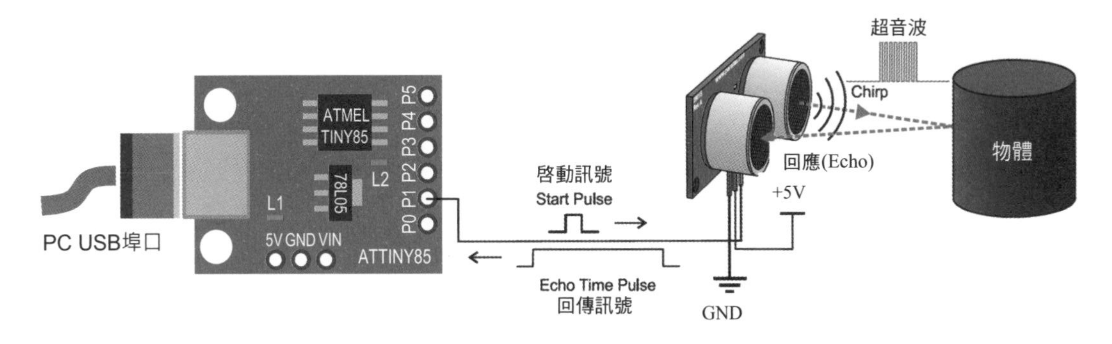

圖 10-10　PING)))™ 超音波模組的工作原理 (圖片來源：www.parallax.com)

2. 物體定位

如圖 10-11 所示三種超音波模組無法定位物體距離的情形，主要**受限於待測物體的位置及大小**，因而影響測量正確性。圖 10-11(a) 所示為待測物體距離超過 3.3 公尺，已超過超音波模組可以測量的範圍。圖 10-11(b) 所示為超音波進入物體的角度小於 45 度，超音波模組無法檢測到物體的反射波。圖 10-11(c) 所示為物體太小，超音波模組接收不到超音波訊號。

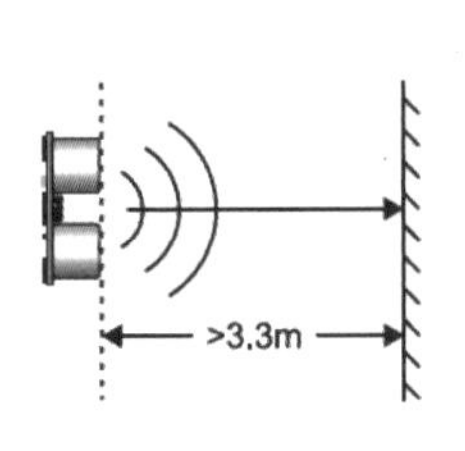

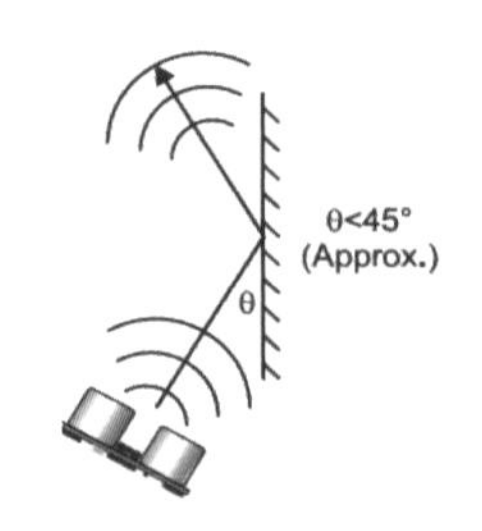

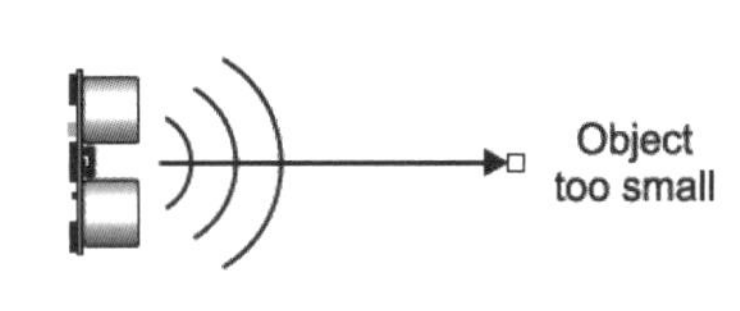

(a) 物體距離超過 3.3 公尺　(b) 發射角度θ小於 45 度　(c) 物體太小

圖 10-11　三種超音波模組無法定位物體距離的情形（圖片來源：www.parallax.com）

二 電路接線圖

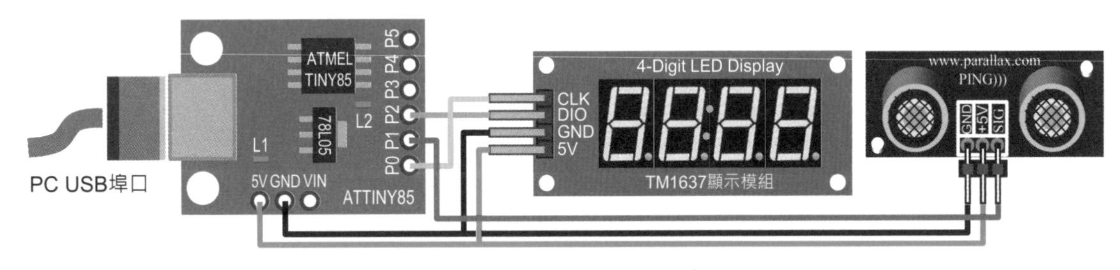

圖 10-12　電子測距計電路圖

三 程式：ch10_4.ino

```
#include <TM1637Display.h>              //使用 TM1637Display 函式庫。
#define CLK 0                            //PB0 連接 TM1637 顯示模組 CLK 腳。
#define DIO 2                            //PB2 連接 TM1637 顯示模組 DIO 腳。
const int SIG=1;                         //PB1 連接超音波模組 SIG 腳。
TM1637Display display(CLK, DIO);         //初始化 TM1637 模組，物件名稱 display。
//初值設定
void setup() {
    display.setBrightness(2);            //設定顯示器亮度。
}
//主迴圈
void loop() {
    delay(1000);                         //每秒鐘檢測距離一次。
    unsigned long cm;                    //物體與超音波模組的距離(單位：公分)。
    cm=ping(SIG);                        //檢測超音波模組與物體的距離。
    display.showNumberDec(cm,true);      //顯示距離，單位 cm。
}
//超音波測距函式
int ping(int SIG)
{
```

```
    unsigned long cm,duration;          //距離與脈寬時間。
    pinMode(SIG,OUTPUT);                //設定 PB1 為輸出模組。
    digitalWrite(SIG,LOW);
    delayMicroseconds(2);
    digitalWrite(SIG,HIGH);
    delayMicroseconds(5);               //微控制器輸出 5μs 正脈波訊號啟動超音波。
    digitalWrite(SIG,LOW);
    pinMode(SIG,INPUT);                 //設定 PB1 為輸入模組。
    duration=pulseIn(SIG,HIGH);         //讀取超音波來回所須時間。
    cm=duration/29/2;                   //計算實際距離(單位：公分)。
    return cm;                          //回傳物體與超音波模組的距離值。
}
```

練習

1. 設計倒車警示器，使用 ATtiny85 開發板，配合 PING)))™ 超音波感測器（PB1）、蜂鳴器模組（PB3）及 TM1637 四位七段顯示模組（PB0、PB2）。當車子與物體距離 20cm~30cm 時，輸出間隔 500ms 嗶聲；車子與物體距離 10cm~20cm 時，輸出間隔 100ms 嗶聲；車子與物體距離小於 10cm 時，輸出間隔 50ms 嗶聲。顯示模組顯示車子尾端與物體的距離。
2. 承上題，在 PB4 連接 LED 模組，閃爍速度與嗶聲相同。

10-3-5 專題實作：電子溫度計

一 功能說明

如圖 10-14 所示電路接線圖，使用 ATtiny85 開發板配合 LM35 溫度感測器測量環境溫度，並且將環境溫度顯示在 TM1637 顯示模組中，以環境溫度 25.5°C 為例，顯示格式為 25.5C。

1. 常用溫度感測器

如表 10-3 所示常用溫度感測器，包含 LM35、DS18B20、DHT11、DHT22 四種，依其通信協定、電源電壓、溫度範圍及精確度進行比較。LM35 及 DS18B20 只能測量溫度，精確度相同，但是通信協定不同，LM35 可以直接連接於 ATtiny85 開發板 ADC 輸入，使用較方便。DHT22 感測器比 DHT11 有較高的解析度、寬廣的溫度及溼度測量範圍。DHT22 感測器的缺點是價格較貴，每 2 秒（取樣率 0.5Hz）讀取一次數據，而 DHT11 價格較便宜，每秒（取樣率 1Hz）讀數 1 次數據。

表 10-3　常用溫度感測器

特性	LM35	DS18B20	DHT11	DHT22
功用	溫度	溫度	溫度 / 溼度	溫度 / 溼度
通信協定	analog	OneWire	OneWire	OneWire
電壓範圍	4V~30V DC	3V~5.5V DC	3V~5.5V DC	3V~6V DC
溫度範圍	-55°C~150°C	-55°C~125°C	0°C~50°C	-40°C~80°C
溼度範圍	–	–	20~80%±5%RH	0~100%±2~5%RH
精確度	±0.5°C	±0.5°C	±2°C	±0.5°C

2. LM35 溫度感測器

如圖 10-13 所示 LM35 溫度感測器，輸出電壓與攝氏（Celsius）溫度呈線性關係，溫度每升高 1°C，輸出電壓增加 10mV，**規格** 10mV/°C。以環境溫度 25°C 為例，LM35 輸出電壓 V_{OUT}=25°C×10mV/°C=250mV。ATtiny85 微控制器 ADC 為 10 位元解析度，最小有效位元電壓值為 5V/1024≅5mV，轉換後的數位值等於 250mV/5mV=50，**解析度為** 25°C/50=0.5°C。

(a) 元件

(b) 接腳

圖 10-13　LM35 溫度感測器

二 電路接線圖

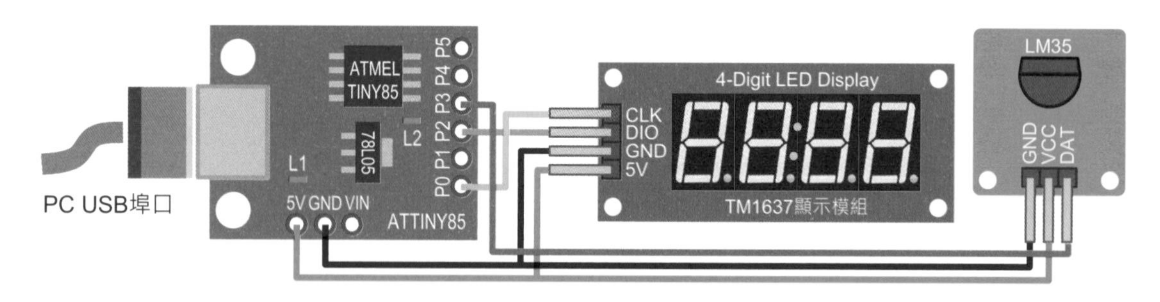

圖 10-14　電子溫度計電路圖

三 程式：ch10_5.ino

```
#include <TM1637Display.h>                //使用 TM1637Display 函式庫。
const int Vout=3;                         //ADC3(PB3)連接 LM35 模組。
#define CLK 0                             //PB0 連接 TM1637 顯示模組 CLK 腳。
#define DIO 2                             //PB2 連接 TM1637 顯示模組 DIO 腳。
TM1637Display display(CLK, DIO);          //初始化 TM1637 模組，物件名稱 display。
const uint8_t unit[] = {SEG_A | SEG_D | SEG_E | SEG_F }; //字元 C。
//初值設定
void setup() {
    display.setBrightness(2);             //設定 TM1637 顯示模組亮度。
}
//主迴圈
void loop() {
    delay(1000);                          //每秒檢測一次環境溫度。
    float degree;                         //溫度值。
    degree=LM35(Vout);                    //檢測環境溫度。
    degree=degree*10;                     //顯示值左移一位。
    display.showNumberDecEx(degree,0x40,false,3,0);  //前三位顯示溫度值。
    display.setSegments(unit,1,3);        //最後一位顯示字元 C。
}
//環境溫度檢測函式
float LM35(int Vout) {
    int value;                            //溫度數位值。
    float degree;                         //溫度值。
    value=analogRead(Vout);               //檢測溫度並轉換為數位值。
    degree=(float)value*0.5;              //轉換成實際溫度值。
    return degree;                        //傳回溫度值。
}
```

練習

1. 使用 ATtiny85 開發板配合 LM35 溫度感測器(ADC3)及 LED(PB1)測量環境溫度，並且將環境溫度顯示在 TM1637 顯示模組中。當環境溫度在 27°C 以下時，LED 不亮，當環境溫度大於 27°C 時，LED 亮。
2. 使用 ATtiny85 開發板配合 LM35 溫度感測器 (ADC3)、LED (PB1) 及無源蜂鳴器模組 (PB4) 測量環境溫度，並且將環境溫度顯示在 TM1637 顯示模組中。當環境溫度在 27°C 以下時，LED 不亮，當環境溫度大於 27°C 時，LED 亮並且發出嗶聲。

10-3-6 專題實作：電子溫溼度計

一 功能說明

如圖 10-17 所示電路接線圖，使用 ATtiny85 開發板配合 DHT11 溫溼度感測器測量環境溫度及溼度，並且將環境溫度及溼度顯示於 TM1637 顯示模組中。TM1637 顯示模組左邊兩位顯示溫度值，右邊兩位顯示溼度值。

1. DHT11/DHT22 溫溼度感測器

如圖 10-15 所示 DHT11 / DHT22 溫溼度感測器，兩者接腳完全相同，採用 3.3V 或 5V 供電。內部電路由溼度感測器、負溫度係數（negative temperature coefficient，簡記 NTC）熱敏電阻及 IC 所組成。

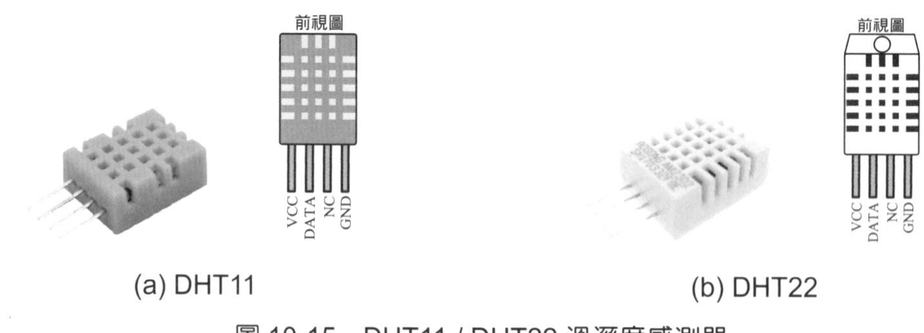

圖 10-15　DHT11 / DHT22 溫溼度感測器

DHT11 / DHT22 使用 NTC 熱敏電阻來測量環境溫度，DHT11 / DHT22 溼度的感測原理是利用兩個電極基板間的溼度隨著環境中水分含量的變化，使基板電導率或電極之間的電阻產生變化，來測得環境相對溼度。

2. 連接方式

如圖 10-16 所示 DHT11 / DHT22 溫溼度感測器連接方式，DATA **腳須串聯一個** 4.7kΩ**上拉電阻**（pull-up resister），**再連接至**+5V **電源，才能得到正確的數據輸出**。如果是購買模組，底板通常都會連接上拉電阻。

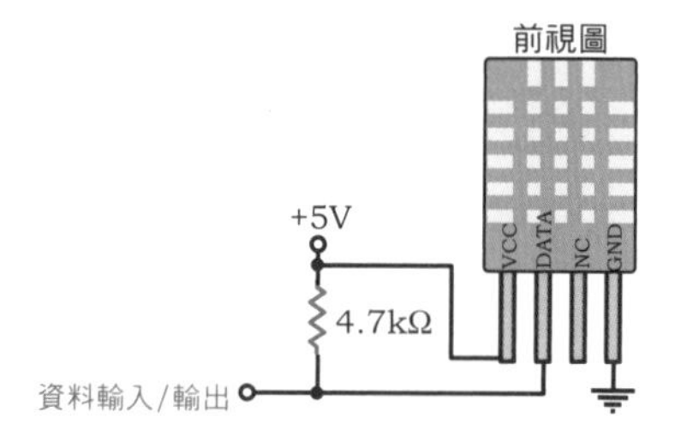

圖 10-16　DHT11 / DHT22 溫溼度感測器連接方式

3. DHT 函式庫下載

在使用 ATtiny85 開發板控制 DHT11 / DHT22 溫溼度感測器之前，必須先安裝 TinyDHT 函式庫。下載網址 https://github.com/adafruit/TinyDHT，下載完成後，於 Arduino IDE 中點選【草稿碼】【匯入程式庫】【加入.ZIP 程式庫】將其加入。如表 10-4 所示 TinyDHT 函式庫的方法（method）說明，指令格式為**物件.方法**，例如要啟動 DHT11 模組且物件名稱為 dht，其指令格式如下：

格式 `dht.begin( )`

表 10-4　DHT 函式庫的方法說明

函式名稱	功能	參數說明
DHT (uint8_t pin, uint8_t type)	初始化 DHT。	pin：連接 DHT 模組 DATA 埠腳。 type：DHT11 或 DHT22。
begin()	啟動 DHT11 模組。	無。
int16_t readTemperature(bool S)	讀取環境溫度。	S=true / false：華氏溫度 / 攝氏溫度。
int16_t convertCtoF(int16_t C)	攝氏溫度轉華氏溫度。	C：攝氏溫度值。
uint8_t readHumidity()	讀取環境溼度。	無。

二 電路接線圖

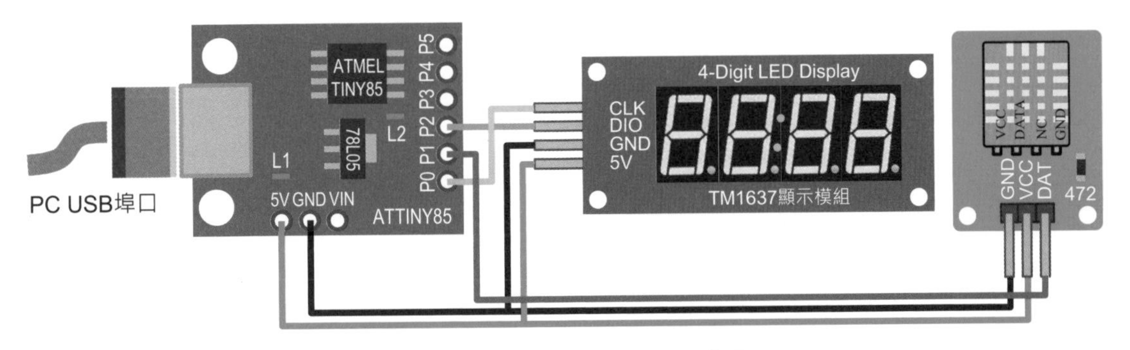

圖 10-17　電子溫溼度計電路圖

三 程式：ch10_6.ino

```
#include <TM1637Display.h>        //使用 TM1637Display 函式庫。
#include <TinyDHT.h>              //使用 TinyDHT 函式庫。
#define CLK 0                     //PB0 連接至 TM1637 顯示模組 CLK 腳。
#define DIO 2                     //PB2 連接至 TM1637 顯示模組 DIO 腳。
#define DHTPIN 1                  //PB1 連接 DHT11 模組 DATA 腳。
#define DHTTYPE DHT11             //使用 DHT11 模組。
DHT dht(DHTPIN, DHTTYPE);         //初始化 DHT11，物件名稱 dht。
```

```
TM1637Display display(CLK, DIO);      //初始化 TM1637 模組，物件名稱 display。
//初始設定
void setup() {
    display.setBrightness(2);         //設定 TM1637 顯示模組亮度。
    dht.begin();                      //啟動 DHT11 模組。
}
//主迴圈
void loop() {
    delay(1000);                          //每秒檢測一次環境溫度及溼度。
    int8_t h = dht.readHumidity();        //讀取溼度值。
    int16_t t = dht.readTemperature(0);   //讀取攝氏溫度值。
    display.showNumberDec(t,false,2,0);   //顯示器左邊兩位顯示溫度。
    display.showNumberDec(h,false,2,2);   //顯示器右邊兩位顯示溼度。
}
```

練習

1. 設計植物自動澆水器，使用 ATtiny85 開發板、DHT11 溫溼度感測器及 LED（PB4）測量環境溫度及溼度，並顯示於 TM1637 模組中，左邊兩位顯示溫度，右邊兩位顯示溼度。當環境溫度 t>27°C 且環境溼度 h<60%，LED 亮，並開啟電動進水閥澆水。
2. 承上題，當環境溫度 t>27°C 且環境溼度 h<60%，LED 亮，開啟電動進水閥，持續澆水；當環境溫度 t≤27°C 或環境溼度 h≥60%，進水閥仍然開啟持續澆水 5 秒後關閉。

10-3-7 專題實作：電子額溫槍

一 功能說明

如圖 10-20 所示電路接線圖，使用 ATtiny167 開發板配合 GY-906 紅外線溫度感測模組、觸控模組及無源蜂鳴器模組，測量額溫（攝氏溫度）並顯示於 128×64 OLED 模組。手指觸摸開關相應位置，蜂鳴器嗶一聲後開始測量額溫，在兩秒內將額溫槍對準額頭在 2cm 範圍內，測量完成後蜂鳴器嗶兩聲並顯示額溫如圖 10-18 所示。**因為程式碼超過 8KB，改用有 16KB Flash 記憶體的 ATtiny167 開發板。**

圖 10-18 額溫顯示畫面

1. GY906 非接觸式紅外線溫度感測器

如圖 10-19 所示 GY-906 非接觸式紅外線溫度感測模組，內建 MLX90614 晶片，有 3V 及 5V 兩種電源版本，採用 I2C 通信協定，SDA、SCL 埠腳含上升電阻。GY-906 模組內建 17 位元 ADC，具有 0.02°C 的高解析度，可測量的環境溫度（Ambient temperature，簡記 T_A）範圍為 -40°C~+125°C、物體溫度（Object temperature，簡記 T_O）範圍為 -70°C~+380°C，在 0~50°C 溫度範圍，T_A 及 T_O 測量精確度為 ±0.5°C。醫用版本，T_A 在 16°C~40°C 範圍內、To 在 22°C~40°C 範圍內，測量精確度為 ±0.3°C。如果 T_O 在 36°C~38°C 範圍內，測量精確度可達 ±0.2°C。GY-906 **最大測量距離** 2cm，**使用** GY-906 **感測模組在** 2cm **範圍內對準額頭所測得的物體溫度** T_O **即為額溫**。

(a) 外觀

(b) 接腳

圖 10-19　GY-906 非接觸式紅外線溫度感測器

2. GY-906 函式庫下載

在使用 ATtiny85 開發板控制 GY-906 模組之前，必須先安裝 **MiniMLX90614** 函式庫。下載網址 https://github.com/adafruit/Adafruit_MiniMLX90614，下載完成後，於 Arduino IDE 中點選【草稿碼】【匯入程式庫】【加入.ZIP 程式庫】將其加入。如表 10-5 所示 MiniMLX90614 函式庫的方法（method）說明，指令格式為**物件**.**方法**，例如要啟動 GY-906 模組且物件名稱為 mlx，其指令格式如下：

格式
```
mlx.begin( )
```

表 10-5　MiniMLX90614 函式庫的方法說明

函式名稱	功能	參數說明
begin()	啟動 MLX90614 晶片	無。
double readObjectTempF()	讀取物體華氏溫度	無。傳回資料型態 double 物體華氏溫度。
double readAmbientTempF()	讀取環境華氏溫度	無。傳回資料型態 double 環境華氏溫度。
double readObjectTempC()	讀取物體攝氏溫度	無。傳回資料型態 double 物體攝氏溫度。
double readAmbientTempC()	讀取環境攝氏溫度	無。傳回資料型態 double 環境攝氏溫度。

二 電路接線圖

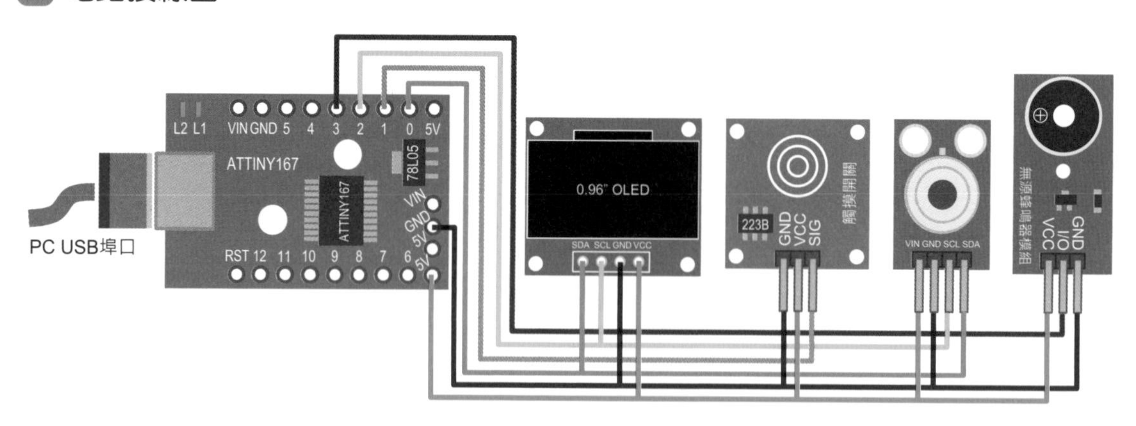

圖 10-20　電子額溫槍電路圖

三 程式：ch10_7.ino

```
#include <Adafruit_MiniMLX90614.h>    //使用 Adafruit_MiniMLX90614 函式庫。
#include <TinyOzOLED.h>               //使用 TinyOzOLED 函式庫。
const int sw=PB1;                            //PB1 連接觸摸開關 SIG。
const int buzzer=PB3;                        //PB3 連接蜂鳴器輸入。
byte width=16;                               //每頁顯示 16 個字元。
const char *n="0123456789";                  //數值轉字元。
Adafruit_MiniMLX90614 mlx=Adafruit_MiniMLX90614();   //宣告使用 GY-906。
bool val;                                    //觸摸開關狀態。
bool start=false;                            //測量控制。
char str1[]="Temp";                          //8×8 字形字元。
char str2[]="00.0";                          //8×8 字形及 24×32 字形字元
byte xPos1=(width-(sizeof(str1)-1)*3)/2;     //str1 顯示 X 座標。
byte xPos2=(width-(sizeof(str2)-1)*3)/2;     //str2 顯示 X 座標。
byte page1=0;                                //str1 顯示 Y 座標。
byte page2=2;                                //str2 顯示 Y 座標。
//初值設定
void setup() {
    pinMode(sw,INPUT_PULLUP);                //設定 PB1 為輸入模式，含上升電阻
    pinMode(buzzer,OUTPUT);                  //設定 PB3 為輸出模式。
    mlx.begin();                             //初始化 GY-906。
    OzOled.init();                           //初始化 OLED。
    OzOled.printString(str1,xPos1,page1,4);  //顯示 8×8 字形 str1。
    OzOled.printBigNumber(str2,xPos2,page2,4);   //顯示 24×32 字形 str2。
}
//主迴圈
```

```
void loop() {
    val=digitalRead(sw);                    //讀取觸摸開關狀態。
    if(val==HIGH)                           //手指觸摸開關相應位置。
    {
        while(digitalRead(sw)==HIGH)        //等待手指離開相應位置。
            ;
        start=true;                         //開始測量。
    }
    if(start==true)                         //開始測量?
    {
        Tone(50);                           //開始測量，嗶一聲。
        delay(2000);                        //2 秒內將額溫槍對準額頭(2cm 範圍內)
        double ObjectTempC=mlx.readObjectTempC();       //讀取額溫。
        int tempC=ObjectTempC*10;           //額溫浮點數轉整數。
        OzOled.printNumber(ObjectTempC,1,xPos1+7,page1);//顯示額溫。
        OzOled.printChar('C');              //單位。
        str2[0]=*(n+tempC/100);             //儲存額溫十位值。
        str2[1]=*(n+tempC%100/10);          //儲存額溫個位值。
        str2[3]=*(n+tempC%100%10);          //儲存額溫小數值。
        OzOled.printBigNumber(str2,xPos2,page2,4);      //顯示額溫。
        delay(500);                         //等待 OLED 顯示額溫。
        for(byte i=0;i<2;i++)               //測量結束，嗶兩聲。
        {
            Tone(100);
            delay(100);
        }
        start=false;                        //結束測量。
    }
}
//聲音輸出函式
void Tone(unsigned len)
{
    for(int i=0;i<len;i++)                  //顯示 1kHZ 聲音波形，音長 len×1ms。
    {
        digitalWrite(buzzer,HIGH);          //聲音波形正半週。
        delayMicroseconds(500);
        digitalWrite(buzzer,LOW);           //聲音波形負半週。
        delayMicroseconds(500);
    }
}
```

練習

1. 承上題，設計電子額溫槍，測量額溫（華氏溫度），並顯示於 128×64 OLED 模組中。
2. 承上題，如果測量結果不準確，應該如何校正？
   參考解答：ObjectTempC= ObjectTempC±adj，adj 為調整溫度值。

10-3-8 專題實作：智能檯燈

一 功能說明

如圖 10-22 所示電路接線圖，使用 ATtiny85 開發板配合紅外線反射型感測模組及觸摸開關模組，控制 16 位串列式全彩 LED 模組。有兩種方式可以切換全彩 LED 模組全亮／全暗，第一種方法是手指觸摸開關相應位置；第二種方法是手勢感應紅外線反射型光感測模組。

1. 紅外線反射型光感測模組

如圖 10-21 所示紅外線反射型光感測模組，由紅外線發射二極體、紅外線接收二極體及 LM393 比較器組成，工作電壓範圍 3.3V~5V，可以調整電位器來改變 2~30mm 有效距離範圍。**在正常況狀下，開關指示燈不亮，同時 OUT 腳輸出高電位信號**。當紅外線發射二極體所發射的紅外線信號遇到障礙物（反射面）時，反射回來的紅外線信號被紅外線接收二極體接收，經由比較電路處理後，開關指示燈點亮，同時 OUT 腳輸出低電位信號。反射型光感測模組可以應用在自走車的循跡或避障、生產線自動計數器、室內人員進出計數器及停車場車位計數器等用途。

(a) 模組外觀

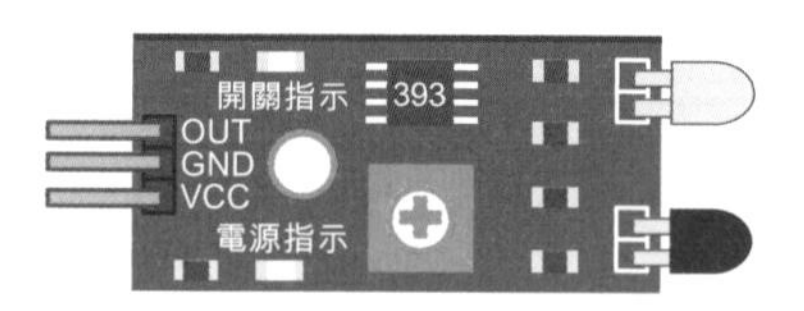

(b) 接腳圖

圖 10-21 紅外線反射型光感測模組

二 電路接線圖

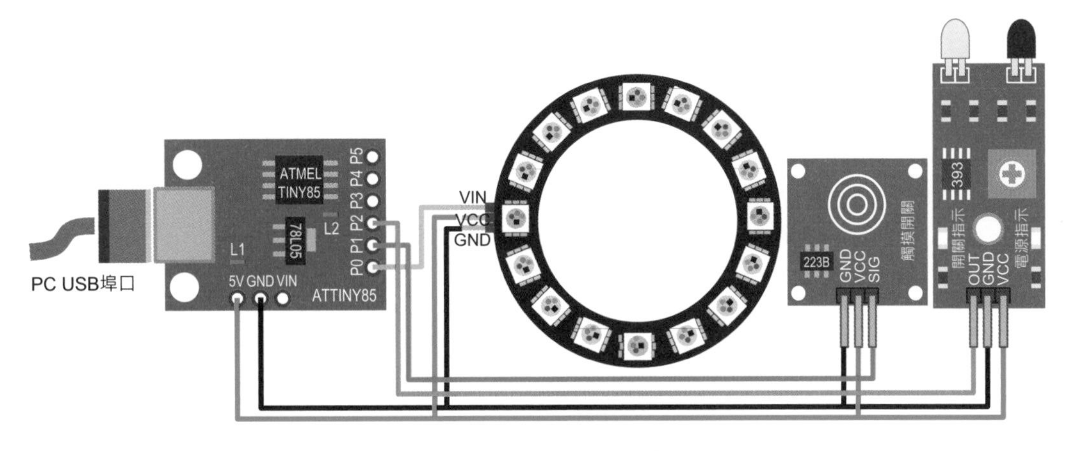

圖 10-22　智能檯燈電路圖

三 程式：ch10_8.ino

```
#include <Adafruit_NeoPixel.h>          //使用 Adafruit_NeoPixel 函式庫。
#define PIN PB0                         //PB0 連接全彩 LED 模組輸入 IN 腳。
#define sw PB1                          //PB1 連接觸模開關 SIG 腳。
#define NUMPIXELS 16                    //使用 16 位 LED。
Adafruit_NeoPixel pixels =              //設定全彩 LED 模組相關參數。
    Adafruit_NeoPixel(NUMPIXELS,PIN,NEO_GRB + NEO_KHZ800);
byte i;                                 //迴圈變數。
bool val;                               //觸摸開關狀態。
bool power=false;                       //全彩 LED 模組 ON/OFF 控制位元。
unsigned long deBounce;                 //反射型光感測模組除彈跳。
//初值設定
void setup() {
    pinMode(sw,INPUT_PULLUP);           //設定 PB1 為輸入模式，使用內建上升電阻。
    pixels.begin();                     //初始化全彩 LED 燈。
    pixels.setBrightness(255);          //設定全彩 LED 燈亮度最亮。
    attachInterrupt(0,Ir0Check,FALLING);//使用外部中斷 INT0(PB2)。
}
//主迴圈
void loop() {
    val=digitalRead(sw);                //讀取觸摸開關狀態。
    if(val==HIGH)                       //手指觸摸開關相應位置。
    {
        while(digitalRead(sw)==HIGH)//等待手指離開。
            ;
```

```
        power=!power;                      //切換 ON(true)/OFF(false)控制位元。
    }
    if(power==true)                        //控制位元為 ON?
    {
        for(i=0;i<NUMPIXELS;i++)           //開啟全彩 LED 燈。
        {
            pixels.setPixelColor(i,255,255,255);//設定第 i 個 LED 為白光。
            pixels.show();                 //更新顯示。
        }
    }
    else                                   //控制位元為 OFF。
    {
        for(i=0;i<NUMPIXELS;i++)           //關閉全彩 LED 燈。
        {
            pixels.setPixelColor(i,0,0,0);
            pixels.show();
        }
    }
}
//外部中斷 0 函式
void Ir0Check()
{
  if(millis()-time1>=200)                  //消除彈跳。
  {
    time1=millis();
    power=!power;                          //切換 ON(true)/OFF(false)控制位元。
  }
}
```

練習

1. 設計智能檯燈，使用 ATtiny85 開發板配合紅外線反射型光感測模組及觸摸開關模組，控制 16 位串列式全彩 LED 燈。紅外線光感測模組控制全彩 LED 燈 ON/OFF；觸控開關控制全彩 LED 亮度，由最暗到最亮共有四段，亮度值依序為 50➔100➔200➔250。
2. 設計智能檯燈，使用 ATtiny85 開發板配合紅外線反射型光感測模組及觸控開關，控制 16 位全彩 LED 燈。紅外線光感測模組及觸控開關控制全彩 LED 燈電源 ON/OFF 及亮度，由最暗到最亮共有五段，亮度值依序為 0（OFF）➔50➔100➔200➔250。

10-3-9 專題實作：數位電子時鐘

一 功能說明

如圖 10-27 所示電路接線圖，使用 ATtiny85 開發板，配合 DS3231 即時時鐘（Real-Time Clock，簡記 RTC）模組及 TM1637 顯示模組，每 3 秒鐘切換顯示現在 24 小時模組的時間（顯示格式：HH:MM）及環境溫度（顯示格式：TT°C）。ATtiny85 **開發板使用 PB3（USB+）及 PB4（USB-）控制 TM1637 顯示模組，上傳程式碼至 ATtiny85 開發板前，必須先移除其接線，才能成功上傳。**

1. DS3231 時鐘模組器

如圖 10-23 所示 DS3231 RTC 模組，內含一個時鐘、兩個鬧鐘（Alarm1 及 Alarm2）及一個溫度感測器。時鐘可設定年（year）、月（month）、日（date）/星期（day of week）、時（hour）、分（minute）、秒（second）等數據，在室溫 0°C ~ 40°C 範圍內可達到 ±2PPM 精確度，年誤差約 1 分鐘。溫度感測器含 8 位元整數及 2 位元小數，精確度 ±3°C。

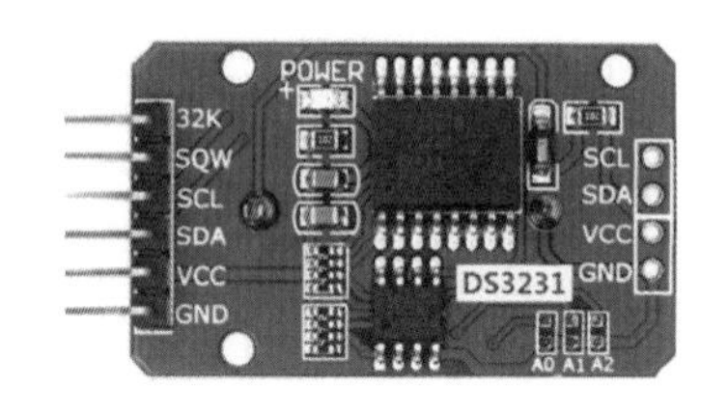

(a) 外觀

(b) 接腳

圖 10-23 DS3231 即時時鐘模組

2. DS3231 計時暫存器的位址對映

如圖 10-24 所示為 DS3231 計時暫存器的位址對映。DS3231 時鐘模組內建 EEPROM 24C32（32K×1）及 CR2032 鋰電池 VBAT，正常情況下由外部電源 VCC 供電，斷電時由 VBAT 供電，保持時鐘能正常計時。CR2032 鋰電池不可充電，如果需要可充電鋰電池，可改用 ML2032。

時間（time）及日曆（calendar）使用 BCD **格式儲存**，位址 09H 暫存器的位元 6 定義 12 小時制或 24 小時制。當位元 6 設定為邏輯 1 時表示 12 小時模式，當位元 6 設定為邏輯 0 時表示 24 小時模式。在 12 小時模式下，位元 5 表示 AM/PM，邏輯 0 表示 AM，邏輯 1 表示 PM。位址 03H 暫存器指示星期的第幾天，在午夜 12 點，系統會自動加 1，數字 1 代表星期日、數字 2 代表星期一、以此類推。

ADDRESS	BIT 7 MSB	BIT 6	BIT 5	BIT 4	BIT 3	BIT 2	BIT 1	BIT 0 LSB	FUNCTION	RANGE
00h	0	10 Seconds			Seconds				Seconds	00–59
01h	0	10 Minutes			Minutes				Minutes	00–59
02h	0	12/$\overline{24}$	$\overline{AM}$/PM 20 Hour	10 Hour	Hour				Hours	1–12 + $\overline{AM}$/PM 00–23
03h	0	0	0	0	0	Day			Day	1–7
04h	0	0	10 Date		Date				Date	01–31
05h	Century	0	0	10 Month	Month				Month/ Century	01–12 + Century
06h	10 Year				Year				Year	00–99
07h	A1M1	10 Seconds			Seconds				Alarm 1 Seconds	00–59
08h	A1M2	10 Minutes			Minutes				Alarm 1 Minutes	00–59
09h	A1M3	12/$\overline{24}$	$\overline{AM}$/PM 20 Hour	10 Hour	Hour				Alarm 1 Hours	1–12 + $\overline{AM}$/PM 00–23
0Ah	A1M4	DY/DT	10 Date		Day Date				Alarm 1 Day Alarm 1 Date	1–7 1–31
0Bh	A2M2	10 Minutes			Minutes				Alarm 2 Minutes	00–59
0Ch	A2M3	12/$\overline{24}$	$\overline{AM}$/PM 20 Hour	10 Hour	Hour				Alarm 2 Hours	1–12 + $\overline{AM}$/PM 00–23
0Dh	A2M4	DY/$\overline{DT}$	10 Date		Day Date				Alarm 2 Day Alarm 2 Date	1–7 1–31
0Eh	$\overline{EOSC}$	BBSQW	CONV	RS2	RS1	INTCN	A2IE	A1IE	Control	—
0Fh	OSF	0	0	0	EN32kHz	BSY	A2F	A1F	Control/Status	—
10h	SIGN	DATA	DATA	DATA	DATA	DATA	DATA	DATA	Aging Offset	—
11h	SIGN	DATA	DATA	DATA	DATA	DATA	DATA	DATA	MSB of Temp	—
12h	DATA	DATA	0	0	0	0	0	0	LSB of Temp	—

圖 10-24　DS3231 計時暫存器的位址對映

DS3231 RTC 模組有兩個鬧鐘 Alarm1 及 Alarm2，位址 07H~0AH 暫存器可以設定鬧鐘 Alarm1，位址 0BH~0DH 暫存器可以設定鬧鐘 Alarm2。鬧鐘匹配設定如圖 10-25 所示。

DY/$\overline{DT}$	ALARM 1 REGISTER MASK BITS (BIT 7)				ALARM RATE
	A1M4	A1M3	A1M2	A1M1	
X	1	1	1	1	Alarm once per second
X	1	1	1	0	Alarm when seconds match
X	1	1	0	0	Alarm when minutes and seconds match
X	1	0	0	0	Alarm when hours, minutes, and seconds match
0	0	0	0	0	Alarm when date, hours, minutes, and seconds match
1	0	0	0	0	Alarm when day, hours, minutes, and seconds match

DY/$\overline{DT}$	ALARM 2 REGISTER MASK BITS (BIT 7)			ALARM RATE
	A2M4	A2M3	A2M2	
X	1	1	1	Alarm once per minute (00 seconds of every minute)
X	1	1	0	Alarm when minutes match
X	1	0	0	Alarm when hours and minutes match
0	0	0	0	Alarm when date, hours, and minutes match
1	0	0	0	Alarm when day, hours, and minutes match

圖 10-25　DS3231 鬧鐘匹配設定

系統每秒會檢測一次，**當 RTC 暫存器值與鬧鐘暫存器設定匹配時，相應鬧鐘旗標位元「A1F」或「A2F」會被設定為邏輯** 1。如果相應鬧鐘中斷致能位元「A1IE」或「A2IE」也設定為邏輯 1，且 INTCN 位元設定為邏輯 1 時，DS3231 的 INT/SQW 接腳將會輸出中斷（interrupt，簡記 INT）信號。當 INTCN 位元設定為邏輯 0 時，INT/SQW（square wave，簡記 SQW）接腳輸出方波信號，方波頻率設定如圖 10-26 所示，使用計時暫存器位址 0x0E 的位元 3 及位元 4 控制。

RS2	RS1	SQUARE-WAVE OUTPUT FREQUENCY
0	0	1Hz
0	1	1.024kHz
1	0	4.096kHz
1	1	8.192kHz

圖 10-26　DS3231 方波頻率設定

3. TinyWireM 函式庫下載

在使用 ATtiny85 開發板控制 DS3231 即時時鐘模組前，必須先安裝 DS3231 函式庫，多數 DS3231 函式庫使用 wire 函式庫來建立 I2C 數據通信。wire **函式庫支援** Arduino **開發板，但不支援** ATtiny85 **開發板**。ATtiny85 **開發板須使用** TinyWireM **函式庫來建立** I2C **數據通信**，下載網址 https://github.com/adafruit/TinyWireM。下載完成後，於 Arduino IDE 中點選【草稿碼】【匯入程式庫】【加入.ZIP 程式庫】將其加入。如表 10-6 所示 TinyWireM 函式庫的方法（method）說明，指令格式為**物件**.**方法**，例如要致能 I2C 串列埠介面，其指令格式如下：

格式 `TinyWireM.begin( )`

表 10-6　TinyWireM 函式庫的方法說明

方法	功能	參數說明
begin() / end()	致能 / 除能 I2C 串列埠介面	無。
beginTransmission(uint8_t slaveAddr)	啟動 I2C 傳輸	slaveAddr：DS3231 I2C 位址為 0x68。
endTransmission()	結束 I2C 傳輸	無。
requestFrom(uint8_t slaveAddr, uint8_t numBytes)	請求讀取從設備資料	slaveAddr：DS3231 I2C 位址為 0x68。 numBytes：接收資料位元組數目
available()	尚未讀取的位元組數	無。

方法	功能	參數說明
int read()	自從設備讀取資料	無。傳回整數資料。
write(uint8_t data)	主設備(微控制器)將資料寫入從設備中	data：主設備(微控制器)寫入的資料。

二 電路接線圖

圖 10-27　數位電子鐘實習電路圖

三 程式：ch10_9.ino

```
#include <TinyWireM.h>                    //使用 TinyWireM 函式庫。
#include <TM1637Display.h>                //使用 TM1637Display
#define CLK 3                             //PB3 連接 TM1637 顯示模組 CLK 腳。
#define DIO 4                             //PB4 連接 TM1637 顯示模組 DIO 腳。
TM1637Display display(CLK, DIO);          //初始化 TM1637 顯示模組。
byte read_DS3231[8];                      //時間及日曆資料暫存區。
int secs;                                 //read_DS3231[0]:00-59
int mins;                                 //read_DS3231[1]:00-59
int hours;                                //read_DS3231[2]:00-23
int days;                                 //read_DS3231[4]:01-31
int months;                               //read_DS3231[5]:01-12
int years;                                //read_DS3231[6]:00-99
int temp;                                 //read_DS3231[7]:MSB of temp
bool val=false;                           //時間及環境溫度顯示切換控制位元。
const uint8_t unit[] = {
  SEG_A | SEG_B | SEG_F | SEG_G,          //溫度單位
  SEG_A | SEG_D | SEG_E | SEG_F};         //溫度單位
//初值設定
void setup() {
    display.setBrightness(2);             //設定 TM1637 顯示模組亮度。
    TinyWireM.begin();                    //致能 I2C 串列埠通信。
    setDateTimeStr(__DATE__, __TIME__); //設定現在日曆及時間。
}
//主迴圈
```

```
void loop() {
    getDateTime();                      //讀取 DS3231  RTC 日曆及時間。
    getTemp();                          //讀取 DS3231  RTC 環境溫度。
    if(secs%3==0)                       //每 3 秒切換顯示現在時間及溫度。
        val=!val;
    if(val==false)                      //val=false，顯示現在時間 HH:MM。
    {
        display.showNumberDecEx(hours,0x40,1,2,0);
        display.showNumberDecEx(mins,0,1,2,2);
    }
    else                                //val=true，顯示環境溫度 TT°C。
    {
        display.showNumberDecEx(temp,0,0,2,0);
        display.setSegments(unit,2,2);
    }
    delay(1000);                        //每秒讀取一次 DS3231 RTC 現在時間及溫度。
}
//設定日曆及時間函式
void setDateTimeStr(const char* date, const char* time)
{
    years = asc2dec(date + 9);          //__DATE__格式：MMM DD YYYY
    switch (date[0])
    {
        case 'J': months = date[1] == 'a' ?
                      1 : months = date[2] == 'n' ? 6 : 7; break;
        case 'F': months = 2; break;
        case 'A': months = date[2] == 'r' ? 4 : 8; break;
        case 'M': months = date[2] == 'r' ? 3 : 5; break;
        case 'S': months = 9; break;
        case 'O': months = 10; break;
        case 'N': months = 11; break;
        case 'D': months = 12; break;
    }
    days = asc2dec(date + 4);
    hours = asc2dec(time);              //__TIME__格式：HH:MM:SS
    mins = asc2dec(time + 3);
    secs = asc2dec(time + 6);
    setDateTime(years+2000,months,days,hours,mins,secs);//設定日曆及時間。
}
//設定日曆及時間函式
```

```
void setDateTime(int year,int month,int day,int hour,int minute,int second)
{
    TinyWireM.beginTransmission(0x68);    //建立 DS3231 RTC 的 I2C 通道。
    TinyWireM.write(0x00);                //指向計時暫存器位址 0x00。
    TinyWireM.write(dec2bcd(second));     //秒 BCD 資料寫入位址 0x00。
    TinyWireM.write(dec2bcd(minute));     //分 BCD 資料寫入位址 0x01。
    TinyWireM.write(dec2bcd(hour));       //時 BCD 資料寫入位址 0x02，24 小時制
    TinyWireM.endTransmission();          //釋放 DS3231 RTC 的 I2C 通道。
    TinyWireM.beginTransmission(0x68);    //建立 DS3231 RTC 的 I2C 通道。
    TinyWireM.write(0x04);                //指向計時暫存器位址 0x04。
    TinyWireM.write(dec2bcd(day));        //日 BCD 資料寫入位址 0x04。
    TinyWireM.write(dec2bcd(month));      //月 BCD 資料寫入位址 0x05。
    TinyWireM.write(dec2bcd(year-2000));//年 BCD 資料寫入位址 0x06。
    TinyWireM.endTransmission();          //釋放 DS3231 RTC I2C 通道。
    delay(250);                           //等待 RTC 寫入完成。
}
//讀取日曆及時間函式
void getDateTime(void)
{
    TinyWireM.beginTransmission(0x68);    //建立 DS3231 RTC 的 I2C 通道。
    TinyWireM.write(0x00);                //指向計時暫存器位址 0x00。
    TinyWireM.endTransmission();          //釋放 DS3231 RTC I2C 通道。
    TinyWireM.requestFrom(0x68, 7);       //讀取 7 位元組日曆及時間資料。
    if(TinyWireM.available())             //有可用且尚未讀取的資料?
    {
        for(byte i=0;i<7;i++)             //讀取 7 位元組日曆及時間資料。
            read_DS3231[i] = TinyWireM.read();
    }
    delay(250);                           //等待 RTC 讀取完成。
    secs=bcd2dec(read_DS3231[0]);         //秒 BCD 轉換十進並儲存。
    mins=bcd2dec(read_DS3231[1]);         //分 BCD 轉換十進並儲存。
    hours=bcd2dec(read_DS3231[2]);        //時 BCD 轉換十進並儲存。
    days=bcd2dec(read_DS3231[4]);         //日 BCD 轉換十進並儲存。
    months=bcd2dec(read_DS3231[5]);       //月 BCD 轉換十進並儲存。
    years=bcd2dec(read_DS3231[6]);        //年 BCD 轉換十進並儲存。
}
//讀取環境溫度函式
void getTemp(void)
{
    TinyWireM.beginTransmission(0x68);
```

```
    TinyWireM.write(0x11);                        //指向計時暫存器位址 0x11。
    TinyWireM.endTransmission();
    TinyWireM.requestFrom(0x68, 1);               //讀取 1 位元組溫度資料。
    if(TinyWireM.available())                     //有可用且尚未讀取的資料?
        read_DS3231[7] = TinyWireM.read();        //讀取 1 位元組溫度資料。
    delay(250);                                   //等待 RTC 讀取完成。
    temp=read_DS3231[7];                          //儲存溫度資料。
}
//BCD 轉十進函式
int bcd2dec(byte n)
{
    return ((n & 0xF0) >> 4) * 10 + (n & 0x0F);
}
//十進轉 BCD 函式
int dec2bcd(byte dec)
{
    return ((dec / 10) * 16) + (dec % 10);
}
//字元轉十進函式
int asc2dec(const char* p)
{
    byte v = 0;
    if ('0' <= *p && *p <= '9')
    {
        v = *p - '0';
    }
    return (10 * v + *++p - '0');
}
```

練習

1. 使用 ATtiny85 開發板，配合 DS3231 RTC 模組及 TM1637 顯示模組設計電子時鐘，切換顯示現在 24 小時模式的時間（格式 HH:MM）10 秒、清除顯示 0.5 秒、顯示年（格式 YYYY）2 秒、清除顯示 0.5 秒、顯示月及日（格式 MMDD）2 秒、清除顯示 0.5 秒、顯示環境溫度（格式 TT°C）2 秒、清除顯示 0.5 秒。
2. 將上述顯示時間功能改為 12 小時模組，並且以連接 PB1 的 LED 燈來指示 AM/PM，若現在時間為 AM 則 LED 不亮，若現在時間為 PM 則 LED 亮。

ASCII 碼

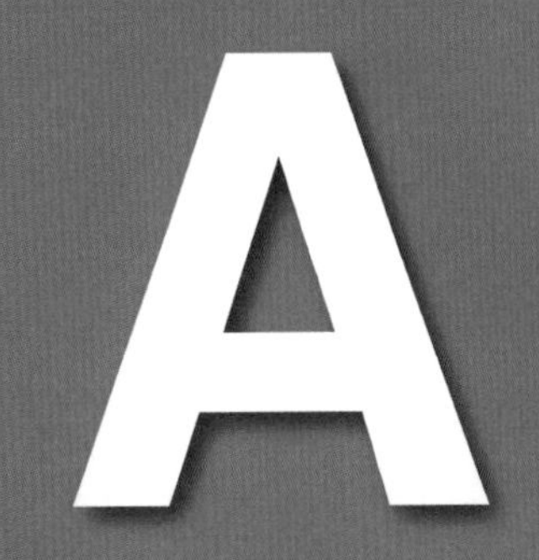

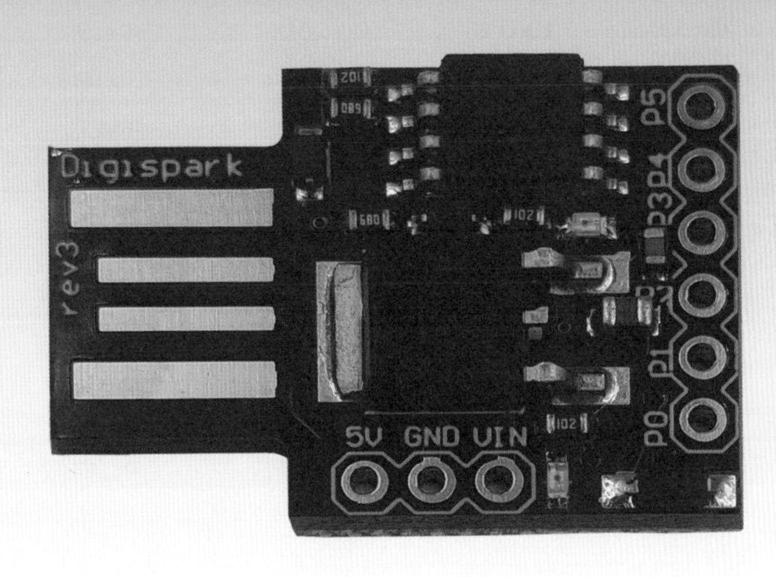

美國資訊交換標準碼（American Standard Code for Information Interchange，簡記 ASCII），是現今最通用的單位元組電腦編碼系統，**主要目的是讓所有使用 ASCII 的電腦間在讀取相同文件時，不會有不同的結果與意義**。ASCII 碼大致可以分成**不可見字元**、**可見字元**及**擴充字元**三個部分，共定義 128 個字元。ASCII 最大缺點是只能顯示 26 個基本拉丁字母、阿拉伯數字及標點符號，無法顯示其他語言。現今的蘋果電腦已經改用 Unicode 標準萬國碼。

A-1 不可見字元

如表 A-1 所示不可見字元，ASCII 碼在 0x00 到 0x1F 之間，共 32 個字元，一般用在通訊或控制上。有些字元可顯示在螢幕上，有些則不行，但能看到其效果，例如換行字元 0x0A（Line Feed，簡記 LF）及歸位字元 0x0D（Carriage Return，簡記 CR）。

表 A-1　不可見字元

10 進制	16 進制	符號	10 進制	16 進制	符號
0	0x00	NUL	16	0x10	DLE
1	0x01	SOH	17	0x11	DC1
2	0x02	STX	18	0x12	DC2
3	0x03	ETX	19	0x13	DC3
4	0x04	EOT	20	0x14	DC4
5	0x05	ENQ	21	0x15	NAK
6	0x06	ACK	22	0x16	SYN
7	0x07	BEL	23	0x17	ETB
8	0x08	BS	24	0x18	CAN
9	0x09	HT	25	0x19	EM
10	0x0A	LF	26	0x1A	SUB
11	0x0B	VT	27	0x1B	ESC
12	0x0C	FF	28	0x1C	FS
13	0x0D	CR	29	0x1D	GS
14	0x0E	SO	30	0x1E	RS
15	0x0F	SI	31	0x1F	US

A-2 可見字元

如表 A-2 所示可見字元，ASCII 碼在 0x20 到 0x7F 之間，共 96 個字元，用來表示阿拉伯數字、大寫英文字母、小寫英文字母、底線及括號等。

表 A-2　可見字元

10 進制	16 進制	符號
32	0x20	
33	0x21	!
34	0x22	"
35	0x23	#
36	0x24	$
37	0x25	%
38	0x26	&
39	0x27	'
40	0x28	(
41	0x29	)
42	0x2A	*
43	0x2B	+
44	0x2C	,
45	0x2D	-
46	0x2E	.
47	0x2F	/
48	0x30	0
49	0x31	1
50	0x32	2
51	0x33	3
52	0x34	4
53	0x35	5
54	0x36	6
55	0x37	7
56	0x38	8
57	0x39	9
58	0x3A	:
59	0x3B	;
60	0x3C	<
61	0x3D	=
62	0x3E	>
63	0x3F	?
64	40H	@
65	41H	A
66	42H	B
67	43H	C
68	44H	D
69	45H	E
70	46H	F
71	47H	G
72	48H	H
73	49H	I
74	4AH	J
75	4BH	K
76	4CH	L
77	4DH	M
78	4EH	N
79	4FH	O
80	50H	P
81	51H	Q

10 進制	16 進制	符號
82	52H	R
83	53H	S
84	54H	T
85	55H	U
86	56H	V
87	57H	W
88	58H	X
89	59H	Y
90	5AH	Z
91	5BH	[
92	5CH	\
93	5DH	]
94	5EH	^
95	5FH	_
96	60H	`
97	61H	a
98	62H	b
99	63H	c
100	64H	d
101	65H	e
102	66H	f
103	67H	g
104	68H	h

10 進制	16 進制	符號
105	69H	i
106	6AH	j
107	6BH	k
108	6CH	l
109	6DH	m
110	6EH	n
111	6FH	o
112	70H	p
113	71H	q
114	72H	r
115	73H	s
116	74H	t
117	75H	u
118	76H	v
119	77H	w
120	78H	x
121	79H	y
122	7AH	z
123	7BH	{
124	7CH	|
125	7DH	}
126	7EH	~
127	7FH	△

A-3 擴充字元

如表 A-3 所示擴充字元，ASCII 碼在 0x80 到 0x0FF 之間，共 128 個字元，非標準的 ASCII 碼，是由 IBM 所制定用來表示框線、音標和其他歐洲非英語系字母。

表 A-3　擴充字元 ASCII 碼

10 進制	16 進制	符號
128	80	Ç
129	81	ü
130	82	é
131	83	â
132	84	ä
133	85	à
134	86	å
135	87	ç
136	88	ê
137	89	ë
138	8A	è
139	8B	ï
140	8C	î
141	8D	ì
142	8E	Ä
143	8F	Å
144	90	É
145	91	æ
146	92	Æ
147	93	ô
148	94	ö
149	95	ò
150	96	û
151	97	ù
152	98	ÿ
153	99	Ö
154	9A	Ü
155	9B	ø
156	9C	£
157	9D	Ø
158	9E	×
159	9F	ƒ

10 進制	16 進制	符號
160	A0	á
161	A1	í
162	A2	ó
163	A3	ú
164	A4	ñ
165	A5	Ñ
166	A6	ª
167	A7	º
168	A8	¿
169	A9	®
170	AA	¬
171	AB	½
172	AC	¼
173	AD	¡
174	AE	«
175	AF	»
176	B0	░
177	B1	▒
178	B2	▓
179	B3	│
180	B4	┤
181	B5	Á
182	B6	Â
183	B7	À
184	B8	©
185	B9	╣
186	BA	║
187	BB	╗
188	BC	╝
189	BD	¢
190	BE	¥
191	BF	┐

10 進制	16 進制	符號
192	C0	└
193	C1	┴
194	C2	┬
195	C3	├
196	C4	─
197	C5	┼
198	C6	ã
199	C7	Ã
200	C8	╚
201	C9	╔
202	CA	╩
203	CB	╦
204	CC	╠
205	CD	═
206	CE	╬
207	CF	¤
208	D0	ð
209	D1	Ð
210	D2	Ê
211	D3	Ë
212	D4	È
213	D5	ı
214	D6	Í
215	D7	Î
216	D8	Ï
217	D9	┘
218	DA	┌
219	DB	█
220	DC	▄
221	DD	¦
222	DE	Ì
223	DF	▀

10 進制	16 進制	符號
224	E0	Ó
225	E1	ß
226	E2	Ô
227	E3	Ò
228	E4	õ
229	E5	Õ
230	E6	µ
231	E7	þ
232	E8	Þ
233	E9	Ú
234	EA	Û
235	EB	Ù
236	EC	ý
237	ED	Ý
238	EE	¯
239	EF	´
240	F0	≡
241	F1	±
242	F2	‗
243	F3	¾
244	F4	¶
245	F5	§
246	F6	÷
247	F7	¸
248	F8	°
249	F9	¨
250	FA	·
251	FB	¹
252	FC	³
253	FD	²
254	FE	■
255	FF	nbsp

實習器材表

B-1 各章實習材料表

本書所有實習皆使用如圖 B-1 所示 ATtiny85 開發板，配合模組或少許元件完成。ATtiny85 開發板可以使用如圖 B-1(a) 所示原廠 Digispark 開發板或是使用如圖 B-1(b) 所示 ATtiny85 相容板。最主要的差別是 USB 介面及使用不同的電壓調整器。

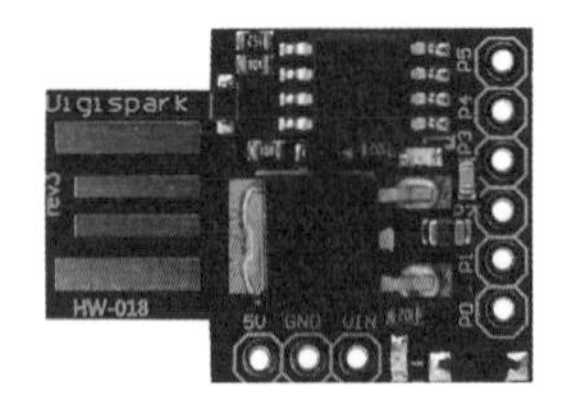

(a) Digispark 開發板

(b) ATtiny85 相容板

圖 B-1　ATtiny85 開發板

如圖 B-1(a) 所示為 DigiStump 公司生產的 Digispark 開發板，使用 TYPE-A 型 USB 介面，透過連接於 USB+及 USB-的 ATtiny85 微控制器 PB3 及 PB4 上傳程式碼。如圖 B-1(b) 所示 ATtiny85 相容開發板則是使用 Micro USB 介面。ATtiny85 開發板可以直接使用+5V 直流電源輸入至+5V 接腳供電，或是將 7~35V 直流電源輸入至 ATtiny85 開發板的 VIN 腳，再經其內部電壓調整器穩壓輸出 5V 供電。**Digispark 開發板使用 78M05 電壓調整器，最大輸出電流 500mA；ATtiny85 相容板使用 78L05 電壓調整器，最大輸出電流 100mA。**

B-1-1　可插拔 ATtiny85 開發板

如果要將 ATtiny85 微控制器與周邊模組整合在單一印刷電路板（Printed Circuit Board，簡記 PCB）上，可以使用如圖 B-2(a) 所示可插拔 ATtiny85 開發板底板。再使用燒錄器將程式碼上傳至如圖 B-2(b) 所示 DIP-8 ATtiny85 微控制器。新購的 ATtiny85 微控制器，必須使用 ATtiny85 燒錄器，將啟動程式（Bootloader）寫入，才能直接透過 USB 連接線上傳程式碼。**附錄 C 有詳細 ATtiny85 燒錄器操作說明。**

(a) 底板

(b) DIP-8 ATtiny85 微控制器

圖 B-2　可插拔 ATtiny85 開發板

B-1-2 鋰電池充電板模組

如圖 B-3(a) 所示鋰電池充電板模組，內建 TP4056 晶片，使用 USB 電源或是將 4.5V~5V 輸入直流電壓連接在模組左邊正、負兩極輸入端充電，最大充電電流 1000mA，充電截止電壓 4.2V±1%。B+、B- **連接圖** B-3(b) **所示** 3.7V **聚合物鋰電池**，OUT+、OUT- **連接** ATtiny85 **開發板** +5V **接腳**。鋰電池充電中紅燈亮，充電完成後藍燈亮。當輸入端有供電時，輸出端 OUT+、OUT- 由輸入電壓供電，當輸入端沒有供電時，輸出端 OUT+、OUT- 由鋰電池供電。

(a) TP4056 鋰電池充電板模組

(b) 3.7V 聚合物鋰電池

圖 B-3　鋰電池充電板模組

B-1-3 第 3 章發光二極體互動設計實習材料表

表 B-1　第 3 章發光二極體互動設計實習材料表

序號	設備或元件名稱	規格	數量	備註
1	ATtiny85 開發板	Digispark 開發板	1	或相容板
2	小麵包板	83×55mm	1	
3	杜綁線	公對母、公對公、母對母	各 10	20cm
4	發光二極體	紅色、5mm	3	
5	全彩 LED 模組	紅、綠、藍三色、5mm	1	
6	串列式全彩 LED 模組	環形、16 位	1	
7	串列式全彩 LED 模組	帶狀條燈、25 位	1	

B-1-4　第 4 章開關互動設計實習材料表

表 B-2　第 4 章開關互動設計實習材料表

序號	設備或元件名稱	規格	數量	備註
1	ATtiny85 開發板	Digispark 開發板	1	或相容板
2	小麵包板	83×55mm	1	
3	杜綁線	公對母、公對公、母對母	各 10	20cm
4	發光二極體	紅色、5mm	1	
5	色碼電阻	220Ω	1	紅紅棕金
6	按鍵開關	TACK	1	
7	觸摸開關模組	TTP223B 電容式觸控	1	
8	蜂鳴器模組	無源式	1	
9	串列式全彩 LED 模組	環形、16 位	1	

B-1-5　第 5 章矩陣型 LED 互動設計實習材料表

表 B-3　第 5 章矩陣型 LED 互動設計實習材料表

序號	設備或元件名稱	規格	數量	備註
1	ATtiny85 開發板	Digispark 開發板	1	或相容板
2	杜綁線	公對母、公對公、母對母	各 10	20cm
3	8×8 矩陣型 LED 顯示模組	7219 晶片	1	

B-1-6　第 6 章七段顯示器互動設計實習材料表

表 B-4　第 6 章七段顯示器互動設計實習材料表

序號	設備或元件名稱	規格	數量	備註
1	ATtiny85 開發板	Digispark 開發板	1	或相容板
2	杜綁線	公對母、公對公、母對母	各 10	20cm
3	八位七段顯示器模組	7219 晶片	1	
4	觸摸開關模組	TTP223B 電容式觸控	1	

B-1-7　第 7 章液晶顯示器互動設計實習材料表

表 B-5　第 7 章液晶顯示器互動設計實習材料表

序號	設備或元件名稱	規格	數量	備註
1	ATtiny85 開發板	Digispark 開發板	1	或相容板
2	小麵包板	83×55mm	1	
3	杜綁線	公對母、公對公、母對母	各 10	20cm
4	串列式 LCD 模組	I2C 介面	1	
5	觸摸開關模組	TTP223B 電容式觸控	1	
6	色碼電阻	4.7kΩ	2	

B-1-8　第 8 章 OLED 顯示器互動設計實習材料表

表 B-6　第 8 章 OLED 顯示器互動設計實習材料表

序號	設備或元件名稱	規格	數量	備註
1	ATtiny85 開發板	Digispark 開發板	1	或相容板
2	杜綁線	公對母、公對公、母對母	各 10	20cm
3	128×64 OLED 模組	I2C 介面	1	
4	觸摸開關模組	TTP223B 電容式觸控	1	
5	串列式全彩 LED 模組	環形、16 位	1	

B-1-9　第 9 章聲音元件互動設計實習材料表

表 B-7　第 9 章聲音元件互動設計實習材料表

序號	設備或元件名稱	規格	數量	備註
1	ATtiny85 開發板	Digispark 開發板	1	或相容板
2	杜綁線	公對母、公對公、母對母	各 10	20cm
3	蜂鳴器模組	無源式	1	
4	觸摸開關模組	TTP223B 電容式觸控	1	
5	串列式全彩 LED 模組	環形、16 位	1	

B-1-10 第 10 章感測器互動設計實習材料表

表 B-8 第 10 章感測器互動設計實習材料表

序號	設備或元件名稱	規格	數量	備註
1	ATtiny85 開發板	Digispark 開發板	1	或相容板
2	ATtiny167 開發板	Digispark Pro 開發板	1	或相容板
3	杜綁線	公對母、公對公、母對母	各 10	20cm
4	四位七段顯示器模組	TM1637	1	
5	可變電阻	10kΩ	1	
6	光敏電阻模組	類比輸出 AO、數位輸出 DO	1	
7	觸摸開關模組	TTP223B 電容式觸控	1	
8	串列式全彩 LED 模組	環形、16 位	1	
9	超音波感測器	Parallax、PING	1	
10	溫度感測模組	LM35	1	
11	溫溼度感測模組	DHT11	1	
12	紅外線溫度感測模組	GY-906、非接觸式	1	
13	128×64 OLED 模組	I2C 介面	1	
14	光感測模組	紅外線反射型	1	
15	即時時鐘模組	DS3231	1	

B-2 全書實習材料表

表 B-9 全書實習材料表

序號	設備或元件名稱	規格	數量	備註
1	ATtiny85 開發板	Digispark 開發板	1	或相容板
2	ATtiny167 開發板	Digispark Pro 開發板	1	或相容板
3	小麵包板	83×55mm	1	
4	杜綁線	公對母、公對公、母對母	各 10	20cm
5	發光二極體	紅色、5mm	3	
6	全彩 LED 模組	紅、綠、藍三色、5mm	1	
7	串列式全彩 LED 模組	環形、16 位	1	

序號	設備或元件名稱	規格	數量	備註
8	串列式全彩 LED 模組	帶狀條燈、25 位	1	
9	色碼電阻	4.7kΩ	2	
10	可變電阻	10kΩ	1	
11	按鍵開關	TACK	1	
12	觸摸開關模組	TTP223B 電容式觸控	1	
13	蜂鳴器模組	無源式	1	
14	8×8 矩陣型 LED 顯示模組	7219 晶片	1	
15	八位七段顯示器模組	7219 晶片	1	
16	串列式 LCD 模組	I2C 介面	1	
17	128×64 OLED 模組	I2C 介面	1	
18	四位七段顯示器模組	TM1637	1	
19	光敏電阻模組	類比輸出 AO、數位輸出 DO	1	
20	超音波感測器	Parallax、PING	1	
21	溫度感測模組	LM35	1	
22	溫溼度感測模組	DHT11	1	
23	紅外線溫度感測模組	GY-906、非接觸式	1	
24	128×64 OLED 模組	I2C 介面	1	
25	光感測模組	紅外線反射型	1	
26	即時時鐘模組	DS3231	1	

Arduino 燒錄器製作

C-1 認識 Bootloader 啟動程式

所有 ATtiny85 開發板在出廠前，都已經預先載入啟動程式（Bootloader）至 ATtiny85 微控制器中，讓使用者可以在 Arduino IDE 環境中，直接透過 USB 連接線將草稿碼（sketch）上傳至 ATtiny85 微控制器中。Bootloader 程式會佔用 ATtiny85 微控制器約 2KB 的 Flash ROM 空間，如果想要使用 ATtiny85 微控制器完整 8K 的 Flash ROM 空間，同時縮減專案尺寸，可以**使用 Arduino Uno 當做燒錄器，直接將草稿碼上傳至如圖 C-1 所示 DIP-8 包裝 ATtiny85 微控制器中**。

圖 C-1　DIP-8 包裝 Attiny85 微控制器

C-2 ATtiny85 燒錄器介紹與使用

以本書所使用 ATtiny85 開發板中的微控制器 ATtiny85 為例，在電子材料行購買到的 ATtiny85 微控制器，內部並沒有預先載入 Bootloader 程式，必須使用一片 Arduino Uno 開發板，並且設定成燒錄器模式，再將草稿碼直接燒錄到 ATtiny85 微控制器中，步驟如下：

STEP 1

1. 使用 USB 連接線將 Arduino Uno 板與電腦連接。
2. 點選【工具】【開發板】【Arduino AVR Boards】【Arduino Uno】。

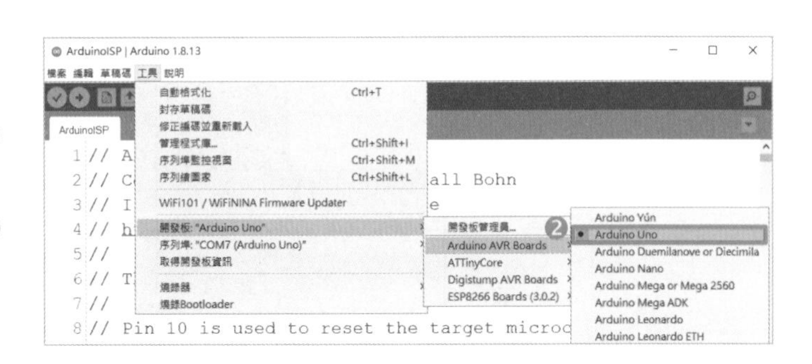

STEP 2

1. 點選【工具】【序列埠：(Arduino/Genuino Uno)】【COM7】。
2. 實際 COM 埠號由電腦系統自動配置。

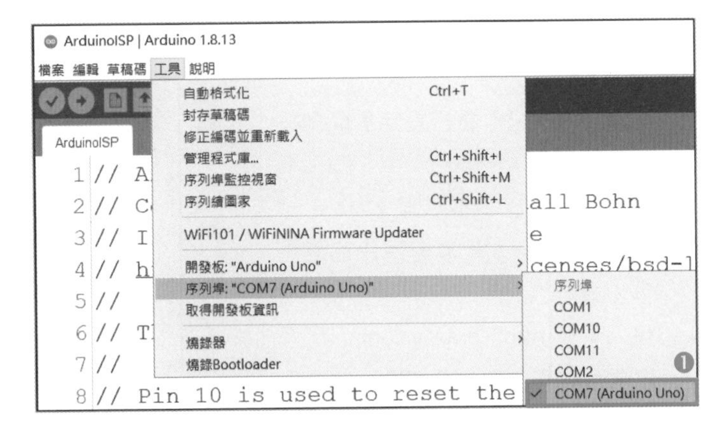

STEP 3

1. 點選【檔案】【範例】【ArduinoISP】，開啟燒錄程式。

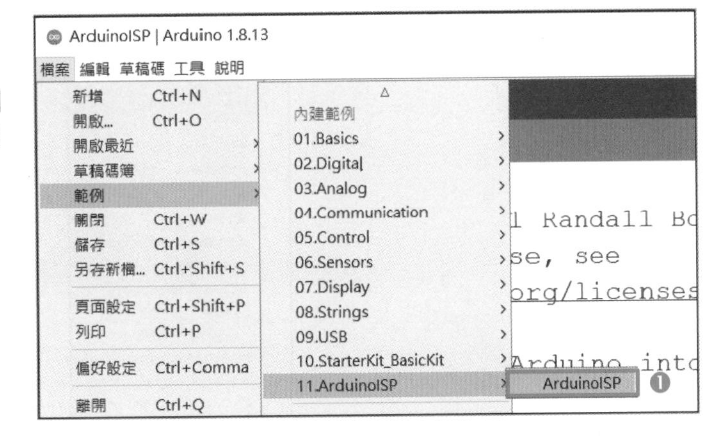

STEP 4

1. 按上傳鈕 ，將 ArduinoISP 燒錄程式上傳至 Arduino Uno 開發板的 ATmega328 微控制器中。

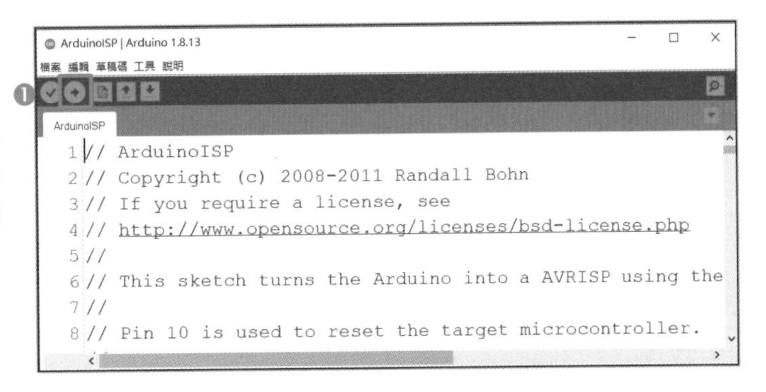

STEP 5

1. Arduino Uno 開發板 D10~D13 接腳，分別連接至 ATtiny85 接腳 1、5、6、7。
2. Arduino Uno 開發板電源接腳，分別連接至 ATtiny85 電源接腳。

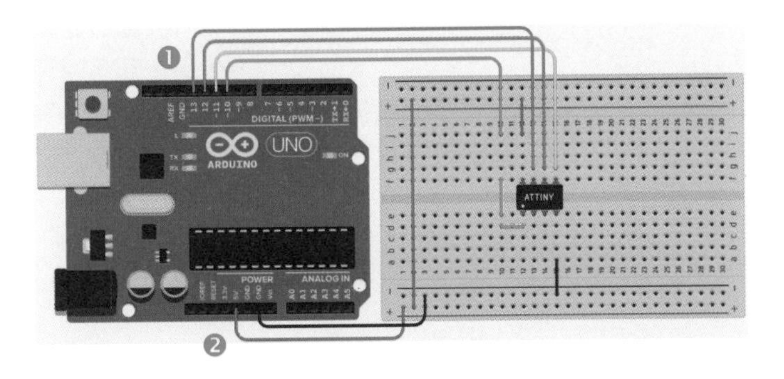

STEP 6

1. 點選【檔案】【偏好設定】開啟『偏好設定』視窗。
2. 勾選『上傳』核取方塊。
3. 開啟『額外的開發板管理員網址』視窗。
4. 輸入網址 http://drazzy.com/package_drazzy.com_index.json
5. 關閉『額外的開發板管理員網址』視窗。
6. 關閉『偏好設定』視窗。

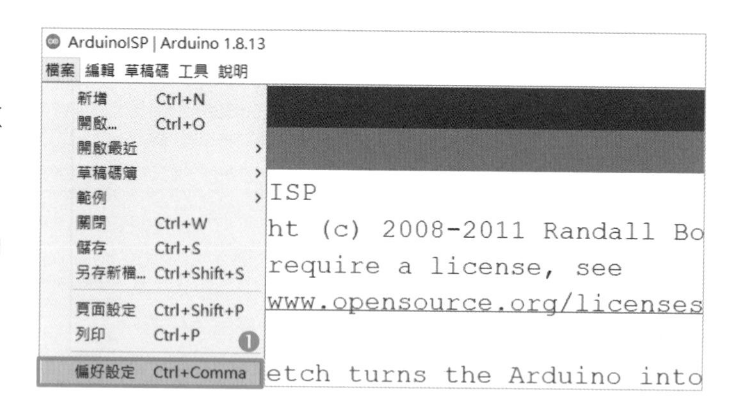

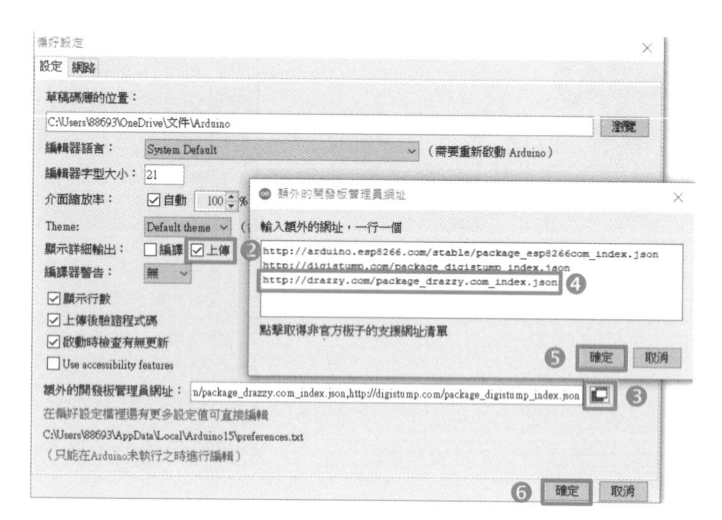

STEP 7

1. 點擇【工具】【開發板】【開發板管理員】，開啟『開發板管理員』視窗。
2. 輸入搜尋關鍵字『attiny』。
3. 找到『ATTinyCore』開發板套件，按下【安裝】鈕。

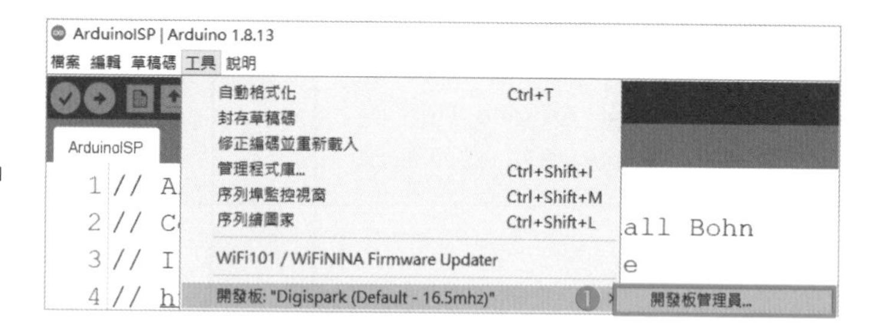

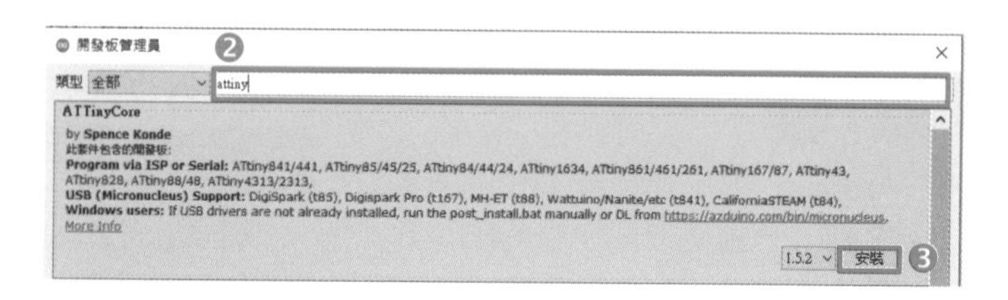

STEP 8

1. 點選【工具】【開發板】【開發板管理員】【ATtinyCore】【ATtiny25/45/85(No bootloader)】。
2. ATtiny85 微控制器不用預先內儲 boolloader 程式，使用 Arduino Uno 當做燒錄器，即可將程式碼上傳至 ATtiny85 微控制器中。

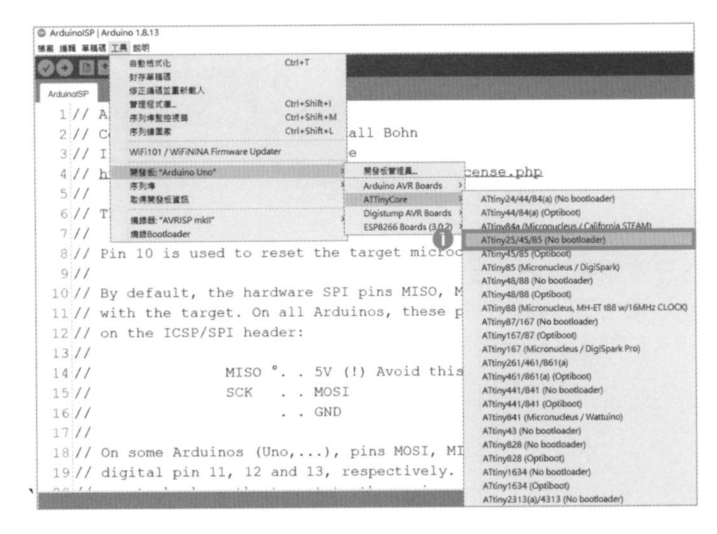

STEP 9

1. 點選【工具】【Clock Source】，選擇【8 MHz(internal)】。

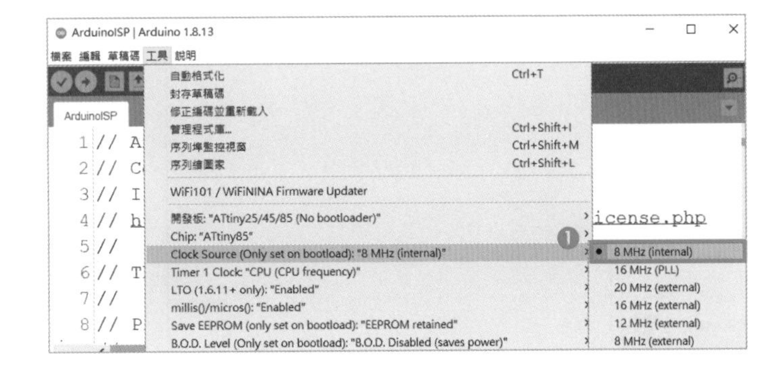

STEP 10

1. 點選【工具】【燒錄器】，選擇【Arduino as ISP】，將 Arduino Uno 當做燒錄器。

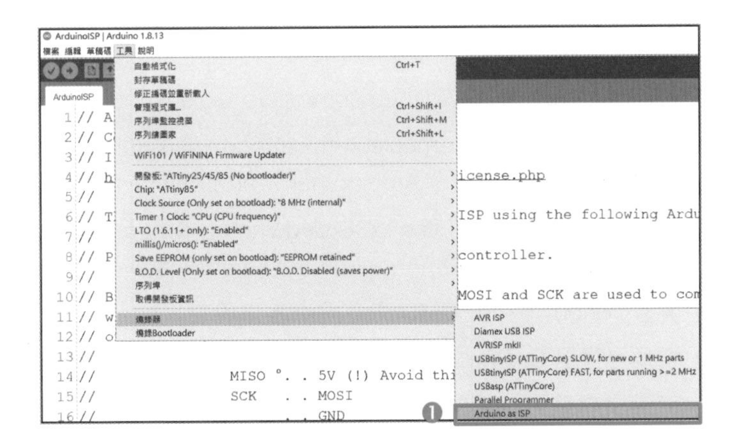

STEP 11

1. 開啟 Blink 程式，將輸出腳改為 0 或 PB0 (ATtiny85 第 5 腳)。
2. 按上傳鈕 ，將草稿碼上傳至 ATtiny85 微控制器中。
3. 使用麵包板連接電路並通電，如果 LED 能夠正常亮 1 秒，暗 1 秒閃爍，表示程式碼上傳成功。

❶ Blink | Arduino 1.8.13

❷

```
void setup() {
  pinMode(0, OUTPUT);
}
void loop() {
  digitalWrite(0, HIGH);   // turn on
  delay(1000);              // wait for a second
  digitalWrite(0, LOW);    // turn off
  delay(1000);              // wait for a second
}
```

STEP 12

1. 新買的 ATtiny85 微控制器，須將 Bootloader 程式 t85_default.hex 燒錄至微控制器中，才能使用 USB 連線上傳草稿碼至 ATtiny85 微控制器。
2. 輸入下列網址 https://github.com/micronucleus/micronucleus，下載壓縮檔 micronucleus-master。
3. 將解壓縮後目錄 micronucleus-master\firmware\releases\下的 t85_default.hex 檔案，複製到 C:\Program Files (x86)\Arduino\hardware\tools\avr\bin 目錄中。
4. 將目錄 C:\Program Files (x86)\Arduino\hardware\tools\avr\etc\下的 avrdude.conf 檔案，複製到 C:\Program Files (x86)\Arduino\hardware\tools\avr\bin 目錄中。
5. 開啟 Windows 中的 CMD 命令提示字元視窗。
6. 切換目錄至 C:\Program Files (x86)\Arduino\hardware\tools\avr\bin。
7. 於游標處輸入 avrdude -C avrdude.conf -v -p attiny85 -c stk500v1 -P COM7 -b 19200 -U flash:w:t85_default.hex:i -U lfuse:w:0xe1:m -U hfuse:w:0xdd:m -U efuse:w:0xfe:m，即可將 Bootloader 程式 t85_default.hex 燒錄至微控制器中。COM 埠號要與步驟 2 系統配置相同。

C-3 ATtiny85 燒錄器實作

在 C-2 小節中的步驟 5，使用一片 Arduino Uno 開發板，再配合麵包板及少許元件來將草稿碼上傳至 ATtiny85 微控制中，有時候會有接線錯誤或接觸不良情形而導致燒錄失敗。

如圖 C-2(a) 所示 ATtiny85 燒錄器擴充板，使用 Altium Designer 繪圖軟體繪製電路圖及印刷佈線圖（Printed Circuit Board，簡稱 PCB），並使用雕刻機製作完成 PCB 電路板後，再與 Arduino Uno 開發板組合，即可穩定的將 Bootloader 程式或草稿碼燒錄到 ATtiny85 微控器中。在圖 C-2(b) 中的 P1~P4 必須使用 2.54mm 單排 18mm 兩邊等距的長排公針才能與 Arduino Uno 開發板上的牛角母座順利組合。**電路圖及佈線圖檔在書附光碟**/INO/ATtiny85Programmer **資料夾中**。

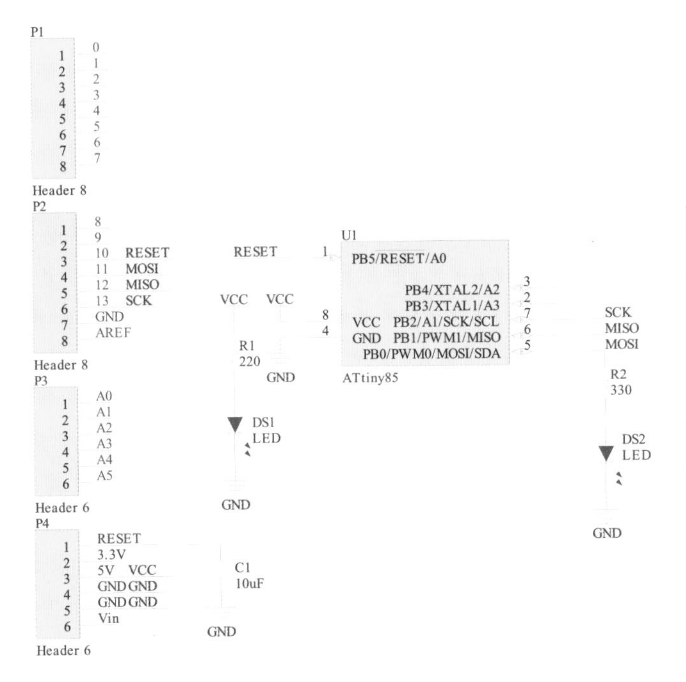

(a) 電路圖

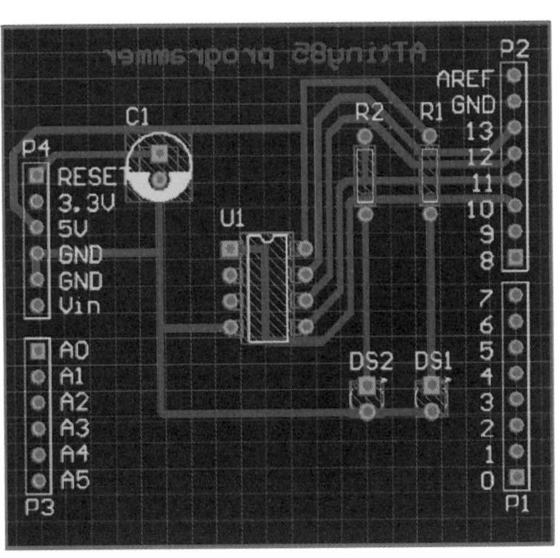

(b) 佈線圖

圖 C-2　ATtiny85 燒錄器擴充板

Arduino 模擬軟體 D

D-1　Arduino 模擬軟體

D-1 Arduino 模擬軟體

Arduino IDE 沒有模擬的功能，本文介紹一個免費又好用的 Arduino 模擬開源軟體 123D Cricuits，現今已被整併到 Autodesk 公司的 TinkerCAD 軟體內。TinkerCAD 更新了許多介面，除了原本的功能外，還增加使用 Scratch 積木來設計程式，並且重新命名為 TinkerCAD Circuits。TinkerCAD 是一套免費的工具，功能相當強大，可以學習 3D 建模、電路設計及程式設計等，本文以學習 TinkerCAD Circuits 的 Arduino 模擬軟體為主。

D-1-1 TinkerCAD Circuits 軟體安裝

在使用 TinkerCAD Circuits 前，必須先下載安裝及註冊後才能使用，操作步驟如下所述。

STEP 1

1. 進入 TinkerCAD 官方網站 www.tinkercad.com。
2. 按下右上角的 註冊 鈕。

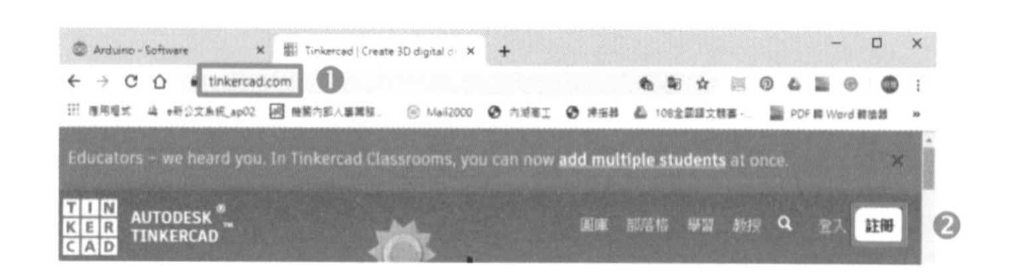

STEP 2

1. 按下拉選單，選擇所在國、地區或區域。
2. 輸入生日之月、日、年等資料。
3. 按下一步。

STEP 3

1. 輸入名字及姓氏。
2. 輸入電子郵件。
3. 再輸入一次電子郵件確認。
4. 輸入密碼。
5. 核取☐**我同意**。
6. 按下**建立帳戶**。

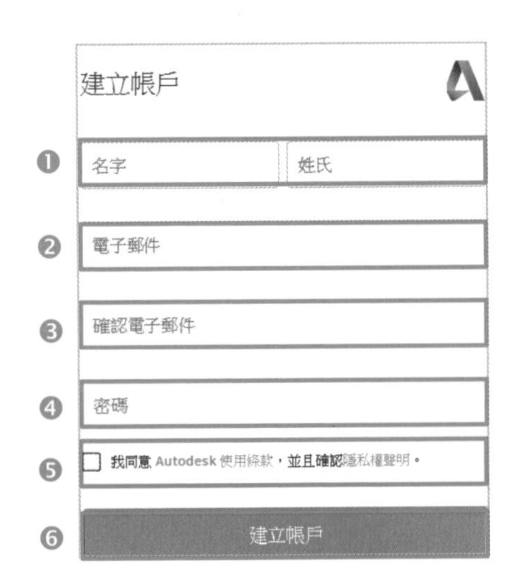

STEP 4

1. 按下**完成**鈕，完成帳戶建立。

STEP 5

1. 重新進入 TinkerCAD 官方網站 www.tinkercad.com。
2. 按下右上角的**登入**鈕，並輸入電子郵件。
3. 按下**一步**鈕。

STEP 6

1. 在**密碼**欄位中輸入密碼。
2. 按下**登入**鈕，進入 TinkerCAD 設計頁面。

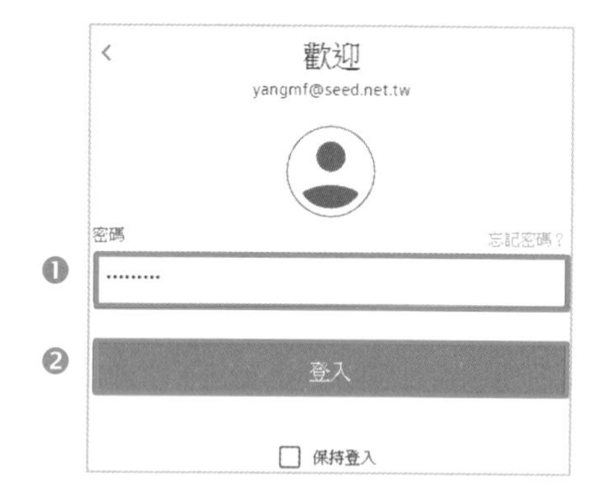

STEP 7

1. 按下 電路 鈕切換至 Circuits **電路設計頁面**。
2. 按下 建立新電路 建立新電路。

STEP 8

1. 檔案名稱：進入電路設計頁面時，在檔案名稱欄位中，以滑鼠左鍵點選可以重新更改檔名。
2. 元件區：右方為**元件區**，在**元件區**中可以選擇所需的元件。如果將滑鼠移至**元件區**中，滑鼠指標由 ↖ 變成 ☝ 圖案時，按下 Ctrl 不放，同時捲動滑鼠中間的滾輪，可以放大或縮小**元件區**的元件大小。
3. 圖紙區：在電路設計頁面中央幾乎佔據整個版面的是**圖紙區**，主要是在繪製電路圖，只要將滑鼠移至**元件區**中，以滑鼠左鍵點選一下，拖曳至**圖紙區**中即可。
4. 工具列：在**圖紙區**上方的工具列，由左而右依序為**複製**、**貼上**、**刪除**、**退回**、**重做**、**註釋**、**顯示/隱藏**、**配線顏色**、**配線類型**、**旋轉**、**鏡射元件**等 11 個工具。
5. 功能鍵：**元件區**上方的**功能鍵**，在下節中會有詳細介紹。
6. 縮放至佈滿：在旋轉工具的正下方是**縮放至佈滿**的工具 ⛶，以滑鼠左鍵按壓，可以將**圖紙區**中的電路圖放大至佈滿整張圖紙。

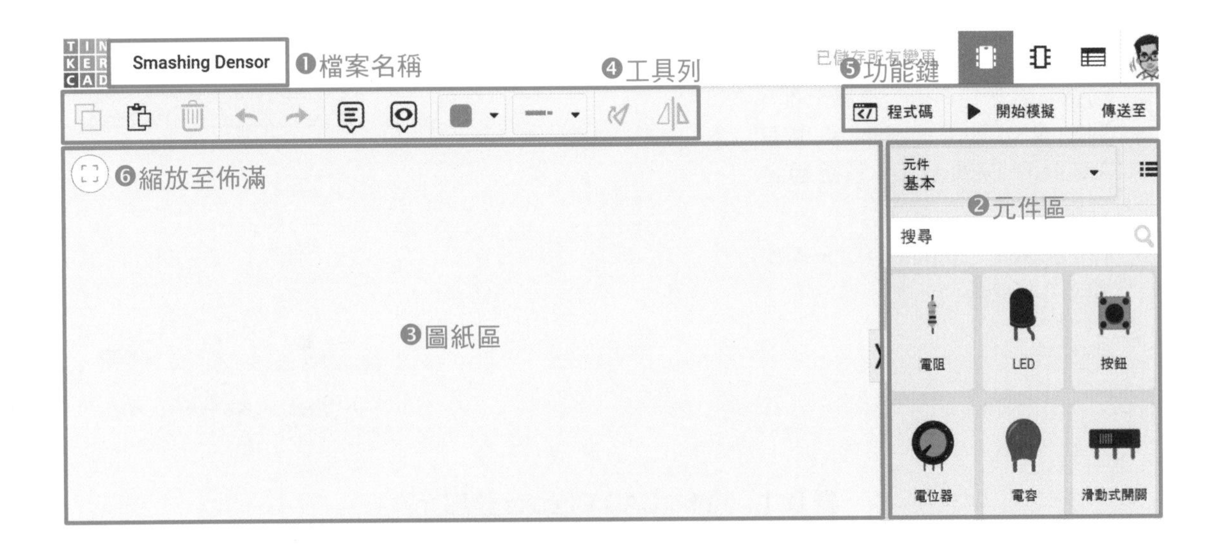

D-1-2 TinkerCAD Circuits 元件區介紹與使用

在 TinkerCAD Arduino 模擬器右邊的**元件區**，包含在 Arduino 程式設計時常會使用到的元件，提供給 Arduino 初學者直覺而簡單的學習方式。只要將所需元件拖曳至**圖紙區**上繪製，再以圖塊程式或文字程式的方式來編寫功能，就可以快速完成 Arduino 功能模擬。

STEP 1

1. 在電路設計頁面右方**元件區**的右上方按鈕，可以切換兩種元件檢視的方式：
   (1) ▦：並排
   (2) ☰：詳細資料
2. 元件顯示內容有**基本**及**全部**兩種顯示方式，可按下拉清單來選擇。預設**基本**為常用基本元件。
3. 捲動在**元件欄位**右方的垂直捲軸，可以找到所需元件。
4. 如果找不到所需元件，可以在**搜尋**欄位中，直接輸入元件名稱關鍵字，即可在元件欄位中顯示相對應的元件。

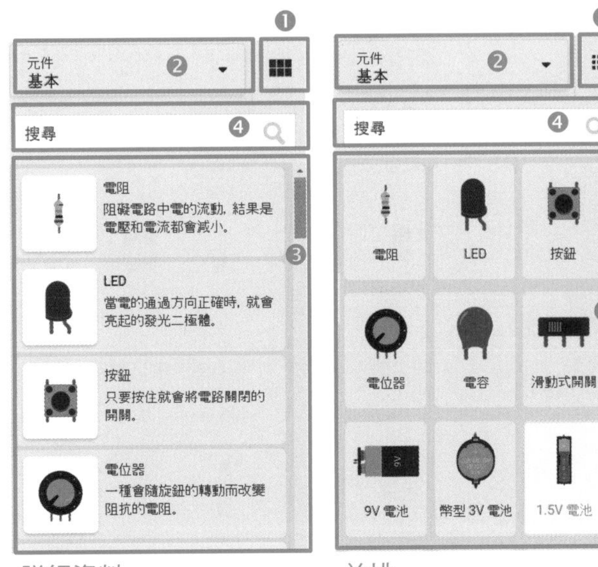

詳細資料　並排

STEP 2

1. 點選元件下拉清單，選擇**全部**，列出全部可用的元件。也有 Arduino、Micro:bit、電路組合等事先已完成的電路。
2. TinkerCAD Circuits 全部元件如表 D-1 所示。

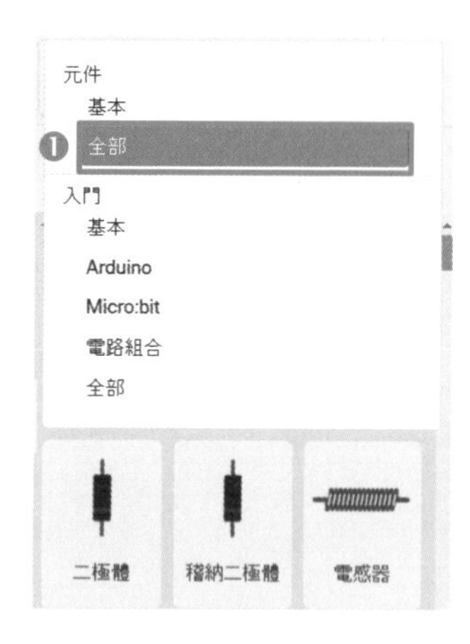

表 D-1　TinkerCAD Circuits 全部元件

元件分類	說明
一般	電阻、電容、極性電容、二極體、稽納二極體、電感器
輸入	按鈕、電位器、滑動式開關、光敏電阻、光電二極體、環境光線感應器 [光電…、Flex 感應器、Force Sensor、紅外線感應器、超音波距離感應器、超音波距離感應器、被動式紅外線感應器、Soil Moisture Sensor、傾斜感應器、4 接腳傾斜感應器、溫度感應器 [TMP36]、氣體感應器、4x4 鍵盤、雙刀單擲 DIP 開關、DIP 開關 (單刀單擲 x 4)、DIP 開關 (單刀單擲 x 6)
輸出	LED、LED RGB、燈泡、NeoPixel、NeoPixel Jewel、NeoPixel Ring 12、NeoPixel Ring 16、NeoPixel Ring 24、NeoPixel 燈條 4、NeoPixel 燈條 6、NeoPixel 燈條 8、NeoPixel 燈條 10、NeoPixel 燈條 12、NeoPixel 燈條 16、NeoPixel 燈條 20、振動馬達、直流馬達、附帶編碼器的直流馬達、附帶編碼器的直流馬達、微伺服馬達、微伺服馬達、玩具用齒輪馬達、壓電式蜂鳴器、紅外線遙控器、7 段顯示器、LCD 16 x 2、LCD 16 x 2 (I2C)、7 段時鐘顯示器
電源	9V 電池、1.5V 電池、幣型 3V 電池、太陽能電池、馬鈴薯電池、柠檬电池

元件分類	說明
電路試驗板	電路試驗板、小型電路試驗板、迷你電路試驗板
微型控制器	micro:bit、具有擴展的 micro:bit、Arduino Uno R3、ATtiny
儀器	萬用表、電源供應器、函數波產生器、示波器
積體電路	計時器、雙重計時器、741 運算放大器、四重比較器、雙重比較器、光電耦合器
功率控制	NPN 電晶體 (BJT)、PNP 電晶體 (BJT)、小型信號 nMOS 電晶、小型信號 pMOS 電晶、nMOS 電晶體 (MOSFET)、pMOS 電晶體 (MOSFET)、TIP120、單刀雙擲繼電器、雙刀雙擲繼電器、5V 穩壓器 [LM7805]、3.3V 穩壓器 [LD1117V33]、Pololu 簡易馬達控制器、H 橋馬達驅動器
連接器	8 接腳頭座、標準 A USB
邏輯	四重 NAND 閘道、四重 NOR 閘道、四重 AND 閘道、四重 OR 閘道、四重 XOR 閘道、六重反向器、反轉施密特觸發器、四重 NAND 施密特觸發、三重 3 輸入式 NAND 閘、三重 3 輸入式 AND 閘道、三重 3 輸入式 NOR 閘道、雙重 4 輸入式 NAND 閘、雙重 4 輸入式 AND 閘道、雙重 J-K 正反器、雙重 D 正反器、4 位元鎖存器、4 位元二進位計數器、4 位元加法器、8 位元移位暫存器、Johnson 十進位計數器、7 段解碼器、8-port I2C expander

D-1-3 TinkerCAD Circuits 工具列介紹與使用

在 TinkerCAD Circuits **圖紙區**的上方，有 11 個好用的工具可以使用，如表 D-2 所示分別是**複製**、**貼上**、**刪除**、**退回**、**重做**、**註釋**、**配線顏色**、**配線類型**、**顯示/隱藏**、**旋轉**、**鏡射元件**等 11 個工具。這些工具主要是針對圖紙區上的電路圖來進行編輯動作。

表 D-2　TinkerCAD Circuits 工具

工具	功能	說明
	複製	複製所選擇的元件。
	貼上	貼上所複製的元件。
	刪除	刪除所選擇的元件。
	退回	退回前一步驟動作。
	重做	回復前一步驟動作。
	註釋	為元件加上註釋文字。
	顯示/隱藏	切換顯示或隱藏註釋文字。
	配線顏色	改變接線的顏色。
	配線類型	包含正常、連結裝置、鱷皮及自動四種。
	旋轉	每按一下，作用中的元件順時針旋轉 30 度。
	鏡射	元件左右鏡射。

STEP 1

1. 每按一下旋轉工具，作用中的元件會順時鐘旋轉 30 度。

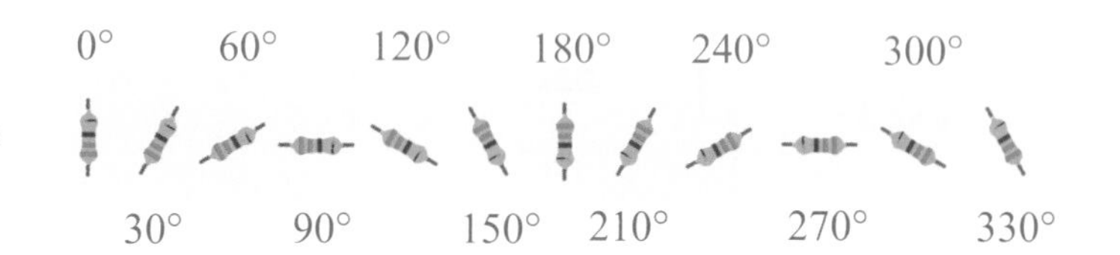

STEP 2

1. 點選左邊 9V Battery 電池元件成為作用中元件，作用中元件的外框有藍色外框。
2. 按複製工具可以複製作用中元件。每按一次貼上工具，可新增一個相同元件。
3. 每按一下刪除工具，或是按下 Delete 鍵，可以將作用中的元件自圖紙區中刪除。

STEP 3

1. 依序放置**小型電路試驗板**及 ATTINY 兩個元件。
2. 點選**註釋**工具。
3. 滑鼠移至 ATTINY 元件左方後，快按一下滑鼠左鍵，產生一個註釋，輸入 ATTINY85。
4. 滑鼠點選**顯示/隱藏**工具，可以顯示或隱藏註釋文字。

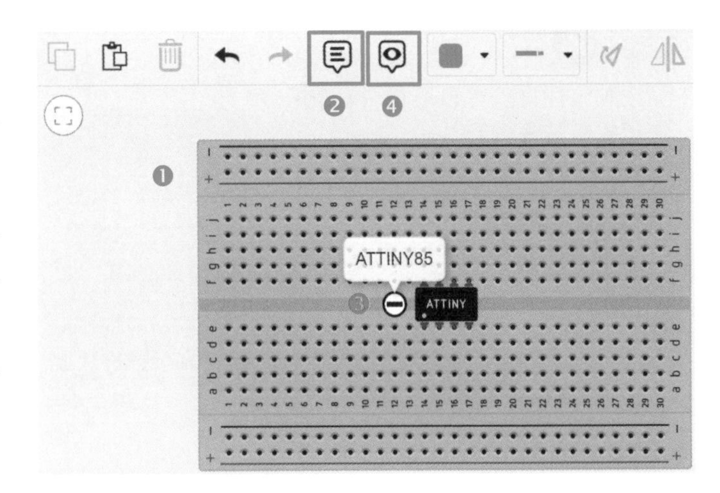

STEP 4

1. 依序放置**電阻**及 LED 兩個元件。使用鏡射工具，將 LED 左右鏡射。
2. TinkerCAD Circuits 畫線很容易，在起點快按一下滑鼠左鍵。
3. 在線的終點再按一下滑鼠左鍵。
4. 點選配線顏色工具下拉鈕，選擇黑色。

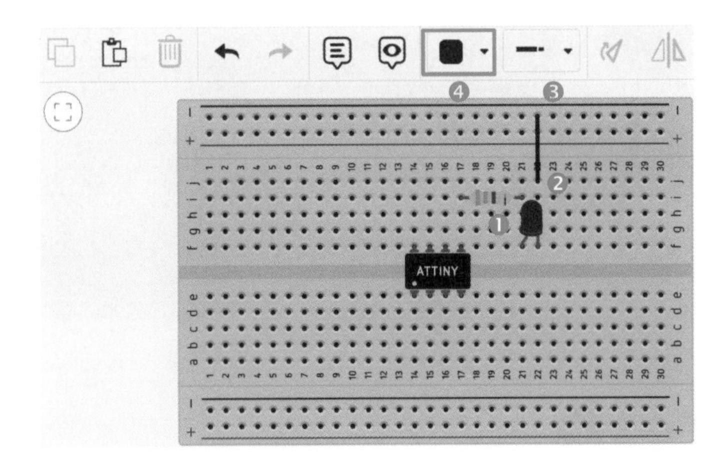

D-1-4 TinkerCAD Circuits 模擬器介紹與使用

TinkerCAD Circuits 可用來模擬 Arduino 功能，當我們進入 TinkerCAD Circuits 電路設計頁面，並且以繪圖方式完成 ATtiny85 電路設計時，就可以開始進行電路模擬。TinkerCAD Circuits 提供**圖塊程式**及**文字程式**兩種方式來設計 Arduino 程式，初學者可以先使用較直覺的**圖塊程式**來完成。以 LED 閃爍電路為例，操作步驟說明如下：

STEP 1

1. 開啟 TinkerCAD Circuits 並建立新電路。滑鼠左鍵點選輸入檔案名稱 ATTINY85-LED。

STEP 2

1. 捲動**元件區**的垂直捲軸，找到**小型電路試驗板**元件。
2. 將元件區中的**小型電路試驗板**元件加入**圖紙區**。
3. **小型電路試驗板**元件名稱預設為 1，不用更改。

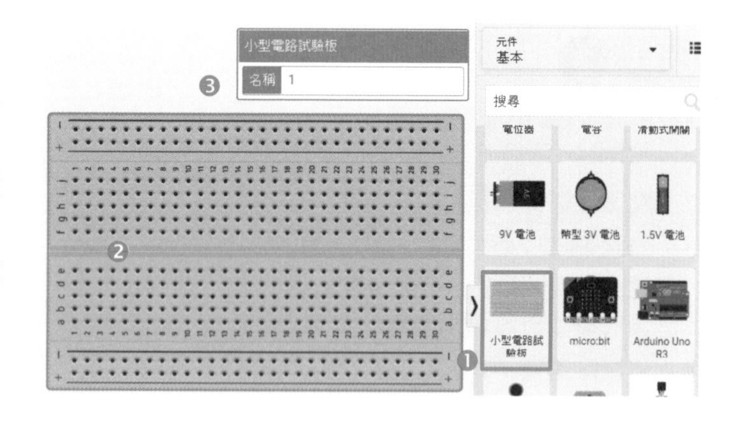

STEP 3

1. 在**搜尋**欄位中輸入 ATTINY。
2. 以滑鼠左鍵拖曳 ATTINY 元件至**圖紙區**中的**小型電路測驗板**。
3. 在 ATTINY 的名稱欄位中輸入 U1。

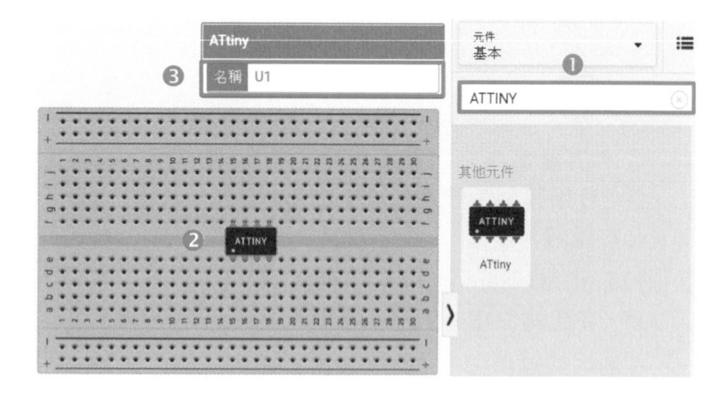

STEP 4

1. 捲動**元件區**的垂直捲軸，找到**電阻**元件。
2. 以滑鼠左鍵拖曳**電阻**元件至**圖紙區**中，並更改名稱及電阻值。
3. 連續按**旋轉**工具 ，使作用中的**電阻**元件旋轉為水平放置。每按一下**旋轉**工具，**電阻**元件順時針旋轉 30 度。

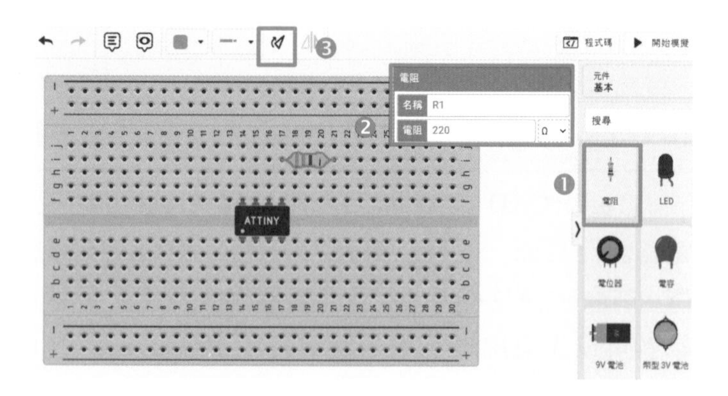

STEP 5

1. 捲動**元件區**的垂直捲軸，找到 LED 元件。
2. 以滑鼠左鍵拖曳 LED 元件至**圖紙區**中。
3. 點選**鏡射元件**工具鈕，左右鏡射 LED 正負接腳。

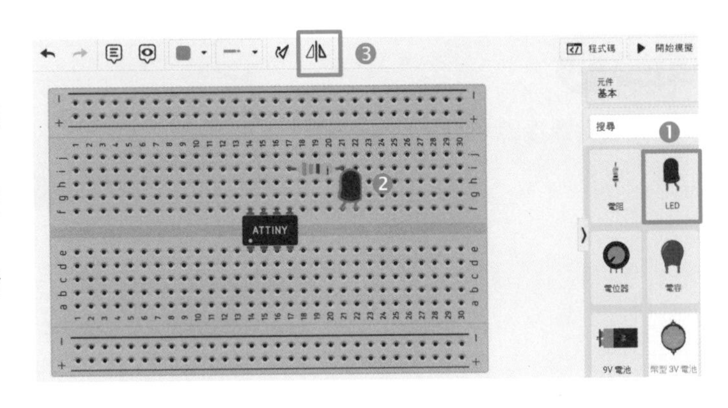

STEP 6

1. TinkerCAD Circuits 畫線很容易，在起點快按一下滑鼠左鍵。
2. 在線的終點再按一下滑鼠左鍵。
3. 點選配線顏色工具 下拉鈕，選擇黑色代表接地線。
4. 完成所有接線。

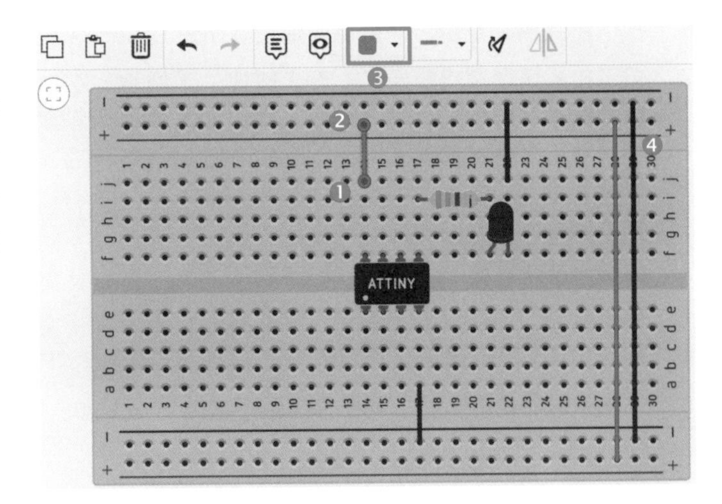

STEP 7

1. 下拉元件選單-**全部**。
2. 以滑鼠左鍵拖曳**電源供應器**元件至**圖紙區**中。
3. 更改**電源供應器**電壓為 5V。

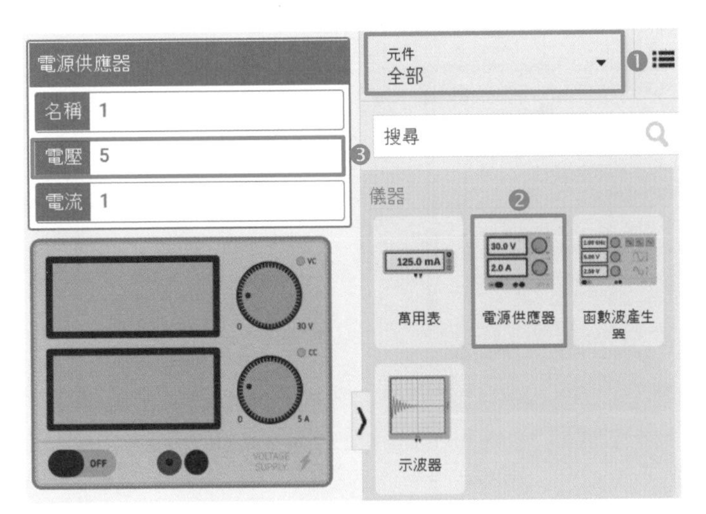

STEP 8

1. 完成電源接線。

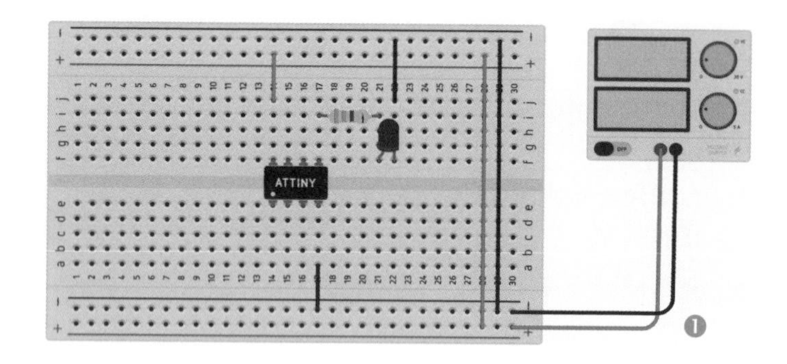

STEP 9

1. 按下**程式碼**功能鍵，功能鍵詳細說明如表 D-3 所示。
2. 按下拉清單選擇編輯模式，有『**圖塊**』、『**圖塊+文字**』及『**文字**』三種。『圖塊』模式使用圖塊編寫功能。『圖塊+文字』模式也是使用圖塊編寫功能，但多一個程式視窗。而『文字』模式使用程式編寫。在『圖塊』及『圖塊+文字』編輯模式下，改變**圖塊程式**，**文字程式**會跟著改變，但無法直接改變**文字程式**內容。在『文字』模式下，可以直接改變**文字程式**內容，但是圖塊程式會消失。
3. **圖塊**視窗包含輸出、輸入、標記符號、控制、數學及變數等六種類別，詳細說明如表 D-4~表 D-9。
4. **圖塊程式**預設功能為 LED 閃爍，1 秒亮、1 秒滅，ATTINY85 內建 LED 連接在 PB0。
5. 完成圖塊功能後，可下載程式代碼，本例為 attiny85_led1.ino。

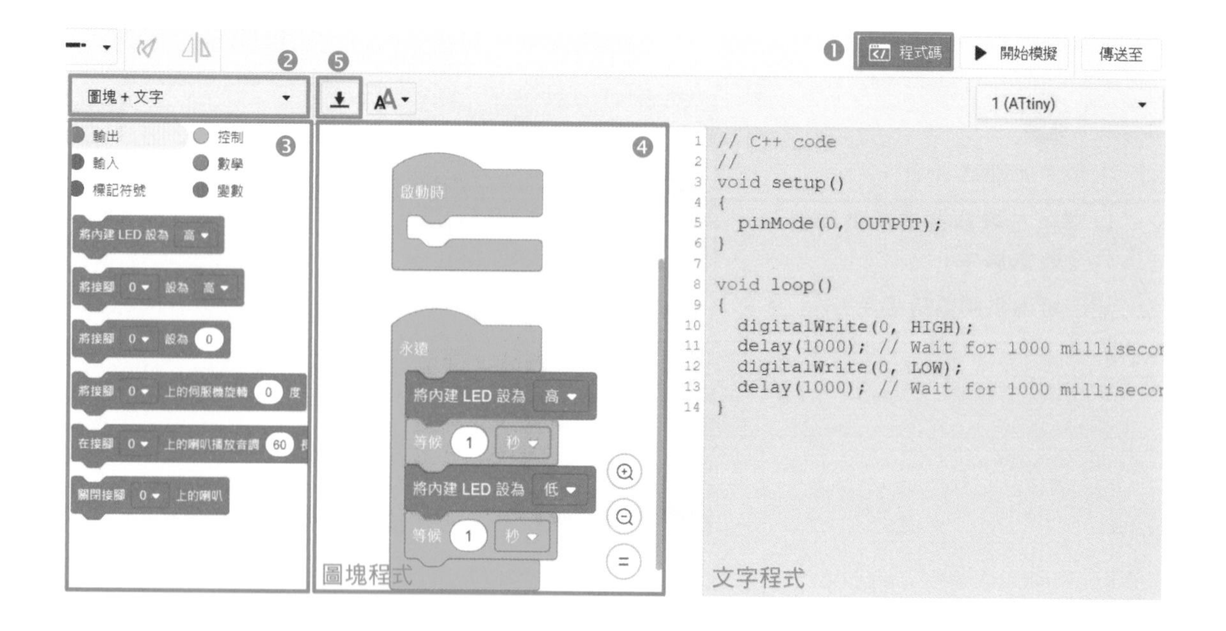

STEP 10

1. 按下 ▶ 開始模擬 功能鍵，執行 LED 閃爍 1 秒亮、1 秒滅。▶ 開始模擬 變成 ■ 停止模擬 。
2. 按下 ■ 停止模擬 功能鍵，停止模擬，結束程式執行。

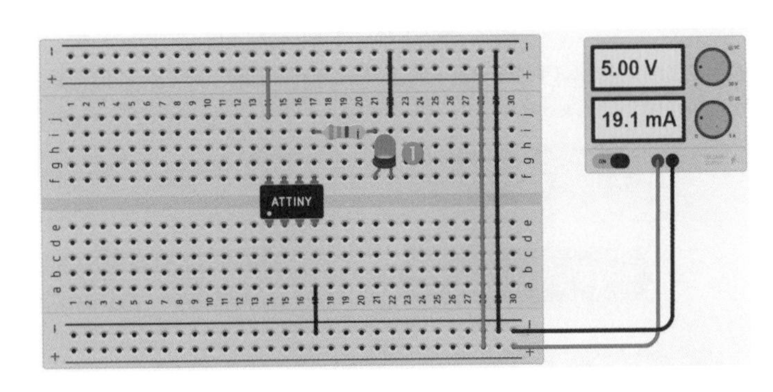

表 D-3　TinkerCAD Circuits 功能鍵

工具	功能	說明
</> 程式碼	程式碼	顯示專案的圖塊程式或文字程式。
▶ 開始模擬	開始模擬	依圖紙區所繪製 Arduino 電路圖進行功能模擬。
傳送至	傳送設計電路	產生設計電路 PNG 檔或電子郵件共用連結。

表 D-4　TinkerCAD Circuits 輸出（Output）圖塊

圖塊類別	說明
將內建 LED 設為 高 ▾	設定內建 LED 為高（HIGH）或低（LOW）。Arduino Uno 開發板內建 LED 連接於 D13，Attiny 開發板內建 LED 連接於 PB0。
將接腳 0 ▾ 設為 高 ▾	設定數位腳為高（HIGH）或低（LOW）。Arduino Uno 開發板數位腳為 0~19，Attiny 開發板數位腳為 0~5。
將接腳 0 ▾ 設為 0	設定類比腳輸出 PWM 數值 0~255。Arduino Uno 開發板數位腳為 3、5、6、9、10、11，Attiny 開發板數位腳為 0、1。
將接腳 0 ▾ 上的伺服機旋轉 0 度	設定連接於數位腳上伺服機的旋轉角度。
在接腳 0 ▾ 上的喇叭播放音調 60 長達 1 秒鐘	設定連接於數位腳上喇叭的播放音調及音長。
關閉接腳 0 ▾ 上的喇叭	關閉數位腳上的喇叭輸出。

表 D-5　TinkerCAD Circuits 輸入（Input）圖塊

圖塊類別	說明
讀取數位接腳 0 ▾	讀取數位腳的數位值（HIGH 或 LOW）。
讀取類比接腳 A0 ▾	讀取類比腳的類比值（0~255）。Arduino Uno 開發板數位腳為 A0~A5，Attiny 開發板數位腳為 A0~A3。
讀取接腳 0 ▾ 上伺服馬達的角度	讀取數位腳上伺服馬達的角度。
讀取單元 °C ▾ 上接腳 A0 ▾ 的溫度感應器	讀取類比腳上溫度感應器攝氏（°C）或華氏（°F）溫度值。

表 D-6　TinkerCAD Circuits 註解（Notation）圖塊

圖塊類別	說明
標題欄框註解 在此處描述您的程式碼	加入多行註解。
註解 在此處提供實用的單行註解	加入單行註解。

表 D-7　TinkerCAD Circuits 控制（Control）圖塊

圖塊類別	說明
啟動時	初值設定，如同函式 setup()。
永遠	無條件迴圈，如同函式 while()。
等候 1 秒 ▾	設定延遲秒數或毫秒數。功能如同函式 delay(ms)，ms 參數的單位為毫秒。
重複 10 次	無條件迴圈。括號內的數字可設定迴圈次數。

圖塊類別	說明
重複 當	有條件迴圈。功能如同 while(condition)或 do while(condition)指令，condition 為條件式，條件式成立才執行。
如果 則	有條件選擇。功能如同 if (condition)指令，condition 為條件式，條件式成立才執行。
如果 則 否則	有條件選擇。功能如同 if(condition)-else 指令，condition 為條件式，條件式成立執行 if 動作，條件式不成立執行 else 動作。
計數 向上 由 1 針對 i 從 1 到 10 執行	有條件迴圈。功能如同 for(initial; condition; increment)指令，initial 參數為初始值，condition 參數為條件式，increment 參數為增量或減量。

表 D-8　TinkerCAD Circuits 數學（Math）圖塊

圖塊類別	說明
1 + 1	算術運算。執行兩數加、減、乘、除算術運算。
1 < 1	比較運算。執行兩數大小關係比較運算。
從 1 至 10 中隨機挑選	產生設定範圍內的一個亂數值。
且	邏輯運算。執行兩數且（AND）、或（OR）運算。
不是	邏輯運算。執行反（NOT）運算。
abs / 0	算術運算。執行數值絕對值（abs）、開根（sqrt）、正弦（sin）、餘弦（cos）、正切（tan）算術運算。sin、cos、tan 等函數數值必須輸入徑度（rad）。
將 0 對應至 0 至 180 的範圍	改變某數值的範圍。功能如同 map(value, fromLow, fromHigh, toLow, toHigh) 指令，value 參數為原數值，fromLow、fromHigh 參數為原數值的下限值及上限值，toLow、toHigh 參數為新數值的下限值及上限值。

圖塊類別	說明
將 0 限制在 0 至 255 的範圍內	將某數值限制在所設定的範圍。功能如同 constrain(x, a, b) 指令，如果 x 值介於 a、b 之間則結果值為 x，如果 x 值小於 a 則結果值為 a，如果 x 值大於 b 則結果值為 b。
高 ▾	設定為高（HIGH）或低（LOW）。

表 D-9　TinkerCAD Circuits 變數（Variables）圖塊

圖塊類別	說明
建立變數...	建立變數。
i	變數 i。
將 i ▾ 設定為 0	設定變數 i 的數值。
透過 0 變更 i ▾	改變 i 的值。

動手玩 Arduino - ATtiny85 互動設計超簡單

作　　者：楊明豐
企劃編輯：石辰蓁
文字編輯：江雅鈴
設計裝幀：張寶莉
發 行 人：廖文良

發 行 所：碁峰資訊股份有限公司
地　　址：台北市南港區三重路 66 號 7 樓之 6
電　　話：(02)2788-2408
傳　　真：(02)8192-4433
網　　站：www.gotop.com.tw
書　　號：AEH004600
版　　次：2022 年 11 月初版
建議售價：NT$360

國家圖書館出版品預行編目資料

動手玩 Arduino - ATtiny85 互動設計超簡單 / 楊明豐著. -- 初版.
-- 臺北市：碁峰資訊, 2022.11
面；　公分
ISBN 978-626-324-345-3(平裝)
1.CST：微電腦　2.CST：電腦程式語言
471.516　　　111016564

讀者服務

- 感謝您購買碁峰圖書，如果您對本書的內容或表達上有不清楚的地方或其他建議，請至碁峰網站：「聯絡我們」\「圖書問題」留下您所購買之書籍及問題。(請註明購買書籍之書號及書名，以及問題頁數，以便能儘快為您處理)
http://www.gotop.com.tw
- 售後服務僅限書籍本身內容，若是軟、硬體問題，請您直接與軟、硬體廠商聯絡。
- 若於購買書籍後發現有破損、缺頁、裝訂錯誤之問題，請直接將書寄回更換，並註明您的姓名、連絡電話及地址，將有專人與您連絡補寄商品。